国家标准化管理委员会国家标准统一宣贯教材

财经信息技术系列国家标准
GB/T 24589.1—2010
GB/T 24589.2—2010

会计核算软件数据接口应用指南

企业及行政事业单位

《会计核算软件数据接口应用指南》编委会　编

U0062686

清华大学出版社

北　京

内 容 简 介

GB/T 24589.1—2010《财经信息技术 会计核算软件数据接口 第 1 部分：企业》和 GB/T 24589.2—2010《财经信息技术 会计核算软件数据接口 第 2 部分：行政事业单位》于 2010 年 6 月 30 日发布，2010 年 12 月 1 日实施，本书是其配套的贯标教材。

本书首先对标准的产生、意义、编制原则进行了阐述，对企业、行政事业单位标准的内容进行了介绍和解读，接着对会计核算软件进行了符合性评价，介绍了标准数据的输出和应用。然后对标准数据在审计中的应用、企业标准数据在财务分析中的应用进行了较详细的介绍。最后对基于标准数据建立数据仓库及应用进行探索。

本书主要适合各级审计人员、管理软件从业人员、企业会计人员、科研机构使用，还可供在校学生学习相关知识时参考。

图书在版编目(CIP)数据

会计核算软件数据接口应用指南：企业及行政事业单位 /《会计核算软件数据接口应用指南》编委会编. —北京：清华大学出版社，2011.12

ISBN 978-7-302-27113-0

Ⅰ. ①会… Ⅱ. ①会… Ⅲ. ①财务软件—数据传输—接口—指南 Ⅳ. F232-62

中国版本图书馆 CIP 数据核字(2011)第 211745 号

责任编辑：崔　伟
封面设计：颜森设计
版式设计：孔祥丰
责任校对：成凤进
责任印制：王秀菊

出版发行：清华大学出版社		地　　　址：北京清华大学学研大厦 A 座		
http://www.tup.com.cn		邮　　　编：100084		
社　总　机：010-62770175		邮　　　购：010-62786544		
投稿与读者服务：010-62776969，c-service@tup.tsinghua.edu.cn				
质　量　反　馈：010-62772015，zhiliang@tup.tsinghua.edu.cn				
印　装　者：北京嘉实印刷有限公司				
经　　　销：全国新华书店				
开　　本：185×260	印　张：18.25	字　数：399 千字		
版　　次：2011 年 12 月第 1 版		印　次：2011 年 12 月第 1 次印刷		
印　　数：1～4000				
定　　价：52.00 元				

产品编号：042968-01

本书编委会

主　　编：王智玉

副主编：丁仁立　　于广军　　杨蕴毅

编　　委：(按姓氏笔画排序)

毛华扬　　代　斌　　孙德志　　孙良文　　吴　进

迟玉军　　杨　政　　张　宏　　张晓娟　　陈　宇

林小锤　　赵　辉　　景东华　　彭　涛

前　言

GB/T 19581—2004《信息技术 会计核算软件数据接口》发布实施后，已经有国内外 30 多家公司的产品通过了标准的认证,这为会计标准数据的应用提供了必要的条件。包括审计软件在内的应用会计标准数据的软件，由于具有统一的标准数据接口，使数据的采集大大简化，提高了数据的应用效率，降低了应用会计数据的成本，基本解决了众多软件数据输出的标准化问题。

2010 年 6 月 30 日，GB/T 24589.1—2010《财经信息技术 会计核算软件数据接口第 1 部分：企业》和 GB/T 24589.2—2010《财经信息技术 会计核算软件数据接口 第 2 部分：行政事业单位》新一版标准发布，本版标准吸收了 GB/T 19581—2004 的优点，在数据元素、数据结构方面进行了较大的扩展，使之更加符合各方面对数据的需要。

为了帮助读者更好地理解标准、贯彻标准，我们特邀请有关专家编写了这本贯标教材。在内容上本书分为两大部分。第一部分主要介绍标准的一般知识、内容和应用方法。首先对标准的产生、意义、编制原则进行了阐述，然后对企业、行政事业单位标准的内容进行了介绍和解读，还介绍了怎样对会计核算软件进行符合性评价，最后从多个角度探讨了标准数据的输出和应用。第二部分则针对标准数据探索具体的应用领域和方法。主要对标准数据在审计中的应用、企业标准数据在财务分析中的应用进行了较详细的介绍，最后对基于标准数据建立数据仓库及应用进行了初步探索。

本贯标教材在审计署石爱中副审计长的直接指导下完成，由审计署计算机技术中心主任王智玉任主编，丁仁立、于广军、杨蕴毅任副主编。编委由以下人员构成(按姓氏笔画排序)：毛华扬、代斌、孙德志、孙良文、吴进、迟玉军、杨政、张宏、张晓娟、陈宇、林小锤、赵辉、景东华、彭涛。

在本贯标教材的编写中，得到了中华人民共和国审计署计算机技术中心、审计署驻成都特派员办事处、审计署驻昆明特派员办事处、用友软件股份有限公司，浪潮集团山东通用软件有限公司、金蝶软件(中国)有限公司、甲骨文(中国)软件系统有限公司、南京审计学院、重庆理工大学、内蒙古自治区审计厅、广东省审计厅、重庆金算盘软件有限公司、思爱普(北京)软件系统有限公司、北京信广华科技有限公司、中国电子技术标准化研究所的大力支持。

本书编写过程中，还参考了有关文献，在此对原作者表示诚挚的谢意。

本实施指南力求内容完善、准确，但由于时间较为仓促，难免有不妥之处，敬请读者指正。

编　者

2011 年 9 月

目　　录

第1章

概　述

1.1　标准制定的背景和过程

20世纪末本世纪初，我国的会计信息化产业飞速发展，国内会计核算软件也越来越多。据估计，目前国内各企业、行政机关、事业单位使用的会计核算软件种类有数百种，有的是从市场上购买的成熟产品，有的是单位自行研制开发的软件，也有的是单位委托软件公司开发定制的产品。虽然这些会计核算软件都遵循财政部的相关会计制度，但是由于采用了不同的数据库平台和数据库结构，软件设计上自成体系，从而导致不同会计核算软件之间以及会计核算软件与业务系统软件之间的数据交换产生障碍。同时，由于数据接口不统一、不规范，也使得政府监管部门和社会会计信息使用者无法快速、全面地获取企事业单位的会计数据。数据接口和交换问题已经妨碍了财务软件、审计软件以及与之相关的业务系统软件产业的健康发展。

国家有关部门也已经认识到了问题所在，国务院办公厅《关于利用计算机信息系统开展审计工作有关问题的通知》(国办发(2001)88号)中就明确提出，要求被审计单位的计算机信息系统应当具备符合国家标准或者行业标准的数据接口；审计机关发现被审计单位的计算机信息系统不符合法律、法规和政府有关主管部门的规定、标准的，可以责令限期改正或者更换。在规定期限内不予改正或者更换的，应当通报批评并建议有关主管部门予以处理。

会计核算软件数据接口标准就是在实际工作中遇到困难及在国家有关政策文件的要求下提出来的。

1.1.1　标准制定背景

为了解决数据接口这个难题，审计署早在1999年就开展了"会计核算软件数据接口"方面的研究探索。经国家电子政务管理委员会、国务院信息化工作办公室批准，审计署于 2002 年 2 月开始着手编写《会计核算软件数据接口》国家标准。2004年 2 月，根据国家标准化管理委员会(以下简称国家标准委)《关于调整<信息技术 会计核算软件数据>国家标准计划项目的复函》(国家标准委综合函[2004]6 号)的精神，由审计署计算机技术中心、财政部会计司牵头，组织审计署驻南京特派员办事处、南京审计学院、中国软件行业协会财务及企业管理软件分会、上海市财会信息技术研究会、上海市财政局、上海市信息化委员会、上海大华会计师事务所等相关研究单位，成立了标准起草组，完成了《信息技术 会计核算软件数据接口》(初稿)，经过履行标准法定程序，2004 年 9 月 20 日《信息技术 会计核算软件数据接口》国家标准由国家质量监督检验检疫总局和国家标准委正式批准发布，并于 2005 年 1 月 1日起开始实施，标准号为 GB/T 19581—2004。

由于所有正在使用的会计核算软件(包括含会计核算功能的会计信息系统、管理信息系统、ERP 系统等)的设计都要遵循财政部的相关会计制度，正是基于这个前提，《信息技术 会计核算软件数据接口》国家标准的设计思想是：为这些会计核算软件规定统一的数据输出内容，按照统一的数据输出格式(TXT 或 XML)进行输出。经过业内专家的多次论证和实践检验，这个设计思想被证明是科学的、可行的。

标准发布以后，审计署不遗余力地进行宣传贯彻，并收到显著的效果。自 2005年标准正式实施以来，共有国内外 19 个厂商的 31 个会计核算软件提供了符合标准的数据输出接口功能，并通过了国家相关机构的检测认证，市场应用率超过 90%。2008 年，凭借其自主创新性和广泛应用性，该标准获得了 2008 年度国家标准创新二等奖。

该标准的实施，不仅可以克服数据交换的障碍，提高会计数据的综合利用率；还可以降低社会使用会计信息的成本，促使会计核算软件市场朝着规范化、正规化、实用化的方向发展；为标准使用者理解会计核算的数据概念奠定了基础；为会计核算软件与其他信息系统之间的数据交换创造了条件。

2006 年，财政部发布了新的《企业会计准则》，2007 年 1 月 1 日起在全国范围内开始实施，新的《企业会计准则》包括 1 项基本准则、38 项具体准则和相应的应用指南，准则涵盖了各类企业的所有主要经济业务，《信息技术 会计核算软件数据接口》已经不能适应新的会计制度，迫切需要制修订。为此，审计署 2007 年底启动了与新的会计制度相配套的会计核算软件接口国家标准的制修订工作。

1.1.2　标准制定过程

2008 年 1 月，审计署组织多行业专家召开了《会计核算软件数据接口》修订工作研讨会，与会专家对原标准修订的可行性和必要性以及相关技术关键问题进行了论证。专家一致认为：考虑到原《信息技术 会计核算软件数据接口》标准的内容不够完整，以及新会计准则变化对标准的新要求，对标准进行修订是必要的；同意对原标准进行拆分，初定为企业、行政事业单位、总预算会计、金融等四个部分；技术方面，取消 TXT 格式的输出方式，暂不采用 XBRL(原因是 XBRL 可能被替代和认证中或存在风险)，仅保留 XML 一种输出格式。

2008 年 2 月，国家标准委发布《关于成立全国审计信息化标准化技术委员会(SAC/TC341)的复函》(国家标准委综合函[2008]26 号)，同意成立全国审计信息化标准化技术委员会(以下简称审信标委)，秘书处承担单位为审计署计算机技术中心。审信标委主要负责会计核算软件及企业资源计划(ERP)软件的会计核算部分，包括术语、数据格式、数据交换、业务流程、信息安全、管理和决策领域的标准化工作。

2008 年 6 月，根据国家标准委《关于下达 2008 年第三批国家标准制修订计划的通知》(国家标准委综合函[2008]154 号)的要求，《信息技术 会计核算软件数据接口》国家标准(GB/T 19581—2004)拆分为企业、行政事业单位、总预算会计、商业银行等四部分。审信标委接到计划批复后，立即组织力量开始编写《会计核算软件数据接口标准》修订草案稿。2008 年 11 月，草案稿确定了将原标准拆分为企业、行政事业单位、总预算会计、银行四个部分。企业部分在原标准基础上进行扩展，扩大标准的覆盖面，从原来的总账和报表模块延伸到如下模块：总账、报表、应收账款核算、应付账款核算、工资核算、固定资产核算；行政事业单位部分的接口包括如下功能模块：总账、报表、统发工资、资产核算。

2009 年 3 月 12 日，审信标委召开内部工作会议，会议决定在草案稿的基础上，加快《会计核算软件数据接口》国家标准的修订工作，成立由审计署计算机技术中心、南京审计学院、广东省审计厅、中国电子技术标准化研究所，以及用友、金蝶、浪潮、金算盘、新中大、甲骨文(Oracle)、思爱普(SAP)等多个企业参与的核心起草工作组。2009 年 3 月 23—25 日，起草工作组召开了第一次标准讨论会议，会议明确了项目进度、要求，以及起草组各成员的责任。会议对《会计核算软件数据接口》系列标准中企业、行政事业单位两个部分的标准主要数据元素进行了充分的研讨和完善。

2009 年 7 月 29—31 日，起草工作组召开第二次讨论会，对数据元素的说明、注释以及提供 XML 实例的案例数据进行了讨论完善，同时对 XML Schema 文件和含义相同的数据元素进行合并、重组，形成了企业部分和行政事业单位部分的标准征求意见稿。根据国家标准编制程序要求，审信标委于 2009 年 8 月 1 日至 10 月 1 日采用网上(国家标准委网站、审计署网站、审信标委网站)、书面(以信函的方式发给一些企业、高校、科研机构的专家)形式向社会广泛征求意见。截至 2009 年 10 月 1 日，企业部分共收到 54 条意见，行政事业单位部分共收到 21 条意见。

2009 年 11 月 12—15 日，起草工作组召开第三次工作会议，会议对征求意见的反馈结果进行了采纳与否的讨论。企业部分 54 条意见：采纳 34 条，部分采纳 2 条，不采纳 10 条，解释 8 条。行政事业单位部分 21 条意见：采纳 14 条，部分采纳 3 条，不采纳 2 条，解释 2 条。会后又经过仔细的修改和审核，形成了这两个标准的送审稿。在这次会议上，参会代表经讨论研究，决定将"财经信息技术"作为审信标委所制定标准的标准名称引导要素。与之对应，企业和行政事业单位两个标准也相应更名为《财经信息技术 会计核算软件数据接口 第 1 部分 企业》、《财经信息技术 会计核算软件数据接口 第 2 部分 行政事业单位》。

2009 年 12 月 15 日，审信标委组织召开《财经信息技术 会计核算软件数据接口 第 1 部分 企业》、《财经信息技术 会计核算软件数据接口 第 2 部分：行政事业单位》(送审稿)国家标准审定会。审定委员会听取了标准起草工作组就标准的起草过程及有关征求意见处理情况的汇报，认真审查了标准的文本，并对标准的技术内容进行了质询，起草工作组进行了答辩。审定委员会经认真讨论，一致通过了对这两个标准的审查，建议标准起草单位按照专家提出的意见对标准文本进行修改，并尽快形成报批稿上报，建议有关主管部门将该标准作为推荐性标准发布。

2010 年 6 月 24 日，经过履行法定程序，国家标准委批准发布了企业和行政事业单位会计核算软件数据接口标准，标准名称和标准号是《财经信息技术 会计核算软件数据接口 第 1 部分：企业》(GB/T 24589.1—2010)、《财经信息技术 会计核算软件数据接口 第 2 部分：行政事业单位》(GB/T 24589.2—2010)。两个标准于 2010 年 12 月 1 日起在全国范围内实施。

1.2　标准的组织与管理

依据《中华人民共和国标准化法》及《中华人民共和国标准化法实施条例》的规定，我国的国家标准是指由国家标准化主管机构批准发布，对全国经济、技术发展有重大意义，且在全国范围内统一的标准。国家标准由国家标准化主管机构统一编制计划，协调项目分工，组织制定(含修订)，统一审批、编号、发布。国家标准的年限一般为 5 年，过了年限后，国家标准就要被修订或重新制定。此外，随着社会的发展，国家需要不断制定新的标准来满足人们生产、生活的需要。一般来说，国家标准的管理流程分为立项、起草、征求意见、审查、报批、宣贯、实施效果评价、复审、修改和修订，包括标准的批准、发布和出版等各个阶段。

由此可见，国家标准涉及国民经济各个行业，专业性非常强，国家标准的制订、发布、实施及修订是一项长期的过程，必须有一个专门的组织来具体负责相关工作。

1.2.1　标准化组织

根据国家标准委印发的《全国专业标准化技术委员会管理规定》，国家标准委统一规划、协调、组建和管理全国专业标准化技术委员会(以下简称技术委员会)。技术委员会是在一定专业领域内，从事国家标准的起草和技术审查等标准化工作的非法人技术组织，其工作职责包括：分析本专业领域标准化的需求，研究提出本专业领域的国家标准发展规划、标准体系、国家标准制修订计划项目和组建分技术委员会的建议；按国家标准制修订计划组织并负责本专业领域国家标准的起草和技术审查工作；负责国家标准起草人员的培训，开展本专业领域内国家标准的宣讲、解释工作；根据国家标准委的有关规定，承担本专业领域的国际标准化工作。

2003—2004 年，审计署组织相关软件厂商和各界专家，按照起草国家标准的要求，牵头编制了 GB/T 19581—2004《信息技术　会计核算软件数据接口》国家标准。由于当时审计署还没有成立自己的技术委员会，所以 GB/T 19581—2004《信息技术　会计核算软件数据接口》由全国信息技术标准化技术委员会(TC 260)归口，实际上是审计署组织承担了该标准的相关宣贯任务，具体工作由审计署计算机技术中心负责。国家标准化管理委员会对于该标准的质量、技术水平、标准宣贯、标准使用方面表示认可和满意，认为审计署组织得力，工作有效。

2006 年，国家标准委提出加快建立完善各个领域行业的标准化技术委员会。为了更好地开展审计信息化标准化方面的工作，审计署向国家标准委提出申请设立"全国审计信息化标准化技术委员会"的要求。2006 年 12 月 25 日国家标准委发出国标委计划[2006]95 号文件，批准审计署筹建"全国审计信息化标准化技术委员会"。委员会的筹建单位为审计署，秘书处承担单位为审计署计算机技术中心。

经过两年多的筹建，2008 年 2 月 21 日，国家标准委发出《关于成立全国审计信息化标准化技术委员会(SAC/TC341)的复函》(国家标准委综合函[2008]26 号)文件，同意成立全国审计信息化标准化技术委员会，其编号为 SAC/TC341，英文名称为 *National Technical Committee 341 on Audit-IT of Standardization Administration of China*。第一届全国审计信息化标准化技术委员会由 33 名委员组成，审计署副审计长石爱中任主任委员，杨周南、石勇、章轲、吴志刚、于广军任副主任委员，杨蕴毅任委员兼秘书长，严绍业、毛华扬、王晖任委员兼副秘书长。秘书处承担单位为审计署计算机技术中心。其主要任务是负责制修订会计核算软件、企业资源计划(ERP)软件的会计核算部分和审计信息化方面，包括术语、数据格式、数据交换、业务流程、信息安全、管理和决策等领域的国家标准。

2008 年 11 月 27 日，全国审计信息化标准化技术委员会成立大会在北京举行，审计署审计长刘家义向大会发了贺词，国家质量监督检验检疫总局党组成员、国家标准化管理委员会主任纪正昆，国家标准化管理委员会副主任方向，工业二部副主任戴红，审计署副审计长、审信标委主任委员石爱中等领导出席会议。审信标委副主任委员及委员代表、审计署各业务司局及相关厂商近 80 人参加会议。审信标委第一次工作会议也于当日召开，会议审查并一致通过了《全国审计信息化标准化技术委员会章程》、《全国审计信息化标准化技术委员会秘书处工作细则》。

审信标委成立以来，秉承国家标准委"解放思想、转变观念、改革创新、科学发展"的标准化工作指导思想，积极树立"服务、科学、法制"的观念，在"完善结构、提高质量、统筹速度、增强效益、加强管理"五个方面下工夫。

2009年初，根据全国专业标准化技术委员会管理规定，同时也借鉴了其他技术委员会的做法，审信标委面向全社会公开征集观察员，观察员可列席会议，发表意见、提出建议，参与标准的制修订工作，有权获得相关资料和文件。征集通知公布后，陆续收到50多封观察员报名信函。从申报人提交的资料来看，申报人所在单位涉及政府审计机关、内部审计组织、社会审计组织、中外软件企业、科研院所、检测机构、高等院校、使用单位、行业协会等；申报人学历职称很高，有博士、研究生、教授、高级工程师、研究员、高级经济师等。通过对申报人的仔细筛选，经主任委员批准，审信标委接受了33名能力较全面的观察员申请。通过征集观察员，扩大了审计信息化标准化的影响范围，让广大从事科学研究、生产制造与教学、监督检验及相关会计、审计信息化工作的单位能有效地参与到相关标准的制修订工作中，从而促使审信标委制订的标准更具先进性和科学性，借助全社会的力量来推动我国的审计、会计信息化标准工作的展开。

在自身信息化建设方面，2009年审信标委开通了网站(http://sxbw.audit.gov.cn: 9081)。网站从最初的5个基本栏目：机构介绍、公开文件、工作动态、图片新闻和最新通知，发展到现在的10个栏目：增加了2个标准组专题栏目、成员专区、成果展示和人物访谈。作为宣传审信标委的政策、标准、项目进展的一个窗口，网站不断充实和丰富其中的内容，为审计信息化标准的宣传做好服务和支撑工作。

1.2.2　标准的管理

依据国家标准委《关于国家标准制修订计划项目管理的实施意见》(2004年)，国家标准的各个阶段分为立项、起草、征求意见、审查、报批、宣贯、实施效果评价、复审、修改和修订，最后是标准的批准、发布和出版。在本标准各阶段实施过程中，审信标委遵循公开、透明、协调一致的原则，规范、有序和高效地开展相关工作。

1. 标准立项

审信标委秘书处每年年初根据审计信息化标准体系、审计信息化工作的需要，及相关国际标准的制修订动态等，制订本年度标准制修订计划，包括推荐的起草单位，并提交全体委员审议，审议可采用会议或函审的方式。经审议通过的计划，由秘书处提出国家标准制修订计划项目立项建议，并报国家标准委批复。

2. 标准起草

国家标准制修订计划项目下达后，起草单位成立起草组。起草组的组成应具有一定的代表性，以使其在具体工作中能兼顾政府部门、科研院所和企业等相关方的意见和利益。按国家标准委有关规定、程序和项目任务书完成起草、征求意见和上报送审稿的工作，起草单位对所制修订国家标准的质量及其技术内容全面负责。

3. 标准征求意见

起草组完成标准征求意见稿和编制说明后，应送交审信标委秘书处审核。经秘书处同意后，起草组将征求意见稿和编制说明及有关附件发给征求意见的对象，征求意见的对象应包括所制订标准的各重要利益相关方。征求意见时，应明确征求意见的期限，一般不超过两个月。

征求意见的对象应在规定期限内回复意见，如无意见也应复函说明，逾期不复函，按无异议处理。在征求意见的期限截止后，起草组对反馈的意见进行归纳整理，分析研究和处埋后提出标准草案送审稿、编制说明及意见汇总处理表。

4. 标准审查

标准草案送审稿的审查由审信标委秘书处组织进行。审查可采用会议审查或函审的方式。

5. 标准报批

起草组应根据审查意见提出标准报批稿。报批稿由审信标委报国家标准委审批。报批稿内容应与国家标准审查时审定的内容一致，如对技术内容有改动，应附有说明。

6. 标准批准、发布和出版

审信标委秘书处按国家标准委要求协助其做好有关标准的批准、发布和出版工作，将国家标准制修订过程中形成的有关资料妥善地归档保存。起草单位应积极配合标准出版单位解决出版过程中所发现内容上的疑点或错误。

7. 标准宣贯与实施效果评价

起草组应在编制说明中提出对标准宣贯措施的建议，并与标准起草工作同步完成标准宣贯材料或教材的编写工作。标准发布实施后，秘书处应参考编制说明的相关内容，在各重要相关方的参与下，制定具体的宣贯措施并付诸实施。随着标准的贯彻实施，秘书处应及时组织有关方面对标准的完整性、科学性、适用性及使用目的的实现情况进行评价。

8. 标准复审

审信标委秘书处在标准实施后 5 年内，根据审计信息化工作的发展和需要，及时组织对标准的复审。复审应广泛征求委员、观察员和重要利益相关方的意见。

标准的复审可采用会议审查或函审。经复审的标准，由秘书处报国家标准委。国家标准委对复审意见进行审查后确定标准继续有效、予以修订或者废止。

9. 标准修改和修订

对确定修订的标准，由审信标委秘书处向国家标准委提出国家标准修订计划项目立项建议。如标准中仅有个别技术内容有问题，只需作少量修改或补充时，可采用《国家标准修改通知单》的方式解决，其报批程序及格式按国家标准委有关规定执行。

1.3　标准的意义、作用和范围

GB/T 24589.1—2010《财经信息技术　会计核算软件数据接口　第 1 部分：企业》和 GB/T 24589.2—2010《财经信息技术　会计核算软件数据接口　第 2 部分：行政事业单位》制定了会计核算软件企业、行政事业单位部分的数据接口，描述了会计核算所需的数据元素，规定了数据接口输出文件的结构和内容。制定、颁布和实施这两个国家标准的意义、作用主要在于：

(1) 有利于规范会计核算软件市场，增进会计核算软件之间的交流，进一步推动会计信息化的普及和提高。会计信息化的目的之一是会计信息完全电子化，即对会计信息的收集、加工、传送、保存与再现均采用电子方式实现。由于各会计核算软件厂家所开发软件产品的数据结构不同，即使同一厂家的同一类软件产品，不同软件版本的数据结构也不完全相同，早期版本的数据备份未必能从若干年后更高的版本中读出。然而有了本标准，只要是符合本标准的会计核算软件，无论同一厂家还是不同厂家的不同种类、不同版本的软件产品，都能实现信息互通、共享，从而增进会计核算软件之间的交流，规范会计核算软件市场，推动会计信息化的普及和发展。

(2) 有利于会计软件产业的发展，促使一般会计核算软件向会计信息系统甚至管理信息系统转化，促使会计核算软件从事务型向管理型和决策型发展。就目前状况而言，我国的会计核算软件和国外先进的会计核算软件相比，无论在深度还是广度上都有不小的差距。除了我国会计核算软件起步晚、用户水平低等原因外，其主要原因是，我国的会计核算软件厂家为保住自己的用户和安全等原因，对自己产品的数据存储格式保密，以至于该软件所含的信息不能被其他厂家使用，从而将会计核算软件市场人为割裂,减缓了新产品的推出速度。当前,会计核算软件正朝着会计信息系统、管理信息系统转化,正在从事务型向管理型和决策型发展。如果会计核算软件的数据输出不能标准化,不同会计核算软件的数据不能共享,必将使管理型和决策型会计软件市场规模缩小,从而降低了会计核算软件厂家开发高层次会计软件的积极性。

(3) 有利于保护会计核算软件用户的利益,为用户的特殊需求和软件二次开发提供数据接口。当前越来越多的企业正在向集团化、多元化发展,普通的会计核算软件已不能满足它们的需求。由于我国的管理型和决策型会计商品化软件市场尚未形成规模,这些企业往往需要对已使用的会计核算软件进行二次开发,来发展自己的管理型和决策型会计软件或管理信息系统软件。如果没有标准的数据接口,原会计核算数据将无法使用。

(4) 有利于政府和行业主管部门加强编制汇总和合并报表,加强监督和宏观调控。政府或行业主管部门对有关部门财务信息进行汇总,监督是管理上的需要,然而,由于会计核算软件不同的数据结构不便于信息汇总和监督,从而增加了政府或行业主管部门进行财务监督和宏观调控的难度。

(5) 有利于会计核算软件厂家自身的发展,便于会计核算软件的交叉升级和不同会计核算软件厂家的产品在同一环境内集成工作。商品化会计核算软件经过了近二十年的发展,在功能、性能及服务方面已经比较成熟,一些功能落后、服务跟不上的会计核算软件将逐渐被淘汰。因此对那些会计核算软件性能比较先进的厂家来说,他们的潜在用户不仅包括从未使用过会计核算软件的企业,也包括已使用会计核算软件但觉得其功能不足、性能比较差的企业,把这些潜在用户累积的数据转换到新系统中去,将是一个很重要而又很麻烦的事,而标准化的数据接口将使其变得轻而易举。

(6) 有利于审计软件市场的发展。审计软件运行的前提是打开被审计单位的电子数据(包括会计核算数据),但由于不同的被审计单位其电子数据的数据结构不同,往往会使审计软件难以发挥作用,从而阻碍了审计软件的发展。

(7) 有利于适应我国加入 WTO 后与国际会计准则协调。随着国际资本、跨国公司进入我国的速度加快,国际间的经济竞争、企业间的市场竞争在很大程度上表现为标准的竞争;标准作为国际贸易规则的一部分和产品质量仲裁的重要准则,以及在国际贸易中的特殊地位和作用,使得很多国家特别是发达国家千方百计地在标准活动中争取领导权、发言权,竭力将本国标准转化为国际标准。标准化的重要性日益突出,标准的地位和作用越来越重要,标准的竞争已成为国际经济竞争的重要组成部分。因此,制定《财经信息技术 会计核算软件数据接口》国家标准的工作刻不容缓,特别是建立具有我国自主知识产权的技术标准体系,能有效地利用 WTO/TBT 规则(技术壁垒)保护民族和国家的利益。

(8) 有利于我国会计核算软件数据接口国家标准体系的建设。随着我国国民经济建设的迅速发展，我国各行业的会计制度也在不断地制定和调整。原有 GB/T 19581—2004《信息技术 会计核算软件数据接口》已经不能适应当前会计核算及经济监管的实际情况。新的标准在 GB/T 19581 标准的基础上针对企业会计和行政事业单位两类会计制度的特点分别参考了《企业会计准则》、《企业内部控制基本规范》、《事业单位会计制度》、《行政单位会计制度》和《会计基础工作规范》，数据元素的分类更加明确，输出文件的数据结构更加清晰，对我国会计核算软件数据接口国家标准体系的研究、建立进行了有益的探索，积累了宝贵的经验。

GB/T 24589.1—2010《财经信息技术 会计核算软件数据接口 第 1 部分：企业》、GB/T 24589.2—2010《财经信息技术 会计核算软件数据接口 第 2 部分：行政事业单位》国家标准适用于企业和行政事业单位使用的会计核算软件的设计、研制、管理、购销和应用，能够实现对企业和行政事业单位所使用的会计核算软件的数据作进一步的应用，同时根据《软件产品管理办法》，与会计信息相关的软件产品，如审计软件、企业经济效益分析评价软件等也应当遵循本标准。

1.4　标准编制的原则

标准编制的原则如下：

(1) 坚持国际化原则。立足国内的实际，着眼于未来发展，提升我国的综合竞争力。为了加快与国际接轨的步伐，加大实质性参与国际标准化活动的力度，努力实现从"国际标准本地化"到"国家标准国际化"的转变，本标准的编制既立足于国内会计核算的现实状况，又充分考虑到本标准在未来的适应空间；既考虑到与国内会计核算软件之间的相互协调，又关注到了国外会计核算软件的发展状况，从而为会计标准的国际化、规范化奠定了基础。

(2) 既要坚持标准的先进性，又要使标准具有实用性和可操作性。本标准规定了会计核算软件数据接口数据输出的表现形式，即 XML 文件输出格式，以满足不同层次会计核算软件和相关软件的需要。这既坚持了标准的先进性，又使标准具有了很强的实用性和可操作性。

(3) 保证标准的统一，注意与有关标准的协调。本标准的前身是 2005 年 1 月 1 日开始实施的《GB/T 19581—2004 信息技术 会计核算软件数据接口》。由于审计、财税业务的可追溯性要求，财务数据需要保留多年，并在必要时追溯到以前年度。因此，原来的《GB/T 19581—2004 信息技术 会计核算软件数据接口》并未废止；符合《GB/T 19581—2004 信息技术 会计核算软件数据接口》国家标准的会计软件产品也不能退出市场，要一直维护下去。

因此，本标准的编制考虑到了和前一标准之间的协调统一，在文体上、术语描述上与前一标准保持一致，在内容和形式上完全涵盖了前一标准。同时，本标准在编码字符集、数据元素值格式记法、可扩展置标语言、时间表示、货币代码等方面也注意到了和有关标准的协调。

(4) 坚持企业为主原则，提高标准的适用性。把标准的编制与软件研制紧密结合，有利于标准实施。本标准以市场为主导、以企业为主体，吸纳众长、紧跟市场、服务企业，以满足市场需求为目标，使企业成为制定标准、实施标准的主力军。在本标准的编制过程中自始至终有众多会计核算软件、审计软件和其他软件公司的大力支持和积极参与，标准的制定过程紧密结合了会计核算软件的研制过程，为本标准的实施和推广拓展了空间。

1.5　标准系列简介

标准是指为在一定的范围内获得最佳秩序，对活动或其结果规定共同的和重复使用的规则、导则或特性的文件。该文件经协商一致制定并经一个公认机构批准。

标准化是指在经济、技术、科学及管理等社会实践中，对重复性事物和概念，通过制定标准、发布标准和实施标准，达到协调和统一，以获得最佳秩序和效益的过程。因此，标准化是一个包括制定标准、组织实施标准和对标准的实施情况进行监督的过程。一般来说，信息化标准化体系主要由管理体系、标准体系和运行机制三要素组成。

标准体系是指由一定范围内的具有内在联系的标准组成的科学的有机整体，是一幅包括现有的、正在制定的和应予制定的标准的蓝图，是促进一定范围内的标准组成趋向科学化和合理化的工具，通常用标准体系框架和明细表表达，由多个分体系组成。

因此，标准体系是标准化工作中的一个重要组成部分。审计信息化标准体系就是在审计信息化建设范畴内具有内在联系的标准组成的科学的有机整体。

1.5.1　标准的体系

审计信息化标准体系是指电子政务建设所需标准按其内在联系构成的科学有机整体。标准体系由结构图和明细表两部分组成。它是审计信息化所需标准的结构化蓝图。

按照审计信息化标准技术参考模型和标准体系的定位，充分考虑标准体系的纵横关系，给出审计信息化标准体系结构，如图1-1所示。

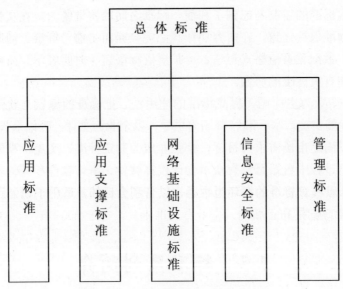

图 1-1 审计信息化标准体系结构

审计信息化标准体系结构由两个层面的六个部分组成。

(1) 总体标准：包括审计信息化总体性、框架性、基础性的标准和规范。

(2) 应用标准：包括审计信息化应用方面的标准，主要有数据元、代码、被审计单位数据接口、审计管理数据及审计软件和审计管理软件功能性能等方面的标准。

(3) 应用支撑标准：包括为审计信息化应用提供支撑和服务的标准，主要有信息交换平台、电子公文交换、电子记录管理、日志管理和数据库等方面的标准。

(4) 信息安全标准：包括为审计信息化提供安全服务所需的各类标准，主要有安全级别管理、身份鉴别、访问控制管理、加密算法、数字签名和公钥基础设施等方面的标准。

(5) 网络基础设施标准：包括为审计信息化提供基础通信平台的标准，主要有基础通信平台工程建设、网络互联互通等方面的标准。

(6) 管理标准：包括为确保审计信息化工程建设质量所需的有关标准，主要有审计信息化工程验收和审计信息化工程监理等工程建设管理方面的标准。

审计信息化标准化技术委员会根据审计信息化的具体需求将在应用标准和管理标准范畴制修订相应的国家标准，其他部分将以采标为主。

1.5.2 标准结构

尽管不同的会计核算软件采用的数据库平台和数据库结构不尽相同，软件设计上往往自成体系，它们存储会计核算数据的数据模式也各有不同，但仍可从中抽象出其共有的数据模式。具体而言，会计核算数据主要包括电子账簿、会计科目、科目余额、记账凭证、报表等部分，它们之间既相互独立又密切相关，构成有机统一的会计核算体系，这就为会计核算软件数据接口标准的建立奠定了构架基础。

GB/T 24589—2010《财经信息技术　会计核算软件数据接口》标准主要是对国内所有正在使用的会计核算软件(包括含会计核算功能的会计信息系统、管理信息系统、ERP 系统等)规定统一的数据输出的内容和格式。会计核算软件数据接口分为两部分：一部分规定其内容，包括电子账簿、会计科目、科目余额、记账凭证、报表等；另一部分规定其输出的格式要求，即 XML 文件的输出方式，并要求以一定期间为单位导出会计核算数据。

企业会计以核算资金的循环为中心，以营利为目的，适用于我国所有的企业单位。2006 年财政部发布了新的《企业会计准则》，并于 2007 年 1 月 1 日起在全国开始实施。GB/T 24589.1—2010《财经信息技术　会计核算软件数据接口　第 1 部分：企业》适用于企业单位使用的会计核算软件的设计、研制、管理、购销和应用。标准的具体内容主要包括：标准的范围、规范性引用文件、术语和定义、数据元素、接口文件的输出、符合性评价等六部分，以及附录。其中数据元素和接口文件的输出具体分为如下几类。

- 公共档案类：50 个数据元素、12 张数据表。
- 总账类：71 个数据元素、9 张数据表。
- 应收应付类：21 个数据元素、4 张数据表。
- 固定资产类：51 个数据元素、11 张数据表。
- 员工薪酬类：9 个数据元素、4 张数据表。

行政事业单位会计也称为预算会计，与企业会计一起构成了我国会计体系中的两大类。它适用于各级政府财政部门及其所属行政单位和各级事业单位，是以货币为主要计量单位，对财政资金运动及其结果进行核算、反映和监督，促进国家财政收支任务圆满实现的财政管理活动。与企业会计相比，行政事业单位会计在会计核算的基础、会计要素的构成、会计等式、会计核算内容及方法等方面均存在较大的区别。GB/T 24589.2—2010《财经信息技术　会计核算软件数据接口　第 2 部分：行政事业单位》适用于行政事业单位使用的会计核算软件的设计、研制、管理、购销和应用。标准的具体内容主要包括：标准的范围、规范性引用文件、术语和定义、数据元素、接口文件的输出、符合性评价等六部分，以及附录。其中数据元素和接口文件的输出具体分为如下几类。

- 公共档案类：63 个数据元素、12 张数据表。
- 总账类：87 个数据元素、11 张数据表。
- 资产类：35 个数据元素、10 张数据表。
- 工资类：8 个数据元素、4 张数据表。

1.6 实施要求

《财经信息技术 会计核算软件数据接口》国家标准(GB/T 24589—2010)已经由国家标准化管理委员会于 2009 年 6 月 24 日批准发布,于 2010 年 12 月 1 日在全国范围内实施。国家质量监督检验检疫总局、国家标准化管理委员会会同审计署、财政部及相关行业部门共同推动 GB/T 24589—2010《财经信息技术 会计核算软件数据接口》在全国范围内的实施。通过制订和实施标准,规范企业、行业行为是市场经济条件下通行的管理举措,制订并在会计核算软件中实施数据接口标准将有利于我国会计核算软件市场的健康发展,有利于提高审计、财政等经济管理部门的信息化监管水平。

依据《中华人民共和国标准化法》及《中华人民共和国标准化法实施条例》,GB/T 24589—2010《财经信息技术 会计核算软件数据接口》国家标准实施后,在中华人民共和国使用的会计核算软件(包括含会计核算功能的会计信息系统、管理信息系统等)应符合 GB/T 24589—2010《财经信息技术 会计核算软件数据接口》国家标准,并且通过国家标准化委员会授权部门的质量测试认证,认证合格的,由认证部门授予认证证书,准许在产品或者其包装上使用规定的认证标志。

我国《软件产品管理办法》(中华人民共和国信息产业部令 第 5 号)也要求:"在我国境内制作生产软件产品应当遵循我国有关法律的规定,符合我国技术标准、规范和本办法的规定。"

《中华人民共和国审计法》、《中华人民共和国审计法实施条例》要求被审计单位向审计机关提供相关资料。《中华人民共和国审计法实施条例》第二十八条规定:"审计机关依法进行审计监督时,被审计单位应当依照审计法第三十一条规定,向审计机关提供与财政收支、财务收支有关的资料。"针对我国会计信息化迅猛发展的情况,国务院于 2001 年专门下发文件《国务院办公厅关于利用计算机信息系统开展审计工作有关问题的通知》(国办发(2001)88 号),文件要求:"被审计单位的计算机信息系统应当具备符合国家标准或者行业标准的数据接口;审计机关发现被审计单位的计算机信息系统不符合法律、法规和政府有关主管部门的规定、标准的,可以责令限期改正或者更换。"

第2章

企业标准内容

本部分是对会计核算软件数据接口标准主体内容的讲解，主要由术语定义、数据元素和数据输出格式等内容所组成。"术语定义"部分主要介绍本接口标准所涉及并明确给予定义的会计核算软件专业术语。这些被定义的术语是本接口标准得以制定的基本点所在，故认真领会与把握这些术语名称及其具体定义非常必要。本标准将数据元素分为五大类，即公共档案类数据元素、总账类数据元素、应收应付类数据元素、固定资产类数据元素、员工薪酬类数据元素。每个类别中包含多个数据表，而每个数据表又由多个数据元素组成。"数据输出文件"部分从输出 XML 文件等方面进行介绍。

2.1 标准的内容构成

在 GB/T 24589.1—2010 中，内容分为六大部分，另外还有两个资料性附录。其内容构成如下所示。

1 范围
2 规范性引用文件
3 术语和定义
4 数据元素
  4.1 数据元素的描述规则
  4.2 数据元素细目
    4.2.1 公共档案类数据元素
    4.2.2 总账类数据元素
    4.2.3 应收应付类数据元素
    4.2.4 固定资产类数据元素
    4.2.5 员工薪酬类数据元素

2.2 规范性引用文件与参考文献

本标准的有关元素、定义等要涉及相关的标准，或参考有关的文献。在阅读本标准时，需要查阅相应的文献予以应用。

1. 规范性引用文件

下列文件对于本文件的应用是必不可少的。凡是标注日期的引用文件，仅标注日期的版本适用于本文件。凡是不标注日期的引用文件，其最新版本(包括所有的修改)适用于本文件。

- GB/T 2261.1—2003　个人基本信息分类与代码　第 1 部分：人的性别代码
- GB/T 4754　国民经济行业分类
- GB/T 7408—2005　数据元和交换格式　信息交换　日期和时间表示法(ISO 8601:2000，IDT)
- GB 11714—1997　全国组织机构代码编制规则
- GB/T 12406—2008　表示货币和资金的代码(ISO 4217:2001，IDT)
- GB/T 18142—2000　信息技术　数据元素值格式记法(ISO/IEC 14957:1996，IDT)

2. 参考文献

与本标准有关的还有一些参考文献,阅读这些文献有助于对标准的理解和应用,主要的参考文献如下：

- GB 18030—2005　信息技术　中文编码字符集
- GB/T 18793—2002　信息技术　可扩展置标语言(XML)1.0
- 《会计会计准则》(2006 年 2 月 15 日发布)
- 《企业内部控制基本规范》(2008 年 6 月 26 日发布)
- 《会计基础工作规范》

2.3　术语定义

企业部分接口标准涉及并给予定义的术语共 8 个。下面分别进行介绍。

(1) 会计核算软件(accounting software)：指专门用于会计核算工作的电子计算机应用软件，包括采用各种计算机语言编制的用于会计核算工作的计算机程序。凡是具备相对独立完成会计数据输入、处理和输出功能的软件，均可认定为会计核算软件。一般会计核算软件应具备记账凭证录入、账务处理、应收应付款核算、固定资产核算、存货核算、销售核算、工资核算、成本核算、会计报表生成与汇总、财务分析等功能。

(2) 数据接口(data interface)：即计算机软件系统之间，以电子文件的形式传送数据、交换信息的接口，如 FDDI 光纤分布式数据接口、CAD 数据接口、光电隔离数据接口 CAN232—16M、网络数据接口等。

(3) XML 文件(extensible markup language file)：是指用具有数据描述功能、高度结构性及可验证性的可扩展置标语言描述的数据文件。XML 文件就是用 XML 标识写的 XML 源代码文件。XML 文档也是 ASCII 的纯文本文件，可以用记事本(Notepad)工具创建和修改。XML 文档的后缀名为.XML。用 IE 5.0 以上浏览器也可以直接打开.XML 文件，但所看到的是 XML 源代码，不会显示页面内容。

(4) 数据文件(data file)：指用于会计核算数据交换或处理的文件。数据文件没有固定格式，很多软件都产生由自己定义格式的数据文件，本标准中规定的数据文件是 XML 格式文件。

(5) 数据元素(data element)：指用一组属性描述定义、标识、表示和允许值的数据单元，它是会计核算软件数据接口所输出数据的不可分割的基本单位。一个数据元素可以由若干个数据项(也可称为字段、域、属性)组成。数据项是具有独立含义的最小标识单位。从数据库技术的角度出发，企业必须将各种信息细分到不可再分的基本信息单位，即数据元素。尽管会计核算软件是可变的，但数据元素是相对稳定的。

(6) 数据结构(data structure)：指会计核算软件数据接口所输出数据的内部构成，即数据的组织形式，包含有若干个不同的数据元素。数据结构一般包括以下三方面内容：①数据元素之间的逻辑关系，也称数据的逻辑结构，它是从逻辑关系上描述数据，与数据的存储无关。②数据元素及其关系在计算机存储器内的表示，称为数据的存储结构，它是逻辑结构用计算机语言来实现(亦称为映象)，依赖于计算机语言。③数据的运算，即对数据施加的操作，每种逻辑结构都有一个运算的集合。最常用的有检索、插入、删除、更新、排序等运算。

(7) 电子账簿(electronic accounting book)：是会计核算单位用以记录一套账务数据所用的计算机电子文件的集合，它是通过会计核算软件进行会计核算生成的，并存储在计算机存储设备或媒体中，如用 FoxPro 开发的会计核算软件中用.dbf 格式保存的账务数据文件。

(8) 辅助核算(subsidiary accounting)：辅助核算是从不同的角度对财务信息进行的细分，如部门、项目、个人等。辅助核算与会计科目的组合使用，可全面反映企业的经济业务，也可使账务处理更加灵活，充分发挥会计信息化的优势。在管理会计核算工作中，这些核算正是实施会计控制所必需的，或者说是会计控制的内容之一。例如，在进行费用控制时，人们需要追踪到某个人的费用明细信息，这对于一个较大规模的企业来说，在手工会计条件下是无法做到的。而在信息化下，只需在程序中设置某种辅助核算功能，就可按照需要很容易地获取所需的会计信息。

2.4   内容说明

2.4.1   数据元素与数据结构定义方法

1. 数据元素

本接口标准对涉及的五大类别数据元素按照标识符、名称、说明、表示和注释等层次逐一说明，数据元素共 202 个。其具体的描述格式如下。

(1) 数据元素的标识符。在本标准中，它是各个数据元素的唯一标识，采用六位数字来标记，其中前两位数据表示为元素类别，中间两位数据表示在该元素类别中的数据表编号，最后两位为数据表中经过元素标准化合并后的顺序号。例如，"010101"为公共档案类电子账簿数据表中的电子账簿编号。

(2) 数据元素的名称。即数据元素的中文名称，如"电子账簿编号"。

(3) 数据元素的说明。即数据元素的含义描述，如"会计核算软件中当前电子账簿的编号"。

(4) 数据元素的表示。指数据元素值的类型及长度的表示形式，例如，最多为60 位可变长字符可表示为"C..60"。按照 GB/T 18142—2000 信息技术　数据元素值格式记法的要求，具体表示如下。

- C：表示数字、字母、汉字及其他字符等。
- C n：表示 n 位字符的固定长度。
- C..n：表示最多为 n 位字符的可变长度。
- I..n：表示最多为 n 位的整数可计算形式。
- Dw.d：表示十进制小数可计算形式，w 表示包含小数点前后字符位在内的整个字段最多字符位数，d 表示小数点后的最多字符位。

(5) 数据元素的注释。即与该数据元素相关的其他说明。例如"按照 GB/T4754编制"，"根据《会计基础工作规范》对记账凭证连续编号"等等。

2. 数据结构

GB/T 24589.1—2010《财经信息技术　会计核算软件数据接口》中，规定了输出文件的数据结构，并规定了输出的接口文件应采用 XML 格式。

会计核算软件数据接口要求输出的数据结构，主要有五大类，即公共档案类数据结构、总账类数据结构、应收应付类数据结构、固定资产类数据结构、员工薪酬类数据结构；共有 40 个数据文件(或称数据表)，这 40 个数据文件基本涵盖了企业单位会计核算的主要数据。从会计核算软件角度看，接口标准要求输出的会计核算数据是账务处理模块产生的数据。

在标准文本中，是把元素和数据接口分开列示的。为便于理解，本章将数据元素和数据结构合并成数据表，以更直观地体现。

2.4.2　公共档案

1. 电子账簿

数据表编号：01。数据表名称：电子账簿。具体构成如表 2-1 所示。

表 2-1 电子账簿

数据元素 标识符	数据元素名	表　示	说　　明
010101	电子账簿编号	C..60	会计核算软件中当前电子账簿的编号
010102	电子账簿名称	C..200	会计核算软件中当前电子账簿的名称
010103	会计核算单位	C..200	使用会计核算软件单位的法定名称
010104	组织机构代码	C..20	企业的组织机构代码，按照 GB 11714—1997 的要求编制
010105	单位性质	C8	赋值为"企业单位"
010106	行业	C..20	定位于大类代码所对应的行业名称，按照 GB/T 4754 编制
010107	开发单位	C..200	开发会计核算软件的单位名称
010108	版本号	C..20	会计核算软件的版本标识
010109	本位币	C..30	会计核算软件中本电子账簿所使用的记账本位币，按照 GB/T 12406—2008 表示
010110	会计年度	C4	当前财务会计报告年属，如"2008"
010111	标准版本号	C..30	当前使用的接口标准的版本号，用标准发布的编号来表示，如"GB/T 12406—2008"

举例说明：

电子账簿编号：101

电子账簿名称：重庆星月有限公司电子账簿

会计核算单位：重庆星月有限公司

组织机构代码：D2143569X

单位性质：企业单位

行业：电子产品零售企业

开发单位：重庆大都软件公司

版本号：V8.0

本位币：人民币元

会计年度：2010

标准版本号：GB/T 24589.1—2010

2. 会计期间

数据表编号：02。数据表名称：会计期间。具体构成如表 2-2 所示。

表 2-2 会计期间

数据元素标识符	数据元素名	表 示	说 明
010110	会计年度	C4	当前财务会计报告年属，如"2008"
010201	会计期间号	C..15	会计期间的编号，按企业会计准则进行编号。需要支持调整期。例如，"1201"表示第 12 月的第一个调整期
010202	会计期间起始日期	C8	当前会计期间对应的起始自然日期。按照 GB/T 7408—2005 表示为"CCYYMMDD"
010203	会计期间结束日期	C8	当前会计期间对应的结束自然日期。按照 GB/T 7408—2005 表示为"CCYYMMDD"

3. 记账凭证类型

数据表编号：03。数据表名称：记账凭证类型。具体构成如表 2-3 所示。

表 2-3 记账凭证类型

数据元素标识符	数据元素名	表 示	说 明
010301	记账凭证类型编号	C..60	记账凭证类型的编号
010302	记账凭证类型名称	C..60	记账凭证类型的名称，如"记账凭证"
010303	记账凭证类型简称	C..20	记账凭证类型的简称，如"记"，有些单位称"字"
010401	汇率类型编号	C..60	区分同一源币种和目标币种的不同折算率的类型编号

4. 汇率类型

数据表编号：04。数据表名称：汇率类型。具体构成如表 2-4 所示。

表 2-4 汇率类型

数据元素标识符	数据元素名	表 示	说 明
010401	汇率类型编号	C..60	区分同一源币种和目标币种的不同折算率的类型编号
010402	汇率类型名称	C..60	区分同一源币种和目标币种的不同折算率的类型名称，如"买入汇率"、"卖出汇率"

5. 币种

数据表编号：05。数据表名称：币种。具体构成如表 2-5 所示。

表 2-5 币种

数据元素 标识符	数据元素名	表 示	说 明
010501	币种编码	C..10	货币种类的编码，按照 GB/T 12406—2008 表示
010502	币种名称	C..30	会计科目核算中涉及的货币种类名称，按照 GB/T 12406—2008 表示

6. 结算方式

数据表编号：06。数据表名称：结算方式。具体构成如表 2-6 所示。

表 2-6 结算方式

数据元素 标识符	数据元素名	表 示	说 明
010601	结算方式编码	C..60	资金收付形式的编码
010602	结算方式名称	C..60	资金收付形式的名称

7. 部门档案

数据表编号：07。数据表名称：部门档案。具体构成如表 2-7 所示。

表 2-7 部门档案

数据元素 标识符	数据元素名	表 示	说 明
010701	部门编码	C..60	企业内部部门机构的编码
010702	部门名称	C..200	企业内部部门机构的名称
010703	上级部门编码	C..60	本级部门的上级部门的编码

8. 员工档案

数据表编号：08。数据表名称：员工档案。具体构成如表 2-8 所示。

表 2-8 员工档案

数据元素 标识符	数据元素名	表 示	说 明
010801	员工编码	C..60	企业内部员工的编码
010802	员工姓名	C..60	企业内部员工的姓名
010803	证件类别	C..30	证明员工身份的有效证件类别的名称，如"身份证"、"军官证"、"护照"等，对于同时具有多个有效证件的情况，可任选一个

(续表)

数据元素标识符	数据元素名	表　示	说　　明
010804	证件号码	C..30	证明员工身份的有效证件的号码
010805	性别	C..20	员工的性别，按照 GB/T 2261.1—2003 表示
010806	出生日期	C8	企业内部员工的出生年月日，按照 GB/T 7408—2005 表示为"CCYYMMDD"
010701	部门编码	C..60	企业内部部门机构的编码
010807	入职日期	C8	企业内部员工的入职日期，按照 GB/T 7408—2005 表示为"CCYYMMDD"
010808	离职日期	C8	企业内部员工离开企业的日期，按照 GB/T 7408—2005 表示为"CCYYMMDD"

9. 供应商档案

数据表编号：09。数据表名称：供应商档案。具体构成如表 2-9 所示。

表 2-9　供应商档案

数据元素标识符	数据元素名	表　示	说　　明
010901	供应商编码	C..60	对供应商进行的编码
010902	供应商名称	C..200	企业供应商的名称
010903	供应商简称	C..60	企业供应商的简称

10. 客户档案

数据表编号：10。数据表名称：客户档案。具体构成如表 2-10 所示。

表 2-10　客户档案

数据元素标识符	数据元素名	表　示	说　　明
011001	客户编码	C..60	对客户进行的编码
011002	客户名称	C..200	企业客户的名称
011003	客户简称	C..60	企业客户的简称

11. 自定义档案

自定义档案，就是在已经定义了部门、员工、供应商、客户等档案的基础上，若还需要增加，就通过自定义档案实现。自定义档案与会计核算软件中的辅助核算项目含义是相一致的。自定义档案项相当于辅助核算类别。自定义档案值相当于具体的辅助核算项目。

(1) 自定义档案项

数据表编号：11。数据表名称：自定义档案项。具体构成如表 2-11 所示。

表 2-11　自定义档案项

数据元素标识符	数据元素名	表　示	说　　明
011101	档案编码	C..60	电子账簿需要使用的其他档案的编码，不包括已确定的固定档案，如"部门"、"客户"
011102	档案名称	C..200	电子账簿需要使用的档案的名称
011103	档案描述	C..1000	电子账簿需要使用的档案的说明
011104	是否有层级特征	C1	档案的值是否有上下层级结构的选择开关项，1 表示"有"，0 表示"无"
011105	档案编码规则	C..200	自定义档案的编码规则，若有层级特征时的编码规则，各级次编号的长度用"-"隔开形成序列，如"1-2-2-2"

(2) 自定义档案值

数据表编号：12。数据表名称：自定义档案值。具体构成如表 2-12 所示。

表 2-12　自定义档案值

数据元素标识符	数据元素名	表　示	说　　明
011101	档案编码	C..60	电子账簿需要使用的其他档案的编码，不包括已确定的固定档案，如"部门"、"客户"
011201	档案值编码	C..60	每个档案的内容值的编码
011202	档案值名称	C..200	每个档案的内容值的名称
011203	档案值描述	C..1000	档案值的详细描述解释
011204	档案值父节点	C..60	档案值的父节点的编码，引用"档案值编码"，如果有编码规则，则自动带出，否则导出表示层级关系
011205	档案值级次	C..2	当前值在所属档案结构中的级次，若没有层级特征，则为 1

自定义档案项的实例如表 2-13 所示。自定义档案值的实例如表 2-14 所示。

表 2-13　自定义档案项实例

档案编码	档案名称	档案描述	是否有层级特征	档案编码规则
01	项目		0	
02	商品分类		0	

表2-14 自定义档案值实例

档案编码	档案值编码	档案值名称	档案值描述	档案值父节点	档案值级次
01	101	生产线改造			1
02	201	硬件			1

12. 主要数据结构之间的关系

主要数据结构之间的关系如图2-1所示。

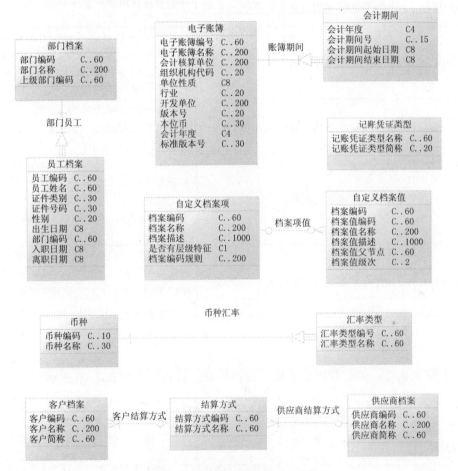

图2-1 主要数据结构之间的关系

2.4.3 总账

1. 总账基础信息

数据表编号：01。数据表名称：总账基础信息。具体构成如表2-15所示。

表 2-15　总账基础信息

数据元素标识符	数据元素名	表　示	说　明
020101	结构分隔符	C1	科目辅助核算结构、扩展字段结构的各段之间的分隔符，例如指定分隔符为"-"
020102	会计科目编号规则	C..200	会计科目各级次编号的长度序列，科目各级次编号的长度用"-"隔开形成序列，如"4-2-2"或"4-3-4"
020103	现金流量项目编码规则	C..200	项目各级次编号的长度用"-"隔开形成序列，如"4-2-2"或"4-3-4"
020104	凭证头可扩展字段结构	C..2000	用户可以为凭证额外自定义需要记录的重要信息的字段，可以是多个扩展字段的结构组合，也可以为空，如"业务日期"，最多 30 个段
020105	凭证头可扩展结构对应档案	C..2000	凭证各个扩展字段对应的档案，可以多个扩展字段对应同一个档案，也可以无档案(用 NULL 表示)
020106	分录行可扩展字段结构	C..2000	用户可以为分录额外自定义需要记录的重要信息的字段，可以是多个扩展字段的结构组合，也可以为空，如"结算方式-票据类别-票据号-票据日期"，最多 30 个段
020107	分录行可扩展字段对应档案	C..2000	分录扩展字段对应的档案，可以多个扩展字段对应同一个档案，也可以无档案(用 NULL 表示)，如"结算方式档案-票据类别档案-NULL-NULL"

2. 会计科目

数据表编号：02。数据表名称：会计科目。具体构成如表 2-16 所示。

表 2-16　会计科目

数据元素标识符	数据元素名	表　示	说　明
020201	科目编号	C..60	对每一个会计科目，按会计制度和业务性质进行分类的编码
020202	科目名称	C..60	科目编号末级所对应科目的名称，如"应交个人所得税"
020203	科目级次	I..2	科目编号在科目结构中所对应的级次
020204	科目类型	C..20	会计科目的种类，如"资产类"、"负债类"、"所有者权益类"、"成本费用类"和"损益类"等
020205	余额方向	C..4	会计科目余额的借、贷方向。表示为"借"、"贷"或"借方"、"贷方"

3. 科目辅助核算

数据表编号：03。数据表名称：科目辅助核算。具体构成如表 2-17 所示。

表 2-17 科目辅助核算

数据元素标识符	数据元素名	表 示	说 明
020201	科目编号	C..60	对每一个会计科目,按会计制度和业务性质进行分类的编码
020301	辅助项编号	C..60	会计科目的辅助核算项序号
020302	辅助项名称	C..200	会计科目的辅助核算项名称
020303	对应档案	C..200	辅助项对应的档案。表示为相应的"部门档案"、"员工档案"、"供应商档案"、"客户档案"、"自定义档案的名称"
020304	辅助项描述	C..2000	辅助核算项的详细描述

例如，科目辅助核算的例子如表 2-18 所示。

表 2-18 科目辅助核算举例

科目编号	辅助项编号	辅助项名称	对 应 档 案	辅助项描述
1111	101	客户	客户档案	客户
1131	101	客户	客户档案	客户
1133	101	客户	客户档案	客户
1151	102	供应商	供应商档案	供应商
2111	102	供应商	供应商档案	供应商
2121	102	供应商	供应商档案	供应商
2131	101	客户	客户档案	客户
2181	102	供应商	供应商档案	供应商
550201	103	部门	部门档案	部门
550201	104	员工	员工档案	员工

4. 现金流量项目

数据表编号：04。数据表名称：现金流量项目。具体构成如表 2-19 所示。

表 2-19 现金流量项目

数据元素标识符	数据元素名	表 示	说 明
020401	现金流量项目编码	C..60	现金流量项目的编码

数据元素 标识符	数据元素名	表　示	说　　明
020402	现金流量项目名称	C..200	现金流量项目的名称
020403	现金流量项目描述	C..2000	现金流量项目的详细描述
020404	是否末级	C1	是否是末级项目的选择开关项。1 表示"是"，0 表示"否"
020405	现金流量项目级次	C..2	当前现金流量项目的级次
020406	现金流量项目父节点	C..60	引用父节点的现金流量项目编码
020407	现金流量数据来源	C1	现金流量项目的数据来源——主表或附表。1 表示"主表"，0 表示"附表"
020408	现金流量项目属性	C1	现金流量项目的属性，1 表示流入或增项，0 表示流出或减项，2 表示无法确认是流入(增)项还是流出(减)项

5. 科目余额及发生额

数据表编号：05。数据表名称：科目余额及发生额。具体构成如表 2-20 所示。

表 2-20　科目余额及发生额

数据元素 标识符	数据元素名	表　示	说　　明
020201	科目编号	C..60	对每一个会计科目,按会计制度和业务性质进行分类的编码
020301	辅助项 1 编号	C..60	会计科目的辅助核算项序号
020301	辅助项 2 编号	C..60	会计科目的辅助核算项序号
020301	辅助项 3 编号	C..60	会计科目的辅助核算项序号
020301	辅助项 4 编号	C..60	会计科目的辅助核算项序号
020301	辅助项 5 编号	C..60	会计科目的辅助核算项序号
020301	辅助项 6 编号	C..60	会计科目的辅助核算项序号
020301	辅助项 7 编号	C..60	会计科目的辅助核算项序号
020301	辅助项 8 编号	C..60	会计科目的辅助核算项序号
020301	辅助项 9 编号	C..60	会计科目的辅助核算项序号
020301	辅助项 10 编号	C..60	会计科目的辅助核算项序号
020301	辅助项 11 编号	C..60	会计科目的辅助核算项序号
020301	辅助项 12 编号	C..60	会计科目的辅助核算项序号
020301	辅助项 13 编号	C..60	会计科目的辅助核算项序号

(续表)

数据元素 标识符	数据元素名	表 示	说 明
020301	辅助项 14 编号	C..60	会计科目的辅助核算项序号
020301	辅助项 15 编号	C..60	会计科目的辅助核算项序号
020301	辅助项 16 编号	C..60	会计科目的辅助核算项序号
020301	辅助项 17 编号	C..60	会计科目的辅助核算项序号
020301	辅助项 18 编号	C..60	会计科目的辅助核算项序号
020301	辅助项 19 编号	C..60	会计科目的辅助核算项序号
020301	辅助项 20 编号	C..60	会计科目的辅助核算项序号
020301	辅助项 21 编号	C..60	会计科目的辅助核算项序号
020301	辅助项 22 编号	C..60	会计科目的辅助核算项序号
020301	辅助项 23 编号	C..60	会计科目的辅助核算项序号
020301	辅助项 24 编号	C..60	会计科目的辅助核算项序号
020301	辅助项 25 编号	C..60	会计科目的辅助核算项序号
020301	辅助项 26 编号	C..60	会计科目的辅助核算项序号
020301	辅助项 27 编号	C..60	会计科目的辅助核算项序号
020301	辅助项 28 编号	C..60	会计科目的辅助核算项序号
020301	辅助项 29 编号	C..60	会计科目的辅助核算项序号
020301	辅助项 30 编号	C..60	会计科目的辅助核算项序号
020501	期初余额方向	C..4	会计科目期初余额的借、贷方向，表示为 "借"、"贷"或"借方"、"贷方"
020502	期末余额方向	C..4	会计科目期末余额的借、贷方向，表示为 "借"、"贷"或"借方"、"贷方"
010501	币种编码	C..10	货币种类的编码，按照 GB/T 12406—2008 表示
020503	计量单位	C..10	会计核算中度量业务对象的实物计量 尺度
010110	会计年度	C4	当前财务会计报告年属，如"2008"
010201	会计期间号	C..15	会计期间的编号，按企业会计准则进行编 号。需要支持调整期。例如，1201 表示 第 12 月的第一个调整期
020504	期初数量	D20.6	会计科目账户的期初数量余额
020505	期初原币余额	D20.2	会计科目账户的期初原币余额
020506	期初本币余额	D20.2	会计科目账户的期初本位币金额

(续表)

数据元素 标识符	数据元素名	表　示	说　明
020507	借方数量	D20.6	科目余额及发生额数据表中某月借方发生数量的合计数
020508	借方原币金额	D20.2	科目余额及发生额数据表中某月借方原币发生额的合计数
020509	借方本币金额	D20.2	科目余额及发生额数据表中某月借方发生额的本币合计数
020510	贷方数量	D20.6	科目余额及发生额数据表中某月贷方发生数量的合计数
020511	贷方原币金额	D20.2	科目余额及发生额数据表中某月贷方原币发生额的合计数
020512	贷方本币金额	D20.2	科目余额及发生额数据表中某月贷方发生额的本币合计数
020513	期末数量	D20.6	会计科目账户的期末数量
020514	期末原币余额	D20.2	会计科目账户的期末原币金额
020515	期末本币余额	D20.2	会计科目账户的期末本位币金额

6. 记账凭证

数据表编号：06。数据表名称：记账凭证。具体构成如表 2-21 所示。

表 2-21　记账凭证

数据元素 标识符	数据元素名	表　示	说　明
020601	记账凭证日期	C8	制作记账凭证的日期，按照 GB/T 7408—2005 表示为"CCYYMMDD"
010110	会计年度	C4	当前财务会计报告年属，如"2008"
010201	会计期间号	C..15	会计期间的编号，按企业会计准则进行编号。需要支持调整期。例如，1201 表示第 12 月的第一个调整期
010301	记账凭证类型编号	C..60	记账凭证类型的编号
020602	记账凭证编号	C..60	记账凭证的顺序编号，依据《会计基础工作规范》对记账凭证连续编号
020603	记账凭证行号	C..5	某一记账凭证各分录行的顺序编号
020604	记账凭证摘要	C..300	记账凭证的简要业务说明
020201	科目编号	C..60	对每一个会计科目，按会计制度和业务性质进行分类的编码

(续表)

数据元素 标识符	数据元素名	表　示	说　　明
020301	辅助项 1 编号	C..60	会计科目的辅助核算项序号
020301	辅助项 2 编号	C..60	会计科目的辅助核算项序号
020301	辅助项 3 编号	C..60	会计科目的辅助核算项序号
020301	辅助项 4 编号	C..60	会计科目的辅助核算项序号
020301	辅助项 5 编号	C..60	会计科目的辅助核算项序号
020301	辅助项 6 编号	C..60	会计科目的辅助核算项序号
020301	辅助项 7 编号	C..60	会计科目的辅助核算项序号
020301	辅助项 8 编号	C..60	会计科目的辅助核算项序号
020301	辅助项 9 编号	C..60	会计科目的辅助核算项序号
020301	辅助项 10 编号	C..60	会计科目的辅助核算项序号
020301	辅助项 11 编号	C..60	会计科目的辅助核算项序号
020301	辅助项 12 编号	C..60	会计科目的辅助核算项序号
020301	辅助项 13 编号	C..60	会计科目的辅助核算项序号
020301	辅助项 14 编号	C..60	会计科目的辅助核算项序号
020301	辅助项 15 编号	C..60	会计科目的辅助核算项序号
020301	辅助项 16 编号	C..60	会计科目的辅助核算项序号
020301	辅助项 17 编号	C..60	会计科目的辅助核算项序号
020301	辅助项 18 编号	C..60	会计科目的辅助核算项序号
020301	辅助项 19 编号	C..60	会计科目的辅助核算项序号
020301	辅助项 20 编号	C..60	会计科目的辅助核算项序号
020301	辅助项 21 编号	C..60	会计科目的辅助核算项序号
020301	辅助项 22 编号	C..60	会计科目的辅助核算项序号
020301	辅助项 23 编号	C..60	会计科目的辅助核算项序号
020301	辅助项 24 编号	C..60	会计科目的辅助核算项序号
020301	辅助项 25 编号	C..60	会计科目的辅助核算项序号
020301	辅助项 26 编号	C..60	会计科目的辅助核算项序号
020301	辅助项 27 编号	C..60	会计科目的辅助核算项序号
020301	辅助项 28 编号	C..60	会计科目的辅助核算项序号
020301	辅助项 29 编号	C..60	会计科目的辅助核算项序号
020301	辅助项 30 编号	C..60	会计科目的辅助核算项序号

(续表)

数据元素 标识符	数据元素名	表　示	说　明
010501	币种编码	C..10	货币种类的编码，按照 GB/T 12406—2008 表示
020503	计量单位	C..10	会计核算中度量业务对象的实物计量尺度
020507	借方数量	D20.6	科目余额及发生额数据表中某月借方发生数量的合计数
020508	借方原币金额	D20.2	科目余额及发生额数据表中某月借方原币发生额的合计数
020509	借方本币金额	D20.2	科目余额及发生额数据表中某月借方发生额的本币合计数
020510	贷方数量	D20.6	科目余额及发生额数据表中某月贷方发生数量的合计数
020511	贷方原币金额	D20.2	科目余额及发生额数据表中某月贷方原币发生额的合计数
020512	贷方本币金额	D20.2	科目余额及发生额数据表中某月贷方发生额的本币合计数
010401	汇率类型编号	C..60	区分同一源币种和目标币种的不同折算率的类型编号
020605	汇率	D13.4	记账汇率
020606	单价	D20.4	具有数量特性的科目所涉及的单位价格
020607	凭证头可扩展字段结构值	C..300	当前凭证头的用户自定义字段的值
020608	分录行可扩展字段结构值	C..300	当前分录行的用户自定义字段的值
010601	结算方式编码	C..60	资金收付形式的编码
020609	票据类型	C..60	票据的种类
020610	票据号	C..60	票据的编号
020611	票据日期	C8	票据的制单日期，按照 GB/T 7408—2005 表示为"CCYYMMDD"
020612	附件数	I..4	记账凭证所附的原始凭证张数
020613	制单人	C..30	制作记账凭证的会计人员
020614	审核人	C..30	审核记账凭证的会计人员
020615	记账人	C..30	对记账凭证进行记账处理的会计人员
020616	记账标志	C1	记账凭证是否记账的标识，完成赋值为"1"，否则赋值为"0"

(续表)

数据元素 标识符	数据元素名	表　示	说　明
020617	作废标志	C1	已经生成凭证编号,但未进行账簿登记的 凭证,予以作废处理所做的标识。作废赋 值为"1",否则赋值为"0"
020618	凭证来源系统	C..20	凭证来源于模块的名称。为空就来源于 "总账",其他来源如"应收"、"应付"、 "工资"、"固定资产"

7. 现金流量凭证项目数据

数据表编号：07。数据表名称：现金流量凭证项目数据。具体构成如表 2-22 所示。

表 2-22　现金流量凭证项目数据

数据元素 标识符	数据元素名	表　示	说　明
010301	记账凭证类型编号	C..60	记账凭证类型的编号
020602	记账凭证编号	C..60	记账凭证的顺序编号,依据《会计基础工作 规范》对记账凭证连续编号
010501	币种编码	C..10	货币种类的编码,按照 GB/T 12406—2008 表示
020701	现金流量行号	C..20	现金流量行的顺序编号
020702	现金流量摘要	C..300	现金流量的简要业务说明
020401	现金流量项目编码	C..60	现金流量项目的编码
020408	现金流量项目属性	C1	现金流量项目的属性。1 表示流入或增项, 0 表示流出或减项, 2 表示无法确认是流入(增) 项还是流出(减)项
020703	现金流量原币金额	D20.2	现金流量的原币金额
020704	现金流量本币金额	D20.2	现金流量的本币金额

8. 报表集

数据表编号：08。数据表名称：报表集。具体构成如表 2-23 所示。

表 2-23　报表集

数据元素 标识符	数据元素名	表　示	说　明
020801	报表编号	C..20	报表的唯一索引代号
020802	报表名称	C..60	对外报送报表的名称。报表范围包括"资产 负债表"、"利润表"、"现金流量表"、"所 有者权益(股东权益)变动表"等四张表

(续表)

数据元素 标识符	数据元素名	表　示	说　　　明
020803	报表报告日	C8	报表数据所对应的会计日期(日)，例如资产 负债的报表报告日为"20081231"，按照 GB/T 7408—2005 表示为"CCYYMMDD"
020804	报表报告期	C..6	报表数据所对应的会计期间，如利润表，2008 年报表报告期为"2008"，2008 年 12 月报 表报告期为"200812"
020805	编制单位	C..200	编制会计报表的单位名称
020806	货币单位	C..30	货币的计量单位，如"万元"

报表集的例子如表 2-24 所示。

表 2-24　报表集举例

报表编号	报表名称	报表报告日	报表报告期	编制单位	货币单位
01	资产负债表	20091031	200910	重庆星月有限公司	元
02	利润表	20091031	200910	重庆星月有限公司	元
03	现金流量表	20091031	200910	重庆星月有限公司	元
04	所有者权益变动表	20091031	200910	重庆星月有限公司	元

9. 报表项数据

数据表编号：09。数据表名称：报表项数据。具体构成如表 2-25 所示。

表 2-25　报表项数据

数据元素 标识符	数据元素名	表　示	说　　　明
020801	报表编号	C..20	报表的唯一索引代号
020901	报表项编号	C..20	报表项目的顺序编号
020902	报表项名称	C..200	报表中所列项目的名称
020903	报表项公式	C..2000	报表项目的计算公式，为文本型，可以是业务函数
020904	报表项数值	D20.2	报表项目的数值

020903 报表项公式内容为具体的取数公式和计算公式，但由于各会计核算软件设计的公式差异很大，仅仅是作为参考而已。通过这些公式，可以间接地看到一些数据关系。

利润表的实际例子如表 2-26 所示。

表 2-26　报表编号：02，报表名称：利润表

报表项编号	报表项名称	报表项公式	报表项数值
01	一、营业收入		600 000
02	减：营业成本		400 000
03	营业税金及附加		0
04	营业费用		330 328
05	管理费用		29328
06	财务费用		21 500
07	加：公允价值变动权益(损失以"-"号填列)		0
08	投资收益(损失以"-"号填列)		300 000
09	其中：对联营企业和合营企业的投资收益		0
010	二、营业利润(亏损以"-"号填列)	01-02-03-04-05-06+07+08	118 844
011	加：营业外收入		0
012	减：营业外支出		0
013	其中：非流动资产处置损失		
014	三、利润总额(亏损总额以"-"号填列)	010+011-012	118 844
015	减：所得税费用	应纳税额×所得税税率	29 961
016	四、净利润(净亏损以"-"号填列	014-015	88 883
017	五、每股收益：		
018	(一) 基本每股收益		
019	(二) 稀释每股收益		

10. 主要数据结构之间的关系

主要数据结构之间的关系如图 2-2 所示。

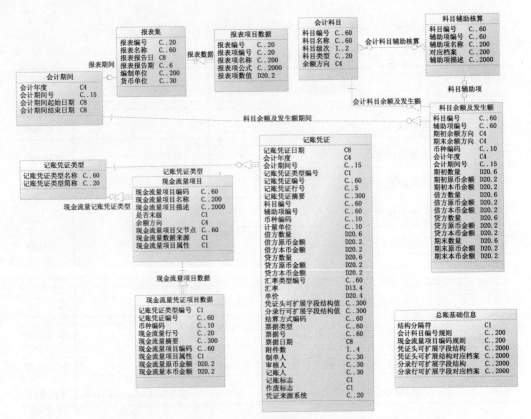

图 2-2　主要数据结构之间的关系

2.4.4　应收应付

1. 单据类型

数据表编号：01。数据表名称：单据类型。具体构成如表 2-27 所示。

表 2-27　单据类型

数据元素标识符	数据元素名	表　示	说　　明
030101	单据类型编码	C..60	单据类型的编码
030102	单据类型名称	C..60	单据类型的名称

2. 交易类型

数据表编号：02。数据表名称：交易类型。具体构成如表 2-28 所示。

表 2-28　交易类型

数据元素标识符	数据元素名	表　示	说　明
030201	交易类型编码	C..60	交易类型的编码，交易类型是对单据类型的细化，不同的交易类型表达对业务不同的处理规则、处理流程
030202	交易类型名称	C..60	交易类型的名称

3. 应收明细账

数据表编号：03。数据表名称：应收明细账。具体构成如表 2-29 所示。

表 2-29　应收明细账

数据元素标识符	数据元素名	表　示	说　明
011001	客户编码	C..60	对客户进行的编码
020201	科目编号	C..60	对每一个会计科目，按会计制度和业务性质进行分类的编码
020601	记账凭证日期	C8	制作记账凭证的日期，按照 GB/T 7408—2005 表示为 "CCYYMMDD"
030301	记账日期	C8	应收、收款业务或者应付、付款业务所生成会计凭证的记账日期，导出的是已记账数据。按照 GB/T 7408—2005 表示为 "CCYYMMDD"
010110	会计年度	C4	当前财务会计报告年属，如 "2008"
010201	会计期间号	C..15	会计期间的编号，按《企业会计准则》进行编号，需要支持调整期。例如，1201 表示第 12 月的第一个调整期
010301	记账凭证类型编号	C..60	记账凭证类型的编号
020602	记账凭证编号	C..60	记账凭证的顺序编号，依据《会计基础工作规范》对记账凭证连续编号
010109	本位币	C..30	会计核算软件中本电子账簿所使用的记账本位币。按照 GB/T 12406—2008 表示
020605	汇率	D13.4	记账汇率
020205	余额方向	C..4	会计科目余额的借、贷方向。表示为"借"、"贷"或"借方"、"贷方"
030302	本币余额	D20.2	用本位币计量的该笔应收款、收款业务或者应付款、付款业务的余额金额
030303	原币余额	D20.2	用原币计量的该笔应收款、收款业务或者应付款、付款业务的余额金额

(续表)

数据元素标识符	数据元素名	表示	说明
030304	本币发生金额	D20.2	业务发生用本币计量的金额
030305	原币币种	C..30	业务的原币币种名称
030306	原币发生金额	D20.2	业务发生用原币记录的金额。汇兑损益记录原币可能为0
030307	摘要	C..200	对业务的简要说明
030308	到期日	C8	该笔应收款的到期日。如果一笔业务有多个到期日，需要按各个到期日导出明细数据，按照GB/T 7408—2005表示为"CCYYMMDD"
030309	核销凭证编号	C..60	与当前业务对应的核销会计凭证编号。①当前单据为应收单(发票)，则核销凭证是与之核销的收款单对应的凭证编号；当前单据是收款单，则核销凭证是与之核销的应收单(发票)对应的凭证编号。②如果一笔业务多次参与核销，按核销记录导出相应的凭证编号
030310	核销日期	C8	与当前业务核销处理的日期。按照GB/T 7408—2005表示为"CCYYMMDD"
030101	单据类型编码	C..60	单据类型的编码
030201	交易类型编码	C..60	交易类型的编码。交易类型是对单据类型的细化，不同的交易类型表达对业务不同的处理规则、处理流程
030311	单据编号	C..60	记录该应收业务的单据编号
030312	发票号	C..60	记录该应收业务的发票号码
030313	合同号	C..60	记录该应收业务的相关合同号
030314	项目编码	C..60	记录该应收业务的相关项目编码
010601	结算方式编码	C..60	资金收付形式的编码
030315	付款日期	C8	该应收业务的付款日期，按照GB/T 7408—2005表示为"CCYYMMDD"
030316	核销标志	C1	款项已核销完毕的标志。0表示"未核销"，1表示"已核销"
030317	汇票编号	C..60	结算所使用汇票的编号

4. 应付明细账

数据表编号：04。数据表名称：应付明细账。具体构成如表2-30所示。

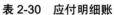

表2-30 应付明细账

数据元素标识符	数据元素名	表 示	说 明
010901	供应商编码	C..60	对供应商进行的编码
020201	科目编号	C..60	对每一个会计科目,按会计制度和业务性质进行分类的编码
020601	记账凭证日期	C8	制作记账凭证的日期,按照GB/T 7408—2005表示为"CCYYMMDD"
030301	记账日期	C8	应收、收款业务或者应付、付款业务所生成会计凭证的记账日期,导出的是已记账数据。按照GB/T 7408—2005表示为"CCYYMMDD"
010110	会计年度	C4	当前财务会计报告年属,如"2008"。
010201	会计期间号	C..15	会计期间的编号,按企业会计准则进行编号。需要支持调整期。例如"1201"表示第12月的第一个调整期
010301	记账凭证类型编号	C..60	记账凭证类型的编号
020602	记账凭证编号	C..60	记账凭证的顺序编号,依据《会计基础工作规范》对记账凭证连续编号
010109	本位币	C..30	会计核算软件中本电子账簿所使用的记账本位币,按照GB/T 12406—2008表示
020605	汇率	D13.4	记账汇率
020205	余额方向	C..4	会计科目余额的借、贷方向。表示为"借"、"贷"或"借方"、"贷方"
030302	本币余额	D20.2	用本位币计量的该笔应收款、收款业务或者应付款、付款业务的余额金额
030303	原币余额	D20.2	用原币计量的该笔应收款、收款业务或者应付款、付款业务的余额金额
030304	本币发生金额	D20.2	业务发生用本币计量的金额
030305	原币币种	C..30	业务的原币币种名称
030306	原币发生金额	D20.2	业务发生用原币记录的金额,汇兑损益记录原币可能为0
030307	摘要	C..200	对业务的简要说明

(续表)

数据元素标识符	数据元素名	表 示	说 明
030308	到期日	C8	该笔应收款的到期日。如果一笔业务有多个到期日，需要按各个到期日导出明细数据，按照 GB/T 7408—2005 表示为"CCYYMMDD"
030309	核销凭证编号	C..60	与当前业务对应的核销会计凭证编号。①当前单据为应收单(发票)，则核销凭证是与之核销的收款单对应的凭证编号；当前单据是收款单，则核销凭证是与之核销的应收单(发票)对应的凭证编号。②如果一笔业务多次参与核销，按核销记录导出相应的凭证编号
030310	核销日期	C8	与当前业务核销处理的日期。按照 GB/T 7408—2005 表示为"CCYYMMDD"
030101	单据类型编码	C..60	单据类型的编码
030201	交易类型编码	C..60	交易类型的编码。交易类型是对单据类型的细化，不同的交易类型表达对业务不同的处理规则、处理流程
030311	单据编号	C..60	记录该应收业务的单据编号
030312	发票号	C..60	记录该应收业务的发票号码
030313	合同号	C..60	记录该应收业务的相关合同号
030314	项目编码	C..60	记录该应收业务的相关项目编码
010601	结算方式编码	C..60	资金收付形式的编码
030315	付款日期	C8	该应收业务的付款日期。按照 GB/T 7408—2005 表示为"CCYYMMDD"
030316	核销标志	C1	款项已核销完毕的标志。0 表示"未核销"，1 表示"已核销"
030317	汇票编号	C..60	结算所使用汇票的编号

5. 主要数据结构之间的关系

主要数据结构之间的关系如图 2-3 所示。

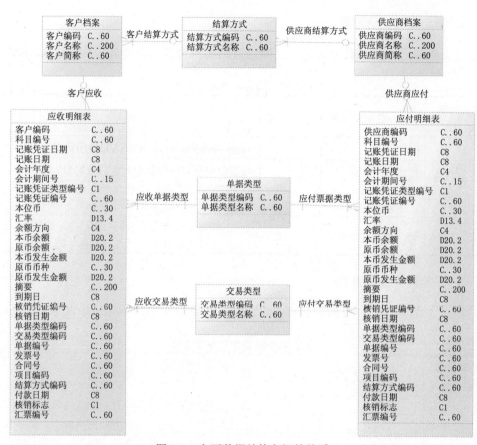

图 2-3　主要数据结构之间的关系

2.4.5　固定资产

1. 固定资产基础信息

数据表编号：01。数据表名称：固定资产基础信息。具体构成如表 2-31 所示。

表 2-31　固定资产基础信息

数据元素 标识符	数据元素名	表　示	说　　明
040101	固定资产对账科目	C..60	固定资产原值与总账的对账科目编号，如"1601"
040102	减值准备对账科目	C..60	固定资产减值准备与总账的对账科目编号，如"1602"
040103	累计折旧对账科目	C..60	固定资产累计折旧与总账的对账科目编号，如"1603"

2. 固定资产类别设置

数据表编号：02。数据表名称：固定资产类别设置。具体构成如表 2-32 所示。

表 2-32　固定资产类别设置

数据元素标识符	数据元素名	表　示	说　明
040201	固定资产类别编码规则	C..60	固定资产类别各级次编号的长度序列。固定资产类别各级次编号的长度用"-"隔开形成序列，如"2-2"或"2-2-2"
040202	固定资产类别编码	C..60	固定资产类别的编码
040203	固定资产类别名称	C..60	固定资产类别的名称，如"房屋建筑物"、"机器设备"、"电子设备"等

3. 固定资产变动方式

数据表编号：03。数据表名称：固定资产变动方式。具体构成如表 2-33 所示。

表 2-33　固定资产变动方式

数据元素标识符	数据元素名	表　示	说　明
040301	变动方式编码	C..60	固定资产卡片各种变动业务的编码，如资产购入"01"、资产处置"02"、资产减值"03"、资产重估"04"、资产原值变更"05"、资产累计折旧变更"06"
040302	变动方式名称	C..60	固定资产卡片各种变动业务的名称

4. 固定资产折旧方法

数据表编号：04。数据表名称：固定资产折旧方法。具体构成如表 2-34 所示。

表 2-34　固定资产折旧方法

数据元素标识符	数据元素名	表　示	说　明
040401	折旧方法编码	C..60	折旧方法的编码
040402	折旧方法名称	C..60	折旧方法的名称，如"直线法"、"双倍余额递减法"、"年数总和法"
040403	折旧公式	C..200	折旧额公式的表达式，如"月折旧额＝资产原值×(1-残值率)／使用年限"

5. 固定资产使用状况

数据表编号：05。数据表名称：固定资产使用状况。具体构成如表 2-35 所示。

表 2-35　固定资产使用状况

数据元素标识符	数据元素名	表　示	说　明
040501	使用状况编码	C..60	固定资产使用状况的编码
040502	使用状况名称	C..60	固定资产使用状况的名称，如"使用中"、"未使用"、"季节性停用"等

6. 固定资产卡片

数据表编号：06。数据表名称：固定资产卡片。具体构成如表 2-36 所示。

表 2-36　固定资产卡片

数据元素标识符	数据元素名	表　示	说　明
040601	固定资产卡片编号	C..60	登记固定资产信息的卡片的编号，如"KP001"或"0001"
040202	固定资产类别编码	C..60	固定资产类别的编码
040602	固定资产编码	C..60	固定资产的编码，如"DYJ-001"
040603	固定资产名称	C..200	固定资产的名称，如"打印机"。
040604	固定资产入账日期	C8	固定资产的入账日期，按照 GB/T 7408—2005 表示为"CCYYMMDD"，如"20090101"
010201	会计期间号	C..15	会计期间的编号，按企业会计准则进行编号。需要支持调整期。例如"1201"表示第 12 月的第一个调整期
040605	固定资产计量单位	C..60	固定资产的计量单位，如"台"
040606	固定资产数量	D20.6	资产卡片中的资产数量，资产卡片支持多数量时，一张卡片可以记录多个资产信息
040301	变动方式编码	C..60	固定资产卡片各种变动业务的编码，如资产购入"01"、资产处置"02"、资产减值"03"、资产重估"04"、资产原值变更"05"、资产累计折旧变更"06"
040401	折旧方法编码	C..60	折旧方法的编码
040501	使用状况编码	C..60	固定资产使用状况的编码
040607	预计使用月份	I..4	固定资产预计使用月份数，例如固定资产可使用 5 年，则表示成"60"

数据元素 标识符	数据元素名	表　示	说　明
040608	已计提月份	I..4	资产卡片在当前会计期间已经计提折旧的累计月份数
010109	本位币	C..30	会计核算软件中本电子账簿所使用的记账本位币，按照 GB/T 12406—2008 表示
040609	固定资产原值	D20.2	当前期间末固定资产原值
040610	固定资产累计折旧	D20.2	当前期间末固定资产累计折旧
040611	固定资产净值	D20.2	当前期间末固定资产净值
040612	固定资产累计减值准备	D20.2	当前期间末固定资产累计减值准备
040613	固定资产净残值率	D20.2	当前期间末固定资产净残值率
040614	固定资产净残值	D20.2	当前期间末固定资产净残值
040615	固定资产月折旧率	D20.2	固定资产当前期间的折旧率
040616	固定资产月折旧额	D20.2	固定资产当前期间计提的折旧额
040617	固定资产工作量单位	D20.2	固定资产的工作量单位
040618	固定资产工作总量	D20.2	固定资产预计工作总量
040619	累计工作总量	D20.2	当前期间末累计已使用工作总量
040101	固定资产对账科目	C..60	固定资产原值与总账的对账科目编号，如"1601"
040102	减值准备对账科目	C..60	固定资产减值准备与总账的对账科目编号，如"1602"
040103	累计折旧对账科目	C..60	固定资产累计折旧与总账的对账科目编号，如"1603"

7. 固定资产卡片实物信息

数据表编号：07。数据表名称：固定资产卡片实物信息。具体构成如表 2-37 所示。

表 2-37　固定资产卡片实物信息

数据元素 标识符	数据元素名	表　示	说　明
040601	固定资产卡片编号	C..60	登记固定资产信息的卡片的编号，如"KP001"或"0001"
010201	会计期间号	C..15	会计期间的编号，按企业会计准则进行编号，需要支持调整期。例如"1201"表示第 12 月的第一个调整期

(续表)

数据元素 标识符	数据元素名	表示	说明
040701	固定资产标签号	C..200	资产实物的唯一流水编号，一个标签号可以对应找到一个具体实物。如果卡片只有单数量，可以同资产卡片编号；如果是多数量，应该分别为每一个实物进行编号，如"BQ-001"、"BQ-002"
040702	固定资产位置	C..60	固定资产实物存放的地点
040703	固定资产规格型号	C..60	固定资产实物的规格型号

8. 固定资产卡片使用信息

数据表编号：08。数据表名称：固定资产卡片使用信息。具体构成如表 2-38 所示。

表 2-38　固定资产卡片使用信息

数据元素 标识符	数据元素名	表示	说明
040601	固定资产卡片编号	C..60	登记固定资产信息的卡片的编号，如"KP001"或"0001"
040701	固定资产标签号	C..200	资产实物的唯一流水编号，一个标签号可以对应找到一个具体实物。如果卡片只有单数量，可以同资产卡片编号；如果是多数量，应该分别为每一个实物进行编号，如"BQ-001"、"BQ-002"
010201	会计期间号	C..15	会计期间的编号，按企业会计准则进行编号，需要支持调整期。例如"1201"表示第 12 月的第一个调整期
010701	部门编码	C..60	企业内部部门机构的编码
040801	折旧分配比例	D3.2	各个使用部门的折旧分配比例，如果一个实物被多个部门共用，则分行列示

9. 固定资产减少情况

数据表编号：09。数据表名称：固定资产减少情况。具体构成如表 2-39 所示。

表 2-39　固定资产减少情况

数据元素 标识符	数据元素名	表示	说明
040901	固定资产减少流水号	C..60	记录固定资产变动业务的记录号。可以是单据号也可是流水号

数据元素标识符	数据元素名	表 示	说 明
040902	减少发生日期	C8	固定资产减少的发生日期。按照 GB/T 7408 —2005 表示为"CCYYMMDD"
010201	会计期间号	C..15	会计期间的编号，按企业会计准则进行编号，需要支持调整期。例如"1201"表示第 12 月的第一个调整期
040301	变动方式编码	C..60	固定资产卡片各种变动业务的编码，如资产购入"01"、资产处置"02"、资产减值"03"、资产重估"04"、资产原值变更"05"、资产累计折旧变更"06"
040601	固定资产卡片编号	C..60	登记固定资产信息的卡片的编号，如"KP001"或"0001"
040603	固定资产名称	C..200	固定资产的名称，如"打印机"
040602	固定资产编码	C..60	固定资产的编码，如"DYJ-001"
040903	固定资产减少数量	D20.6	固定资产减少的数量
040904	固定资产减少原值	D20.2	固定资产减少的原值
040905	固定资产减少累计折旧	D20.2	固定资产减少的累计折旧
040906	固定资产减少减值准备	D20.2	固定资产减少的减值准备
040907	固定资产减少残值	D20.2	固定资产减少掉的残余价值
040908	清理收入	D20.2	固定资产清理过程中所产生的收入
040909	清理费用	D20.2	固定资产清理过程中所发生的费用
040910	固定资产减少原因	C..200	固定资产减少的原因

10. 固定资产减少实物信息

数据表编号：10。数据表名称：固定资产减少实物信息。具体构成如表 2-40 所示。

表 2-40　固定资产减少实物信息

数据元素标识符	数据元素名	表 示	说 明
040901	固定资产减少流水号	C..60	记录固定资产变动业务的记录号。可以是单据号也可是流水号
040601	固定资产卡片编号	C..60	登记固定资产信息的卡片的编号，如"KP001"或"0001"

（续表）

数据元素标识符	数据元素名	表　示	说　明
040701	固定资产标签号	C..200	资产实物的唯一流水编号，一个标签号可以对应找到一个具体实物。如果卡片只有单数量，可以同资产卡片编号；如果是多数量，应该分别为每一个实物进行编号，如"BQ-001"、"BQ-002"
010201	会计期间号	C..15	会计期间的编号，按企业会计准则进行编号，需要支持调整期。例如"1201"表示第 12 月的第一个调整期

11. 固定资产变动情况

数据表编号：11。数据表名称：固定资产变动情况。具体构成如表 2-41 所示。

表 2-41　固定资产变动情况

数据元素标识符	数据元素名	表　示	说　明
041101	固定资产变动流水号	C..60	记录固定资产变动业务的记录流水号
041102	固定资产变动日期	C8	固定资产变动的发生日期，按照 GB/T 7408—2005 表示为"CCYYMMDD"
010201	会计期间号	C..15	会计期间的编号，按企业会计准则进行编号，需要支持调整期。例如"1201"表示第 12 月的第一个调整期
040601	固定资产卡片编号	C..60	登记固定资产信息的卡片的编号，如"KP001"或"0001"
040602	固定资产编码	C..60	固定资产的编码，如"DYJ-001"
040603	固定资产名称	C..200	固定资产的名称，如"打印机"
040301	变动方式编码	C..60	固定资产卡片各种变动业务的编码，如资产购入"01"、资产处置"02"、资产减值"03"、资产重估"04"、资产原值变更"05"、资产累计折旧变更"06"
040701	固定资产标签号	C..200	资产实物的唯一流水编号，一个标签号可以对应找到一个具体实物。如果卡片只有单数量，可以同资产卡片编号；如果是多数量，应该分别为每一个实物进行编号，如"BQ-001"、"BQ-002"
041103	变动前内容及数值	C..60	资产变动前内容或数值。例如折旧方法变更时，变更前内容为"直线法"，资产原值变更时，变更前内容为"10000"

(续表)

数据元素标识符	数据元素名	表　示	说　　明
041104	变动后内容及数值	C..60	资产变动后内容或数值。例如折旧方法变更时，变更后内容为"双倍余额递减法"，资产原值变更时，变更后内容为"20000"
041105	固定资产变动原因	C..200	进行资产变动的原因

12. 主要数据结构之间的关系

主要数据结构之间的关系如图 2-4 所示。

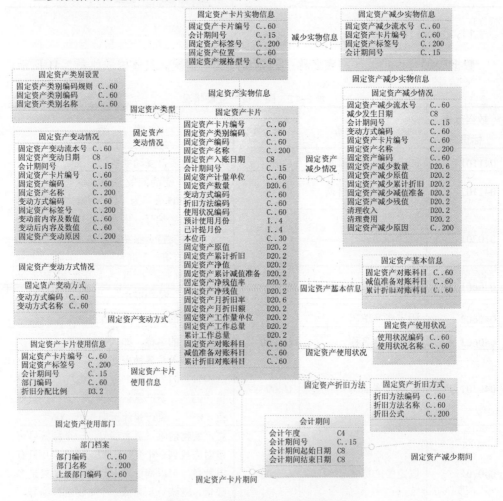

图 2-4　主要数据结构之间的关系

2.4.6 员工薪酬

1. 薪酬期间

数据表编号：01。数据表名称：薪酬期间。具体构成如表 2-42 所示。

表 2-42 薪酬期间

数据元素 标识符	数据元素名	表 示	说 明
050101	薪酬年度	C4	给员工发放薪酬的年度编号，如"2008"
050102	薪酬期间号	C..2	发放薪酬的期间编号，通常按月度发放，如"3"
050103	薪酬期间起始日期	C8	薪酬期间的开始日期，按照 GB/T 7408—2005 表示为"CCYYMMDD"
050104	薪酬期间结束日期	C8	薪酬期间的结束日期，按照 GB/T 7408—2005 表示为"CCYYMMDD"

2. 薪酬项目

数据表编号：02。数据表名称：薪酬项目。具体构成如表 2-43 所示。

表 2-43 薪酬项目

数据元素 标识符	数据元素名	表 示	说 明
050201	薪酬类别名称	C..60	根据发放对象不同和发放时间不同而确定的类别，不同类别可具有不同的薪酬项目。例如"高管人员薪酬"与"计件薪酬"可作为两个类别，不同的薪酬类别在管理上可由不同的人员操作
050202	薪酬项目编码	C..60	薪酬项目的编码，如"001"
050203	薪酬项目名称	C..60	发放薪酬的项目名称，如"岗位工资"、"岗位津贴"、"考勤扣款"等

3. 员工薪酬记录

数据表编号：03。数据表名称：员工薪酬记录。具体构成如表 2-44 所示。

表 2-44　员工薪酬记录

数据元素标识符	数据元素名	表　示	说　明
010801	员工编码	C..60	企业内部员工的编码
050301	员工类别	C..60	根据员工管理的需要而采取的分类方式，如"在职"、"在编"等
010701	部门编码	C..60	企业内部部门机构的编码
050201	薪酬类别名称	C..60	根据发放对象不同和发放时间不同而确定的类别，不同类别可具有不同的薪酬项目。例如"高管人员薪酬"与"计件薪酬"可作为两个类别，不同的薪酬类别在管理上可由不同人员操作
050101	薪酬年度	C4	给员工发放薪酬的年度编号，如"2008"
050102	薪酬期间号	C..2	发放薪酬的期间编号，通常按月度发放，如"3"
010110	会计年度	C4	当前财务会计报告年属，如"2008"
010201	会计期间号	C..15	会计期间的编号，按企业会计准则进行编号。需要支持调整期。例如"1201"表示第12月的第一个调整期
010501	币种编码	C..10	货币种类的编码，按照 GB/T 12406—2008 表示

4. 员工薪酬记录明细

数据表编号：04，数据表名称：员工薪酬记录明细，具体构成如表 2-45 所示。

表 2-45　员工薪酬记录明细

数据元素标识符	数据元素名	表　示	说　明
010801	员工编码	C..60	企业内部员工的编码
050201	薪酬类别名称	C..60	根据发放对象不同和发放时间不同而确定的类别，不同类别可具有不同的薪酬项目。例如"高管人员薪酬"与"计件薪酬"可作为两个类别，不同的薪酬类别在管理上可由不同人员操作
050101	薪酬年度	C4	给员工发放薪酬的年度编号，如"2008"
050102	薪酬期间号	C..2	发放薪酬的期间编号，通常按月度发放，如"3"
050202	薪酬项目编码	C..60	薪酬项目的编码，如"001"
050401	薪酬金额	D20.2	本次发放薪酬的数额

5. 主要数据结构之间的关系

主要数据结构之间的关系如图 2-5 所示。

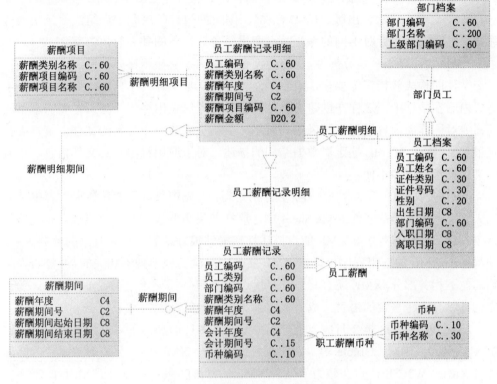

图 2-5　主要数据结构之间的关系

2.5　数据输出文件

2.5.1　会计核算软件数据接口采用 XML 的原因

　　XML(eXtensible Markup Language,可扩展置标语言)是由 W3C(World Wide Web Consortium，互联网协作组织)于 1998 年 2 月发布的标准，我国也制定了相应的标准 GB/T 18793—2002《信息技术　可扩展置标语言(XML)1.0》。XML 是 SGML(Standard Generalized Markup Language,标准通用置标语言)的一个简化子集。由于它将 SGML 的丰富功能与 HTML 的易用性结合起来，以一种开放的自描述方式定义文件结构，根据所定义的结构来描述文件内容。这样形成的文件具有可验证、可扩充的优点。自 XML 诞生以来，它迅速成为信息共享的基础，成为集成各种应用的粘合剂，也是电子政务、电子商务的基石。

XML 的优势之一是开放性，它允许各个组织、个人建立适合自己需要的置标集合(词汇表)，并且这些置标可以迅速地投入使用。这一特征使得 XML 可以在电子商务、政府文件、司法、出版、CAD/CAM、保险机构、厂商和中介组织信息交换等领域中广泛应用，针对不同的系统、厂商提供各具特色的独立解决方案。

XML 的优势之二是分离性，它的数据存储格式不受显示格式的制约。一般来说，一个文件的构成包括三个要素，即数据、结构、显现方式。对于 HTML 来说，显示方式内嵌在数据中，这样在创建文本时，要时时考虑输出格式，如果因为需求不同而需要对同样的内容进行不同风格的显示，要从头创建一个全新的文件，重复工作量很大。此外，HTML 缺乏对数据结构的描述，对于应用程序理解文件内容、抽取语义信息都有诸多不便。

XML 把文件的三要素独立开来，分别处理。首先把显现格式从数据内容中独立出来，保存在式样单文件(Style Sheet)中，这样如果需要改变文件的显现格式，只要修改式样单文件就行了。XML 的自描述性质能够很好地表现许多复杂的数据关系，使得基于 XML 的应用程序可以在 XML 文件中准确高效地搜索相关的数据内容，忽略其他不相关部分。XML 还有其他许多优点，如它有利于不同系统之间的信息交流，完全可以充当跨平台的语言，成为数据和文件交换的标准机制。

XML 自从 1998 年 2 月成为推荐标准后，许多厂商加强了对它的支持力度，包括 Microsoft、IBM、Oracle 等，它们都推出了支持 XML 的产品或改造原有的产品支持 XML。W3C 也一直在致力于完善 XML 的标准体系。然而由于 XML 的复杂性和灵活性，加上工具的相对缺乏，增加了 XML 使用的难度。另外，由于 XML 是元置标语言，任何个人、公司和组织都可以利用它定义新的标准，这些标准间的通信成为了巨大的问题，因此人们在各个领域形成一些标准化组织以统一这些标准。

使用 XML 来描述会计核算软件数据接口，具有以下优点：

(1) 在一定程度上可以保证会计核算数据的正确性。由于在接口标准中采用 XML Schema 描述会计核算软件数据接口的数据结构，定义了所提交的会计核算数据(XML 实例)文件中的各种 XML 元素和属性，这样写成的 XML 实例文件可以使用任何符合标准的 XML 分析器分析，从而可以检查出会计核算数据中漏报、不符合格式要求的，或不应该出现的数据，从而提高数据的正确性。

(2) 利于与应用系统集成。采用 XML 来描述数据，可以很方便地与各种会计核算软件以及数据库管理、统计、分析等应用系统集成，其数据可以被多种系统准确、高效地利用。另外，可以使用任何符合标准的通用处理器来处理 XML，而不需要专门开发程序，可以实现最大程度上的平台无关性。

(3) 利于将来数据格式的修改与扩充。XML 的可扩充性保证了将来会计核算软件数据接口可以方便地修改与扩充。

2.5.2　对"会计核算软件数据接口 XML Schema"的说明

接口标准中 Schema 共包含了 6 个定义文件，即标准数据元素类型.xsd、公共档案.xsd、总账.xsd、固定资产.xsd、应收应付.xsd、员工薪酬.xsd。例如，标准数据元素类型.xsd 主要定义了五大类所有数据元素的数据类型及长度。

会计核算软件数据接口的 XML 实例同样按类型分为五大类。

2.5.3　对"会计核算软件数据接口 XML 实例"的说明

在接口标准的附录 B 中，列举了会计核算软件数据 XML 实例，共分五类。

2.6　本标准与 GB/T 19581—2004 的主要区别

本标准与 GB/T 19581—2004 的主要区别如下：

(1) 在元素上的区别。GB/T 19581—2004 只有 81 个元素，GB/T 24589.1—2010 有 202 个元素。

(2) 在范围上的区别。GB/T 19581—2004 只有总账和报表部分，GB/T 24589.1—2010 增加了应收应付、固定资产、员工薪酬部分。

(3) 在输出格式上的区别。GB/T 19581—2004 提供了文本和 XML 格式，GB/T 24589.1—2010 根据发展的趋势和前面应用的情况，取消了文本输出格式。

(4) GB/T 19581—2004 包含了企业和行政事业单位。新版标准分为 GB/T 24589.1—2010(企业)和 GB/T 24589.2—2010(行政事业单位)两个独立的标准，更加具有针对性，也更实用。

第3章

行政事业单位标准内容

行政事业单位标准，在一些内容、技术等方面与企业是相同的，因此本章在内容上进行了简化，如"术语和定义"部分是与企业相关部分相同的，本章就未列入。通过本章，能够更好地了解行政事业单位会计核算软件标准数据的输出内容，以便结合实际工作予以应用。

3.1 标准的内容构成

本标准内容包含六个方面的内容和两个资料性附录，具体内容如下所示。

1 范围
2 规范性引用文件
3 术语和定义
4 数据元素
　4.1 数据元素的描述规则
　4.2 数据元素细目
　　4.2.1 公共档案类数据元素
　　4.2.2 总账类数据元素
　　4.2.3 资产类数据元素
　　4.2.4 工资类数据元素
5 接口文件的输出
　5.1 输出文件的格式
　5.2 输出文件的数据结构
　　5.2.1 公共档案类数据结构
　　5.2.2 总账类数据结构
　　5.2.3 资产类数据结构

3.2　规范性引用文件与参考文献

1. 规范性应用文件

　　下列文件对于本标准的应用是必不可少的。凡是注日期的引用文件，仅注日期的版本适用于本文件。凡是不注日期的引用文件，其最新版本适用于本标准。在具体使用标准的过程中，凡涉及的，都应当参考相关的标准资料。

- GB/T 2260—2007 中华人民共和国行政区划代码
- GB/T 2261.1－2003 个人基本信息分类与代码 第 1 部分：人的性别代码
- GB/T 4754 国民经济行业分类
- GB/T 4658—2006 学历代码
- GB/T 6864—2003 中华人民共和国学位代码国家标准
- GB/T 7408—2005 数据元和交换格式 信息交换 日期和时间表示法(ISO 8601: 2000，IDT)
- GB/T 8561—2001 专业技术职务代码
- GB 11714—1997 全国组织机构代码编制规则
- GB/T 12406—2008 表示货币和资金的代码(ISO 4217:2001，IDT)
- GB/T 12407—2008 职务级别代码

- GB/T 18142−2000 信息技术 数据元素值格式记法(ISO/IEC 14957:1996, IDT)

2. 参考文献

与本标准有关的还有一些参考文献,阅读这些文献有助于对标准的理解和应用,主要的参考文献如下:

- GB 18030−2005 信息技术 中文编码字符集
- GB/T 18793−2002 信息技术 可扩展置标语言(XML)1.0
- 《会计基础工作规范》(1996 年)
- 《事业单位会计制度》(1997 年)
- 《行政单位会计制度》(1998 年)

3.3 内容说明

行政事业单位的数据元素分为公共档案、总账、资产、工资四类,共 193 个元素,通过这些元素构成了 37 个表,形成了行政事业单位的标准数据体系。

数据元素的标识符:在本标准中,它是各个数据元素的唯一标识,采用六位数字来标记;其中第(1~2)位表示为元素类别号,第(3~4)位为该类别中的数据表编号,第(5~6)位为数据表中经过元素标准化合并后的顺序号,如果某表中出现了之前已经编号的元素则不重复编号。本部分中,第(1~2)位的表示按如下分类: 01 表示公共档案类; 02 表示总账类; 03 表示资产类; 04 表示工资类。

3.3.1 公共档案

标准中最为重要的两个部分就是数据元素和由数据元素项目构成的数据结构。在标准文本中,元素和数据结构分列为两大部分,其原因是在表的构成中,部分元素要重复出现在一些数据结构中,所以元素统一进行了定义。元素和表之间是一对多的关系。

在本部分将数据结构和元素结合在一起,形成数据表,这样就更容易理解,也便于实际应用。

1. 电子账簿

数据表编号:01。数据表名称:电子账簿。具体构成如表 3-1 所示。

表 3-1　电子账簿

数据元素标识符	数据元素名	表　示	说　明
010101	电子账簿编号	C..60	会计核算软件中当前电子账簿的编号
010102	电子账簿名称	C..200	会计核算软件中当前电子账簿的名称
010103	会计核算单位	C..200	使用会计核算软件单位的法定名称
010104	组织机构代码	C..20	行政事业单位的组织机构代码。按照 GB 11714—1997 的要求编制
010105	单位类型	C..8	赋值为"行政单位"、"事业单位"或"其他"
010106	行业	C..20	按照 GB/T 4754 编制
010107	行政区划代码	C..20	单位所在地的行政区划代码。依据国家标准 GB/T 2260—2007 编制
010108	预算管理级次	C..20	按照财政与行政事业单位的预算领拨缴销和管理关系而划分的行政事业单位预算管理等级次序，如"一级预算单位"、"二级预算单位"、"三级预算单位"
010109	经费来源	C..20	经费的来源，如"全额拨款"、"差额补贴"、"自收自支"
010110	开发单位	C..200	开发会计核算软件的单位名称
010111	版本号	C..20	会计核算软件的版本标识
010112	本位币	C..30	会计核算软件中本电子账簿所使用的记账本位币。按照 GB/T 12406—2008 表示
010113	会计年度	C4	当前财务会计报告年属
010114	标准版本号	C..30	当前使用的接口标准的版本号。用标准发布的编号来表示，如"GB/T 24589.2—2010"

2. 会计期间

数据表编号：02。数据表名称：会计期间。具体构成如表 3-2 所示。

表 3-2　会计期间

数据元素标识符	数据元素名	表　示	说　明
010113	会计年度	C4	当前财务会计报告年属
010201	会计期间号	C..15	会计期间的编号，按行政事业单位会计准则为 1～12 月
010202	会计期间起始日期	C8	当前会计期间对应的起始自然日期。按照 GB/T 7408—2005 表示为"CCYYMMDD"
010203	会计期间结束日期	C8	当前会计期间对应的结束自然日期。按照 GB/T 7408—2005 表示为"CCYYMMDD"

· 58 ·

3. 银行账户信息

数据表编号：03。数据表名称：银行账户信息。具体构成如表 3-3 所示。

表 3-3　银行账户信息

数据元素 标识符	数据元素名	表　示	说　明
010301	开户银行代码	C..60	对每一个开户银行的编码
010302	开户银行名称	C..200	银行或金融机构的名称
010303	银行账号	C..60	人员或机构在银行所开设账户的账号
010304	账户类型	C..30	银行账户的类型

4. 结算方式

数据表编号：04。数据表名称：结算方式。具体构成如表 3-4 所示。

表 3-4　结算方式

数据元素 标识符	数据元素名	表　示	说　明
010401	结算方式编码	C..60	结算方式的编码
010402	结算方式名称	C..60	结算方式的名称

5. 内设机构

数据表编号：05。数据表名称：内设机构。具体构成如表 3-5 所示。

表 3-5　内设机构

数据元素 标识符	数据元素名	表　示	说　明
010501	内设机构编码	C..60	单位内部部门机构的编码
010502	内设机构名称	C..200	单位内部部门机构的名称
010503	上级机构编码	C..60	本级部门的上级部门的编码

6. 职工类别

数据表编号：06。数据表名称：职工类别。具体构成如表 3-6 所示。

表 3-6　职工类别

数据元素 标识符	数据元素名	表　示	说　明
010601	职工类别编码	C..60	职工类别的编码
010602	职工类别名称	C..60	职工类别的名称，如"在职"、"离休"、"退休"、"退职"、"试用"等

7. 职工档案

数据表编号：07。数据表名称：职工档案。具体构成如表 3-7 所示。

表 3-7　职工档案

数据元素标识符	数据元素名	表　示	说　明
010701	职工编号	C..60	职工的编号
010702	职工姓名	C..30	职工的姓名
010703	证件类别	C..30	职工的证件类别名称，如"身份证"、"军官证"、"护照"等。对于同时具有多个有效证件的情况，可任选一个
010704	证件号码	C..30	职工的证件号码
010705	性别	C..20	职工的性别。按照 GB/T 2261.1—2003 表示
010706	民族	C..60	本人所属，国家认可在公安户籍管理部门正式登记注册的民族的名称
010707	出生日期	C8	职工的出生年月日。按照 GB/T 7408—2005 表示为 "CCYYMMDD"
010601	职工类别编码	C..60	职工类别的编码
010501	内设机构编码	C..60	单位内部部门机构的编码
010708	干部职务级别	C..60	干部所任职务的级别的名称。按照 GB/T 12407—2008 表示
010709	专业技术职务	C..60	经专业技术职务任职资格评审委员会评审并正式批准，或参加国家统一专业技术资格考试合格而取得的专业技术资格的名称。按照 GB/T 8561—2001 表示
010710	学历	C..60	本人接受的由国家教育行政部门认可的各类学校正式教育并获得有关证书的最高学习程度的名称。按照 GB/T 4658—2006 表示
010711	学位	C..60	取得正式学位的名称。按照 GB/T 6864—2003 表示
010712	入职日期	C8	职工的入职日期。按照 GB/T 7408—2005 表示为 "CCYYMMDD"
010713	离职日期	C8	职工的离职日期。按照 GB/T 7408—2005 表示为 "CCYYMMDD"

8. 项目

数据表编号：08。数据表名称：项目。具体构成如表 3-8 所示。

表 3-8 项目

数据元素标识符	数据元素名	表　示	说　　明
010801	项目编码	C..60	对每一个项目的编码
010802	项目名称	C..200	预算单位进行的特定行政工作任务或事业发展工作任务
010803	级次	I..2	项目在分级规则中所对应的级次
010804	项目类型	C..30	项目的类型，如"行政事业类项目"、"基本建设类项目"、"其他类项目"等
010805	项目类别	C..30	为了便于预算的编制和审核以及项目滚动管理，按照部门预算测算以及编报的要求所划分的项目分类的名称
010806	项目属性	C..30	项目的属性，如"延续项目"、"新增项目"
010807	项目起始日期	C8	项目的开始日期。按照 GB/T 7408—2005 表示为"CCYYMMDD"
010808	项目结束日期	C8	项目的结束日期。按照 GB/T 7408—2005 表示为"CCYYMMDD"

9. 自定义档案项和档案值

(1) 自定义档案项

数据表编号：09。数据表名称：自定义档案项。具体构成如表 3-9 所示。

表 3-9 自定义档案项

数据元素标识符	数据元素名	表　示	说　　明
010901	档案编码	C..30	电子账簿需要使用的其他档案的编码。不包括已确定的固定档案，如"内设机构"
010902	档案名称	C..200	电子账簿需要使用的档案的名称
010903	档案描述	C..1000	电子账簿需要使用的档案的说明
010904	是否有层级特征	C1	档案的值是否有上下层级结构的选择开关项。1 表示"有"，0 表示"无"
010905	档案编码规则	C..200	自定义档案的编码规则。若有层级特征时的编码规则，各级次编号的长度用"-"隔开形成序列，如"1-2-2-2"

(2) 自定义档案值

数据表编号：10。数据表名称：自定义档案值。具体构成如表 3-10 所示。

表3-10　自定义档案值

数据元素标识符	数据元素名	表　示	说　　明
010901	档案编码	C..30	电子账簿需要使用的其他档案的编码。不包括已确定的固定档案，如"内设机构"
011001	档案值编码	C..60	每个档案的内容值的编码，其中涉及政府收支分类科目、资金性质等依据相关标准进行编制
011002	档案值名称	C..200	每个档案的内容值的名称
011003	档案值描述	C..1000	档案值的详细描述解释
011004	档案值父节点	C..60	档案值的父节点的编码。引用"档案值编码"，如果有编码规则，自动带出，否则导出表示层级关系
011005	档案值级次	C..2	当前值在所属档案结构中的级次。若没有层级特征则为1

自定义档案项的例子如表3-11所示。

表3-11　自定义档案项举例

档案编码	档案名称	档案描述	是否有层级特征	档案编码规则
01	上级单位档案		0	

自定义档案值的例子如表3-12所示。

表3-12　自定义档案值举例

档案编码	档案值编码	档案值名称	档案值描述	档案值父节点	档案值级次
01	101	B市政府			1
01	102	X省政府			1

10. 币种

数据表编号：11。数据表名称：币种。具体构成如表3-13所示。

表3-13　币种

数据元素标识符	数据元素名	表　示	说　　明
011101	币种编码	C..10	货币种类的编码。按照GB/T 12406—2008 表示
011102	币种名称	C..30	会计科目核算中涉及的货币种类名称。按照GB/T 12406—2008 表示

11. 汇率类型

数据表编号：12。数据表名称：汇率类型。具体构成如表 3-14 所示。

表 3-14 汇率类型

数据元素标识符	数据元素名	表 示	说 明
011201	汇率类型编号	C..60	区分同一源币种和目标币种的不同折算率的类型编码
011202	汇率类型名称	C..60	区分同一源币种和目标币种的不同折算率的类型名称，如"买入汇率"、"卖出汇率"

3.3.2 总账

1. 总账基础信息

数据表编号：01。数据表名称：总账基础信息。具体构成如表 3-15 所示。

表 3-15 总账基础信息

数据元素标识符	数据元素名	表 示	说 明
020101	结构分隔符	C1	科目辅助核算结构、扩展字段结构的各段之间的分隔符。例如指定分隔符"-"
020102	会计科目编号规则	C..200	会计科目各级次编号的长度序列，科目各级次编号的长度用"-"隔开形成序列，如"4-2-2"或"4-3-4"
020103	凭证头可扩展字段结构	C..2000	用户可以为凭证额外自定义需要记录的重要信息的字段，可以是多个扩展字段的结构组合，可以为空。例如"业务日期"，最多 30 个段
020104	凭证头可扩展结构对应档案	C..2000	凭证各个扩展字段对应的档案，可以多个扩展字段对应同一个档案，也可以无档案(用 NULL 表示)
020105	分录行可扩展字段结构	C..2000	用户可以为分录额外自定义需要记录的重要信息的字段，可以是多个扩展字段的结构组合，可以为空。例如"结算方式-票据类别-票据号-票据日期"，最多 30 个段
020106	分录行可扩展字段对应档案	C..2000	分录扩展字段对应的档案，可以多个扩展字段对应同一个档案，也可以无档案(用 NULL 表示)。例如"结算方式档案-票据类别档案-NULL-NULL"

2. 记账凭证类型

数据表编号：02。数据表名称：记账凭证类型。具体构成如表 3-16 所示。

表 3-16　记账凭证类型

数据元素标识符	数据元素名	表　示	说　明
020201	记账凭证类型编号	C..60	记账凭证类型的编号
020202	记账凭证类型名称	C..60	记账凭证类型的名称，如"记账凭证"
020203	记账凭证类型简称	C..20	记账凭证类型的简称，如"记"，有些单位称"字"

3. 会计科目

数据表编号：03。数据表名称：会计科目。具体构成如表 3-17 所示。

表 3-17　会计科目

数据元素标识符	数据元素名	表　示	说　明
020301	科目编号	C..60	对每一个会计科目，按会计制度和业务性质进行分类的编码
020302	科目名称	C..60	科目编号末级所对应科目的名称
020303	科目级次	I..2	科目编号在科目结构中所对应的级次
020304	科目类型	C..20	会计科目的种类，如资产类、负债类、净资产、收入类和支出类等
020305	余额方向	C..4	会计科目余额的借、贷方向。表示为"借"、"贷"或"借方"、"贷方"

4. 科目辅助核算

数据表编号：04。数据表名称：科目辅助核算。具体构成如表 3-18 所示。

表 3-18　科目辅助核算

数据元素标识符	数据元素名	表　示	说　明
020301	科目编号	C..60	对每一个会计科目，按会计制度和业务性质进行分类的编码
020401	辅助项编号	C..60	会计科目的辅助核算项序号
020402	辅助项名称	C..200	会计科目的辅助核算项名称

(续表)

数据元素 标识符	数据元素名	表 示	说 明
020403	对应档案	C..200	辅助项对应的档案。表示为相应的"部门档案"、"员工档案"、"供应商档案"、"客户档案"、"自定义档案的名称"
020404	辅助项描述	C..2000	辅助项的描述

科目辅助核算的例子如表 3-19 所示。

表 3-19　科目辅助核算举例

科目编号	辅助项编号	辅助项名称	对应档案	辅助项描述
403	01	上级单位	上级单位档案	上级单位
503	02	项目	项目档案	项目
413	03	收入项目	收入项目档案	收入项目

5. 科目余额及发生额

数据表编号：05。数据表名称：科目余额及发生额。具体构成如表 3-20 所示。

表 3-20　科目余额及发生额

数据元素 标识符	数据元素名	表 示	说 明
020301	科目编号	C..60	对每一个会计科目,按会计制度和业务性质进行分类的编码
020401	辅助项 1 编号	C..60	会计科目的辅助核算项序号
020401	辅助项 2 编号	C..60	会计科目的辅助核算项序号
020401	辅助项 3 编号	C..60	会计科目的辅助核算项序号
020401	辅助项 4 编号	C..60	会计科目的辅助核算项序号
020401	辅助项 5 编号	C..60	会计科目的辅助核算项序号
020401	辅助项 6 编号	C..60	会计科目的辅助核算项序号
020401	辅助项 7 编号	C..60	会计科目的辅助核算项序号
020401	辅助项 8 编号	C..60	会计科目的辅助核算项序号
020401	辅助项 9 编号	C..60	会计科目的辅助核算项序号
020401	辅助项 10 编号	C..60	会计科目的辅助核算项序号
020401	辅助项 11 编号	C..60	会计科目的辅助核算项序号
020401	辅助项 12 编号	C..60	会计科目的辅助核算项序号
020401	辅助项 13 编号	C..60	会计科目的辅助核算项序号

(续表)

数据元素标识符	数据元素名	表 示	说 明
020401	辅助项 14 编号	C..60	会计科目的辅助核算项序号
020401	辅助项 15 编号	C..60	会计科目的辅助核算项序号
020401	辅助项 16 编号	C..60	会计科目的辅助核算项序号
020401	辅助项 17 编号	C..60	会计科目的辅助核算项序号
020401	辅助项 18 编号	C..60	会计科目的辅助核算项序号
020401	辅助项 19 编号	C..60	会计科目的辅助核算项序号
020401	辅助项 20 编号	C..60	会计科目的辅助核算项序号
020401	辅助项 21 编号	C..60	会计科目的辅助核算项序号
020401	辅助项 22 编号	C..60	会计科目的辅助核算项序号
020401	辅助项 23 编号	C..60	会计科目的辅助核算项序号
020401	辅助项 24 编号	C..60	会计科目的辅助核算项序号
020401	辅助项 25 编号	C..60	会计科目的辅助核算项序号
020401	辅助项 26 编号	C..60	会计科目的辅助核算项序号
020401	辅助项 27 编号	C..60	会计科目的辅助核算项序号
020401	辅助项 28 编号	C..60	会计科目的辅助核算项序号
020401	辅助项 29 编号	C..60	会计科目的辅助核算项序号
020401	辅助项 30 编号	C..60	会计科目的辅助核算项序号
020501	期初余额方向	C..4	会计科目期初余额的借、贷方向。表示为"借"、"贷"或"借方"、"贷方"
020502	期末余额方向	C..4	会计科目期末余额的借、贷方向。表示为"借"、"贷"或"借方"、"贷方"
011101	币种编码	C..10	货币种类的编码。按照 GB/T 12406—2008 表示
020503	计量单位	C..10	会计核算中度量业务对象的实物计量尺度
010113	会计年度	C4	当前财务会计报告年属,如"2008"
010201	会计期间号	C..15	会计期间的编号,按行政事业单位会计准则为 1~12 月
020504	期初数量	D20.6	会计科目账户的期初数量余额
020505	期初原币余额	D20.2	会计科目账户的期初原币余额
020506	期初本币余额	D20.2	会计科目账户的期初本位币金额
020507	借方数量	D20.6	科目余额及发生额数据表中某月借方发生数量的合计数

(续表)

数据元素标识符	数据元素名	表　示	说　明
020508	借方原币金额	D20.2	科目余额及发生额数据表中某月借方原币发生额的合计数
020509	借方本币金额	D20.2	科目余额及发生额数据表中某月借方发生额的本币合计数
020510	贷方数量	D20.6	科目余额及发生额数据表中某月贷方发生数量的合计数
020511	贷方原币金额	D20.2	科目余额及发生额数据表中某月贷方原币发生额的合计数
020512	贷方本币金额	D20.2	科目余额及发生额数据表中某月贷方发生额的本币合计数
020513	期末数量	D20.6	会计科目账户的期末数量余额
020514	期末原币余额	D20.2	会计科目账户的期末原币金额
020515	期末本币余额	D20.2	会计科目账户的期末本位币金额

6. 记账凭证

数据表编号：06。数据表名称：记账凭证。具体构成如表 3-21 所示。

表 3-21　记账凭证

数据元素标识符	数据元素名	表　示	说　明
020601	记账凭证日期	C8	制作记账凭证的日期。按照 GB/T 7408—2005 表示为 "CCYYMMDD"
010113	会计年度	C4	当前财务会计报告年属，如 "2008"
010201	会计期间号	C..15	会计期间的编号，按行政事业单位会计准则为 1~12 月
020201	记账凭证类型编号	C..60	记账凭证类型的编号
020602	记账凭证编号	C..60	记账凭证的顺序编号。依据《会计基础工作规范》对记账凭证连续编号
020603	记账凭证行号	C..5	某一记账凭证各分录行的顺序编号
020604	记账凭证摘要	C..300	记账凭证的简要业务说明
020301	科目编号	C..60	对每一个会计科目，按会计制度和业务性质进行分类的编码
020401	辅助项 1 编号	C..60	会计科目的辅助核算项序号
020401	辅助项 2 编号	C..60	会计科目的辅助核算项序号
020401	辅助项 3 编号	C..60	会计科目的辅助核算项序号

(续表)

数据元素标识符	数据元素名	表　示	说　　明
020401	辅助项 4 编号	C..60	会计科目的辅助核算项序号
020401	辅助项 5 编号	C..60	会计科目的辅助核算项序号
020401	辅助项 6 编号	C..60	会计科目的辅助核算项序号
020401	辅助项 7 编号	C..60	会计科目的辅助核算项序号
020401	辅助项 8 编号	C..60	会计科目的辅助核算项序号
020401	辅助项 9 编号	C..60	会计科目的辅助核算项序号
020401	辅助项 10 编号	C..60	会计科目的辅助核算项序号
020401	辅助项 11 编号	C..60	会计科目的辅助核算项序号
020401	辅助项 12 编号	C..60	会计科目的辅助核算项序号
020401	辅助项 13 编号	C..60	会计科目的辅助核算项序号
020401	辅助项 14 编号	C..60	会计科目的辅助核算项序号
020401	辅助项 15 编号	C..60	会计科目的辅助核算项序号
020401	辅助项 16 编号	C..60	会计科目的辅助核算项序号
020401	辅助项 17 编号	C..60	会计科目的辅助核算项序号
020401	辅助项 18 编号	C..60	会计科目的辅助核算项序号
020401	辅助项 19 编号	C..60	会计科目的辅助核算项序号
020401	辅助项 20 编号	C..60	会计科目的辅助核算项序号
020401	辅助项 21 编号	C..60	会计科目的辅助核算项序号
020401	辅助项 22 编号	C..60	会计科目的辅助核算项序号
020401	辅助项 23 编号	C..60	会计科目的辅助核算项序号
020401	辅助项 24 编号	C..60	会计科目的辅助核算项序号
020401	辅助项 25 编号	C..60	会计科目的辅助核算项序号
020401	辅助项 26 编号	C..60	会计科目的辅助核算项序号
020401	辅助项 27 编号	C..60	会计科目的辅助核算项序号
020401	辅助项 28 编号	C..60	会计科目的辅助核算项序号
020401	辅助项 29 编号	C..60	会计科目的辅助核算项序号
020401	辅助项 30 编号	C..60	会计科目的辅助核算项序号
011101	币种编码	C..10	货币种类的编码。按照 GB/T 12406—2008 表示
020503	计量单位	C..10	会计核算中度量业务对象的实物计量尺度
020507	借方数量	D20.6	科目余额及发生额数据表中某月借方发生数量的合计数

(续表)

数据元素标识符	数据元素名	表 示	说 明
020508	借方原币金额	D20.2	科目余额及发生额数据表中某月借方原币发生额的合计数
020509	借方本币金额	D20.2	科目余额及发生额数据表中某月借方发生额的本币合计数
020510	贷方数量	D20.6	科目余额及发生额数据表中某月贷方发生数量的合计数
020511	贷方原币金额	D20.2	科目余额及发生额数据表中某月贷方原币发生额的合计数
020512	贷方本币金额	D20.2	科目余额及发生额数据表中某月贷方发生额的本币合计数
011201	汇率类型编号	C..60	区分同一源币种和目标币种的不同折算率的类型编码
020605	汇率	D13.4	记账汇率
020606	单价	D20.4	具有数量特性的科目所涉及的单位价格
020607	凭证头可扩展字段结构值	C..300	当前凭证头的用户自定义字段的值
020608	分录行可扩展字段结构值	C..300	当前分录行的用户自定义字段的值
010401	结算方式编码	C..60	结算方式的编码
020609	票据类型	C..60	票据的种类
020610	票据号	C..60	票据的编号
020611	票据日期	C8	票据的制单日期。按照GB/T 7408—2005表示为"CCYYMMDD"
020612	附件数	I..4	记账凭证所附的原始凭证张数
020613	制单人	C..30	制作记账凭证的会计人员
020614	审核人	C..30	审核记账凭证的会计人员
020615	记账人	C..30	对记账凭证进行记账处理的会计人员
020616	记账标志	C1	记账凭证是否记账的标识。完成赋值为"1"，否则赋值为"0"
020617	作废标志	C1	已经生成凭证编号，但未进行账簿登记的凭证，予以作废处理所做的标识。作废赋值为"1"，否则赋值为"0"
020618	凭证来源系统	C..20	凭证来源于其他模块的名称。为空就来源于总账，其他来源如"应收"、"应付"、"工资"、"固定资产"

7. 报表集

数据表编号：07。数据表名称：报表集。具体构成如表 3-22 所示。

表 3-22 报表集

数据元素标识符	数据元素名	表　示	说　明
020701	报表编号	C..20	报表的唯一索引代号
020702	报表名称	C..60	对外报送报表的名称。报表范围包括"事业单位资产负债表"、"事业单位收入支出表"、"事业单位事业支出明细表"、"事业单位经营支出明细表"、"行政单位资产负债表"、"行政单位收入支出表"、"行政单位经费支出明细表"
020703	报表报告日	C8	报表数据所对应的会计日期(日)。例如资产负债表，报表报告日为"20081231"，按照 GB/T 7408—2005 表示为"CCYYMMDD"
020704	报表报告期	C..6	报表数据所对应的会计期间。例如利润表，2008 年报表报告期为"2008"，2008 年 12 月报表报告期为"200812"
020705	编制单位	C..200	编制会计报表的单位名称
020706	货币单位	C..30	货币的计量单位，如"万元"

报表集的例子如表 3-23 所示。

表 3-23 报表集举例

报表编号	报表名称	报表报告日	报表报告期	编制单位	货币单位
01	资产负债表	20091130	200911	A 事业单位	元
02	收入支出表	20091130	200911	A 事业单位	元
03	经费支出明细表	20091130	200911	A 事业单位	元

8. 报表项数据

数据表编号：08。数据表名称：报表项数据。具体构成如表 3-24 所示。

表 3-24 报表项数据

数据元素标识符	数据元素名	表　示	说　明
020701	报表编号	C..20	报表的唯一索引代号
020801	报表项编号	C..20	报表项目的顺序编号

(续表)

数据元素标识符	数据元素名	表　示	说　明
020802	报表项名称	C..200	报表中所列项目的名称
020803	报表项公式	C..2000	报表项目的计算公式，为文本型，可以是业务函数
020804	报表项数值	D20.2	报表项目的数值

9. 本年预算指标

数据表编号：09。数据表名称：本年预算指标。具体构成如表 3-25 所示。

表 3-25　本年预算指标

数据元素标识符	数据元素名	表　示	说　明
010113	会计年度	C4	当前财务会计报告年属，如"2008"
010201	会计期间号	C..15	会计期间的编号，按行政事业单位会计准则为 1～12 月
020901	支出功能分类代码	C..30	反映政府活动的不同功能和政策目标的政府支出分类的代码
020902	支出功能分类名称	C..60	反映政府活动的不同功能和政策目标的政府支出分类的名称
020903	支出经济分类代码	C..30	反映政府支出的经济性质和具体用途的政府支出分类的代码
020904	支出经济分类名称	C..60	反映政府支出的经济性质和具体用途的政府支出分类的名称
010801	项目编码	C..60	对每一个项目的编码
020905	资金性质代码	C..30	用于反映、统计和管理各级财政业务资金不同类型的结构构成的代码
020906	资金性质名称	C..60	用于反映、统计和管理各级财政业务资金不同类型的结构构成的名称
020907	预算来源代码	C..30	在预算指标管理业务中对财政性资金按来源进行资金划分的代码
020908	预算来源名称	C..60	在预算指标管理业务中对财政性资金按来源进行资金划分的名称
020909	本年预算金额	D20.2	本年预算的金额
020910	累计调增金额	D20.2	到当前月份为止发生的预算调增金额的累计金额
020911	累计调减金额	D20.2	到当前月份为止发生的预算调减金额的累计金额
020912	合计	D20.2	本年预算与累计调整的合计金额

10. 预算支出情况表

数据表编号：10。数据表名称：预算支出情况表。具体构成如表 3-26 所示。

表 3-26　预算支出情况表

数据元素 标识符	数据元素名	表　示	说　　明
010113	会计年度	C4	当前财务会计报告年属，如"2008"
010201	会计期间号	C..15	会计期间的编号，按行政事业单位会计准则为 1～12 月
020901	支出功能分类代码	C..30	反映政府活动的不同功能和政策目标的政府支出分类的代码
020902	支出功能分类名称	C..60	反映政府活动的不同功能和政策目标的政府支出分类的名称
020903	支出经济分类代码	C..30	反映政府支出的经济性质和具体用途的政府支出分类的代码
020904	支出经济分类名称	C..60	反映政府支出的经济性质和具体用途的政府支出分类的名称
010801	项目编码	C..60	对每一个项目的编码
020905	资金性质代码	C..30	用于反映、统计和管理各级财政业务资金不同类型的结构构成的代码
020906	资金性质名称	C..60	用于反映、统计和管理各级财政业务资金不同类型的结构构成的名称
020907	预算来源代码	C..30	在预算指标管理业务中对财政性资金按来源进行资金划分的代码
020908	预算来源名称	C..60	在预算指标管理业务中对财政性资金按来源进行资金划分的名称
021001	支付方式代码	C..30	财政资金由财政部门拨付到用款单位的方式的代码
021002	支付方式名称	C..60	财政资金由财政部门拨付到用款单位的方式的名称
021003	上年结余金额	D20.2	上年结余的金额
020909	本年预算金额	D20.2	本年预算的金额
021004	本期调增金额	D20.2	本期调增的金额
021005	本期调减金额	D20.2	本期调减的金额
020910	累计调增金额	D20.2	到当前月份为止发生的预算调增金额的累计金额
020911	累计调减金额	D20.2	到当前月份为止发生的预算调减金额的累计金额

（续表）

数据元素标识符	数据元素名	表示	说明
021006	本期支出金额	D20.2	到当前月份为止预算实际支出金额
021007	累计支出金额	D20.2	到当前月份为止预算实际支出金额的累计金额
021008	本年预算结余金额	D20.2	本年预算结余的金额

11. 预算收入情况表

数据表编号：11。数据表名称：预算收入情况表。具体构成如表 3-27 所示。

表 3-27　预算收入情况表

数据元素标识符	数据元素名	表示	说明
010113	会计年度	C4	当前财务会计报告年属，如"2008"
010201	会计期间号	C..15	会计期间的编号，按行政事业单位会计准则为 1～12 月
021101	收入分类代码	C..20	将各类政府收入按其性质进行归类和层次划分的代码
021102	收入分类名称	C..60	将各类政府收入按其性质进行归类和层次划分的名称
021103	收入项目代码	C..20	具体收入项目的代码
021104	收入项目名称	C..60	具体收入项目的名称
020909	本年预算金额	D20.2	本年预算的金额
021004	本期调增金额	D20.2	本期调增的金额
021005	本期调减金额	D20.2	本期调减的金额
020910	累计调增金额	D20.2	到当前月份为止发生的预算调增金额的累计金额
020911	累计调减金额	D20.2	到当前月份为止发生的预算调减金额的累计金额
021105	本期收入金额	D20.2	本期收入的金额
021106	累计收入金额	D20.2	累计收入的金额

3.3.3 资产

1. 固定资产基础信息

数据表编号：01。数据表名称：固定资产基础信息。具体构成如表 3-28 所示。

表 3-28　固定资产基础信息

数据元素标识符	数据元素名	表　示	说　明
030101	固定资产对账科目	C..60	固定资产原值与总账的对账科目，如"1601"

2. 固定资产类别设置

数据表编号：02。数据表名称：固定资产类别设置。具体构成如表 3-29 所示。

表 3-29　固定资产类别设置

数据元素标识符	数据元素名	表　示	说　明
030201	固定资产类别编码规则	C..60	固定资产类别各级次编号的长度序列。固定资产类别各级次编号的长度用[-]隔开形成序列，如"2-2"或"2-2-2"
030202	固定资产类别编码	C..60	固定资产类别的编码
030203	固定资产类别名称	C..60	固定资产类别的名称，如"房屋建筑物"、"机器设备"、"电子设备"等

3. 固定资产变动方式

数据表编号：03。数据表名称：固定资产变动方式。具体构成如表 3-30 所示。

表 3-30　固定资产变动方式

数据元素标识符	数据元素名	表　示	说　明
030301	变动方式编码	C..60	固定资产卡片各种变动业务的编码
030302	变动方式名称	C..60	固定资产卡片各种变动业务的名称

4. 固定资产使用状况

数据表编号：04。数据表名称：固定资产使用状况。具体构成如表 3-31 所示。

表 3-31　固定资产使用状况

数据元素标识符	数据元素名	表　示	说　明
030401	使用状况编码	C..60	固定资产使用状况的编码
030402	使用状况名称	C..60	固定资产使用状况的名称，如"使用中"、"未使用"、"季节性停用"等

5. 固定资产卡片

数据表编号：05。数据表名称：固定资产卡片。具体构成如表3-32所示。

表 3-32 固定资产卡片

数据元素标识符	数据元素名	表　示	说　明
030501	固定资产卡片编号	C..60	登记固定资产信息的卡片的编号，如"KP001"或"0001"
030202	固定资产类别编码	C..60	固定资产类别的编码
030502	固定资产编码	C..60	固定资产的编码，建议：固定资产类别编码+序号，如"DYJ-001"
030503	固定资产名称	C..200	固定资产的名称，如"打印机"
030504	固定资产入账日期	C8	固定资产的入账日期。按照 GB/T 7408—2005 表示为"CCYYMMDD"
010201	会计期间号	C..15	会计期间的编号，按行政事业单位会计准则为1～12月
030505	固定资产计量单位	C..60	固定资产的计量单位，如"台"或"辆"等
030506	固定资产数量	D20.6	固定资产的数量
030301	变动方式编码	C..60	固定资产卡片各种变动业务的编码，如资产购入"01"、资产处置"02"、资产减值"03"、资产重估"04"、资产原值变更"05"、资产累计折旧变更"06"
030401	使用状况编码	C..60	固定资产使用状况的编码
010112	本位币	C..30	会计核算软件中本电子账簿所使用的记账本位币。按照 GB/T 12406—2008 表示
030507	固定资产原值	D20.2	当前期间末固定资产原值
030508	固定资产净值	D20.2	当前期间末固定资产净值
030509	固定资产增减对应凭证编号	C..60	固定资产增减对应的凭证编号

6. 固定资产卡片实物信息

数据表编号：06。数据表名称：固定资产卡片实物信息。具体构成如表3-33所示。

表 3-33 固定资产卡片实物信息

数据元素标识符	数据元素名	表　示	说　明
030501	固定资产卡片编号	C..60	登记固定资产信息的卡片的编号，如"KP001"或"0001"

数据元素 标识符	数据元素名	表　示	说　明
010201	会计期间号	C..15	会计期间的编号,按行政事业单位会计准则 为1~12月
030601	固定资产标签号	C..200	如果软件没有进行实物管理时,固定资产标 签号可以等于资产卡片编号,如"BQ-001"、 "BQ-002"
030602	固定资产位置	C..60	固定资产实物存放的地点
030603	固定资产规格型号	C..60	固定资产实物的规格型号

7. 固定资产卡片使用信息

数据表编号:07。数据表名称:固定资产卡片使用信息。具体构成如表3-34所示。

表3-34　固定资产卡片使用信息

数据元素 标识符	数据元素名	表　示	说　明
030501	固定资产卡片编号	C..60	登记固定资产信息的卡片的编号,如"KP001" 或"0001"
030601	固定资产标签号	C..200	如果软件没有进行实物管理时,固定资产标 签号可以等于资产卡片编号,如"BQ-001"、 "BQ-002"
010201	会计期间号	C..15	会计期间的编号,按行政事业单位会计准则 为1~12月
010501	内设机构编码	C..60	单位内部部门机构的编码

8. 固定资产减少情况

数据表编号:08。数据表名称:固定资产减少情况。具体构成如表3-35所示。

表3-35　固定资产减少情况

数据元素 标识符	数据元素名	表　示	说　明
030801	固定资产减少流水号	C..60	固定资产减少业务的单据编号。可以是单据 号也可是流水号
030802	减少发生日期	C8	固定资产减少的发生日期。按照 GB/T 7408— 2005 表示为"CCYYMMDD"
010201	会计期间号	C..15	会计期间的编号,按行政事业单位会计准则 为1~12月

(续表)

数据元素标识符	数据元素名	表 示	说 明
030301	变动方式编码	C..60	固定资产卡片各种变动业务的编码,如资产购入"01"、资产处置"02"、资产减值"03"、资产重估"04"、资产原值变更"05"、资产累计折旧变更"06"
030501	固定资产卡片编号	C..60	登记固定资产信息的卡片的编号,如"KP001"或"0001"
030503	固定资产名称	C..200	固定资产的名称,如"打印机"
030502	固定资产编码	C..60	固定资产的编码,建议:固定资产类别编码+序号,如"DYJ-001"
030803	固定资产减少数量	D20.6	固定资产减少的数量
030804	固定资产减少原值	D20.2	固定资产减少的原值
030805	固定资产减少累计折旧	D20.2	固定资产减少的累计折旧额
030806	固定资产减少减值准备	D20.2	固定资产减少的减值准备
030807	固定资产减少残值	D20.2	固定资产减少掉的残余价值
030808	清理收入	D20.2	固定资产清理过程中所产生的收入
030809	清理费用	D20.2	固定资产清理过程中所发生的费用
030810	固定资产减少原因	C..200	固定资产减少的原因

9. 固定资产减少实物信息

数据表编号:09。数据表名称:固定资产减少实物信息。具体构成如表3-36所示。

表3-36 固定资产减少实物信息

数据元素标识符	数据元素名	表 示	说 明
030801	固定资产减少流水号	C..60	固定资产减少业务的单据编号。可以是单据号也可是流水号
030501	固定资产卡片编号	C..60	登记固定资产信息的卡片的编号,如"KP001"或"0001"
030601	固定资产标签号	C..200	如果软件没有进行实物管理时,固定资产标签号可以等于资产卡片编号,如"BQ-001"、"BQ-002"
010201	会计期间号	C..15	会计期间的编号,按行政事业单位会计准则为1~12月

10. 固定资产变动情况

数据表编号：10。数据表名称：固定资产变动情况。具体构成如表 3-37 所示。

表 3-37　固定资产变动情况

数据元素 标识符	数据元素名	表　示	说　明
031001	固定资产变动流水号	C..60	固定资产变动业务的单据编号。可以是单据号也可是流水号
010201	会计期间号	C..15	会计期间的编号，按行政事业单位会计准则为 1～12 月
030501	固定资产卡片编号	C..60	登记固定资产信息的卡片的编号，如"KP001"或"0001"
030502	固定资产编码	C..60	固定资产的编码，建议：固定资产类别编码+序号，如"DYJ-001"
030503	固定资产名称	C..200	固定资产的名称，如"打印机"
030301	变动方式编码	C..60	固定资产卡片各种变动业务的编码，如资产购入"01"、资产处置"02"、资产减值"03"、资产重估"04"、资产原值变更"05"、资产累计折旧变更"06"
031002	固定资产变动日期	C8	进行资产变动的日期。按照 GB/T 7408—2005 表示为"CCYYMMDD"
031003	变动前内容及数值	C..60	资产变动前内容或数值。例如，折旧方法变更时，变更前内容为"直线法"；资产原值变更时，变更前内容为"10000"
031004	变动后内容及数值	C..60	资产变动后内容或数值。例如，折旧方法变更时，变更后内容为"双倍余额递减法"；资产原值变更时，变更后内容为"20000"
031005	固定资产变动原因	C..200	进行资产变动的原因

3.3.4　工资

1. 工资期间

数据表编号：01。数据表名称：工资期间。具体构成如表 3-38 所示。

表 3-38　工资期间

数据元素 标识符	数据元素名	表　示	说　明
040101	工资年度	C4	发放工资的年度编号，如"2008"
040102	工资期间号	C..2	发放工资的期间编号，如"2"

(续表)

数据元素标识符	数据元素名	表　示	说　明
040103	工资期间起始日期	C8	工资期间的开始日期。按照 GB/T 7408—2005 表示为"CCYYMMDD"
040104	工资期间结束日期	C8	工资期间的结束日期。按照 GB/T 7408—2005 表示为"CCYYMMDD"

2. 工资项目

数据表编号：02。数据表名称：工资项目。具体构成如表 3-39 所示。

表 3-39　工资项目

数据元素标识符	数据元素名	表　示	说　明
040201	工资类别名称	C..60	工资类别的名称。根据发放对象不同和发放时间不同而确定,不同工资类别下的工资项目不同
040202	工资项目编码	C..60	工资项目的编码,如"001"
040203	工资项目名称	C..60	发放工资的项目名称,如"岗位工资"、"岗位津贴"、"考勤扣款"等
020903	支出经济分类代码	C..30	反映政府支出的经济性质和具体用途的政府支出分类的代码

3. 工资记录

数据表编号：03。数据表名称：工资记录。具体构成如表 3-40 所示。

表 3-40　工资记录

数据元素标识符	数据元素名	表　示	说　明
010701	职工编号	C..60	职工的编号
010702	职工姓名	C..30	职工的姓名
010501	内设机构编码	C..60	单位内部部门机构的编码
040201	工资类别名称	C..60	工资类别的名称。根据发放对象不同和发放时间不同而确定,不同工资类别下的工资项目不同
040101	工资年度	C4	发放工资的年度编号,如"2008"
040102	工资期间号	C..2	发放工资的期间编号,如"2"
010113	会计年度	C4	当前财务会计报告年属,如"2008"

(续表)

数据元素标识符	数据元素名	表　示	说　明
010201	会计期间号	C..15	会计期间的编号，按行政事业单位会计准则为 1～12 月
011101	币种编码	C..10	货币种类的编码。按照 GB/T 12406—2008 表示

4. 工资记录明细

数据表编号：04。数据表名称：工资记录明细。具体构成如表 3-41 所示。

表 3-41　工资记录明细

数据元素标识符	数据元素名	表　示	说　明
010701	职工编号	C..60	职工的编号
040201	工资类别名称	C..60	工资类别的名称。根据发放对象不同和发放时间不同而确定，不同工资类别下的工资项目不同
040101	工资年度	C4	发放工资的年度编号，如"2008"
040102	工资期间号	C..2	发放工资的期间编号，如"2"
040202	工资项目编码	C..60	工资项目的编码，如"001"
040401	工资金额	D20.2	工资项目的发放金额。只输出金额型的工资项目值

3.4　本标准与 GB/T 19581—2004 的主要区别

本标准与 GB/T 19581—2004 的主要区别如下：

(1) 在元素上的区别。GB/T 19581—2004 只有 81 个元素，GB/T 24589.2—2010 有 202 个元素。而且是与企业部分共享了有关元素。

(2) 在范围上的区别。GB/T 19581—2004 只有总账和报表部分，GB/T 24589.2—2010 增加了资产、工资部分。

(3) 在输出格式上的区别。GB/T 19581—2004 提供了文本和 XML 格式，GB/T 24589.2—2010 根据发展的趋势和前面应用的情况，取消了文本输出格式，只提供 XML 格式。

(4) GB/T 19581—2004 包含了企业和行政事业单位。新版标准将 GB/T 24589.2—2010(行政事业单位)作为独立的标准。

第4章

符合性评价

符合性评价是随着经济贸易的发展进程，各个领域的法律法规、标准、技术规定不断健全、不断完善、不断细化，各种必需遵守的规定要求越来越多的情况下，自然而然地产生的。某些产品、某些组织、某些人员、某些机构，甚至某些国家按照协商达成一致的协议、规定或者要求，委托与各方没有利益关系的第三方，对这些协议、规定或者要求的执行情况，进行定期或者不定期的评价，对符合性做出判定，出具具有法律效力的结论，这一系列过程就是"符合性评价"。符合性评价的手段可以是定量的统计或检测数据，也可以是定性的经验、知识、观察及对发展变化规律的科学的分析、判断。符合性评价结果的表现形式有多种，可以是报告、证书、标志，也可以是声明、资质、等级、判决书等。

符合性评价的宏观概念涵盖了社会生产、社会生活的方方面面，包括法律法规符合性评价、道德规范符合性评价、标准符合性评价、产品(含服务)符合性评价、过程符合性评价、管理体系符合性评价、人员资质符合性评价、机构符合性评价(对"机构"而言，有内部评价和外部评价之分)等。

符合性评价在某一些特定的领域，还有其他的名称，如"合格评定"、"评估"、"审查"等，这些名称都是一些历史沿革下来的，或者是中文翻译的差异。本书中不做统一的规定，只是阐述凡是符合"符合性评价"的过程和特点的，都可以看做是广义的符合性评价活动。

4.1 标准符合性评价

4.1.1 标准符合性评价概述

依据标准进行符合性评价是进行公正、公平、自由贸易的工具和手段。标准为贸易双方或多方提供了进行经济交换的技术平台，符合性评价是证明产品满足标准的手段，促使消费者对产品的价值形成共识，进而促进贸易成交。

标准符合性评价又称为"合格评定"，是世界贸易组织(WTO)在其制定的《技术性贸易壁垒协定》(TBT)中规定的，由国际标准化组织(ISO)制定了一系列关于合格评定的国际规则和指南，还与国际电工委员会(ISO/IEC)共同制定了许多国际技术标准，用以指导WTO TBT各个成员国开展标准的编制、进行合格评定活动，维护公共贸易秩序、推动有序的市场活动，提高信息技术水平，保护环境和自然资源。

合格评定活动涵盖面很广，包括标准制定、检测、认证、计量、抽样与检验、相关人员能力评估等活动，每种类型的合格评定活动都遵照一套标准化的程序进行。合格评定活动按照实施主体划分，分为第一方、第二方、第三方。第一方是指提供合格评定对象的公司、组织、机构或个人；第二方是指对合格评定对象有利益关系的供应商、分销商；第三方是指与第一方、第二方均无关的公司、机构、组织或个人。具体到产品认证领域，第一方产品认证是指厂家的"自我声明"；第二方产品认证指生产厂对供应商、分销商的认证和评价；第三方产品认证是由与生产设计厂家、供应商和分销商均无利益关系的、独立的、具有国家认可的认证和检测能力的、国家授权的认证机构，按照公开的、协商一致的特定程序来进行的活动。

产品认证是针对产品、过程和服务而进行的标准符合性评价活动，产品认证是由可以充分信任的第三方证实某一经鉴定的产品或服务符合特定标准或规范性文件的活动。产品认证包括符合性认证和安全认证两种。依据标准中的性能要求进行认证称为符合性认证；依据标准中的安全要求进行认证称为安全认证。符合性认证是自愿的，安全性认证是强制的。具有能力的第三方认证机构与产品认证的上下游没有利益牵连、地位公正，证明产品满足了标准规定要求的证书、报告和标志也具有很高的可信度，并为市场所公认、具有公信力。

4.1.2 认证流程

针对GB/T 24589.1和GB/T 24589.2系列国家标准的标准符合性评价，指定认证机构是中国电子技术标准化所(www.cesi.ac.cn)。典型的产品认证的流程如图4-1所示。

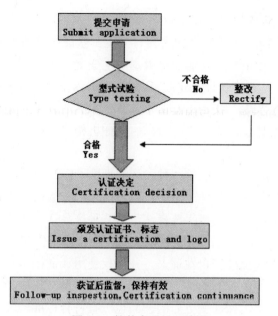

图 4-1 软件产品认证流程

4.1.3 认证的要求

(1) 申请单元划分：按具有会计核算功能的应用软件产品的名称和版本号作为主标识申请认证，主标识相同，但会计核算软件数据接口导出功能模块不同的产品，应作为不同申请单元进行申请。

(2) 认证模式：型式试验、获证后监督。型式试验是对产品能否满足技术规范的全部要求所进行的实验。

(3) 认证标志：产品认证标志是由法定认证机构按照规定的认证程序进行认证，产品经认证合格后准许在该产品及其包装上使用的表明该产品的有关性能符合认证标准的标识。如图 4-2 所示，表示符合《财经信息技术 会计核算软件数据接口国家标准》的标志，标志形式、颜色、比例缩放都有明确的规定，获证企业使用认证标志时应遵照执行。

图 4-2 认证标志

(4) 认证周期：未规定截止日，一年监督一次。

(5) 产品变更：涉及认证证书的内容有变更；获证产品的版本发生变更；获证产品的会计核算数据接口导出功能模块版本发生变更。

(6) 产品监督：从初次认证决定起，每 12 个月内至少进行一次年度监督评价。

(7) 认证决定与结果：由指定认证机构负责组织对型式试验报告及申请人提交的相关文件进行综合评价。评价合格后，由认证机构对申请人颁发认证证书并授权使用认证标志。

标准符合性认证是产品认证的一种，依据标准 GB/T 24589.1 和 GB/T 24589.2，对具有会计核算功能的应用软件产品，按照产品名称和版本号进行认证；依照风险最低、认证公信力影响最大的择优选择法，从八种产品认证模式中选择"型式试验+获证后监督"这种认证模式；通过对型式试验的合格报告和申请资料进行综合评价，对合格的产品发放标准符合性证书，并授权使用认证标志；证书和标志使用的有效性，由一年一次的监督活动进行保持；产品变更及时通知指定认证机构，重新对产品进行符合性评价，保证变更后的产品也一直符合标准。

4.2　标准符合性检测内容与手段

随着会计核算软件产品市场的发展，产品的质量、市场的规范等问题也随之而来，软件的标准化工作显得越来越重要而且迫切。对于传统工业来说，标准化工作的重要意义是尽人皆知的，那么会计核算软件的标准化工作的意义是什么呢？会计核算软件标准化工作可以提高会计核算软件产品质量、规范会计核算软件产品市场、促进会计核算软件产业发展，而这项工作的具体实施就是会计核算软件标准符合性测试，在产品认证中称为"型式试验"，是产品认证中关键的技术支持过程。

会计核算软件标准符合性测试是指依据标准，对产品进行严格的、定量的测试，以确认产品是否符合该标准，或在多大程度上符合标准。对软件产品进行标准符合性测试的工作自 20 世纪 60 年代末就开始了，从 70 年代初的程序语言的标准符合性测试发展到 90 年代的开放系统接口标准测试、通信软件的标准符合性测试等。在国外，特别是美国、英国、法国、德国这些科学技术发达、软件产品丰富的国家，早已实行软件标准符合性测试，从国家权威机构到业界、媒体的测试实验室都在努力地从事这项工作，并定期向公众颁布测试结果。我国自"八五"系统软件国产化重大攻关项目开始从事软件标准符合性测试的研究工作，可以相信，随着我国软件事业的迅速发展，软件产品市场的逐步完善，软件标准符合性测试必然会得到充分认识，而软件标准化工作也必将促进我国软件事业的发展和壮大。

标准符合性测试是标准的"黑盒"测试，即测试者完全不考虑软件的内部结构和属性，只根据已采用的标准制定测试规范、编制测试用例，按照"黑盒"测试的方法进行全面的、深入的测试，验证软件与标准的每一条款项是否符合、符合程度，根据标准符合性的需求对软件产品进行评价和认证。

目前会计核算软件的测试流程如图 4-3 所示，主要分以下四个阶段：测试环境搭建阶段、案例录入阶段、接口数据校验阶段、检测报告阶段。

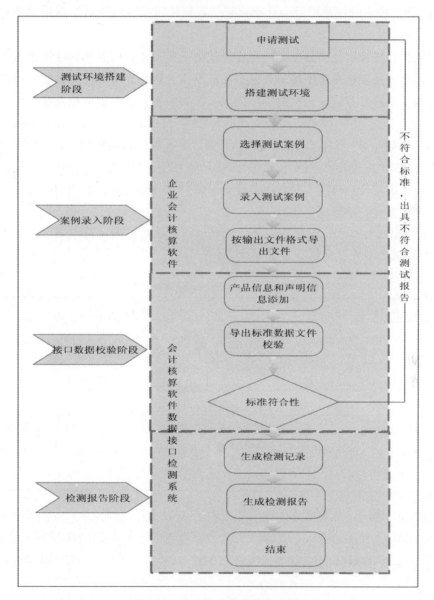

图 4-3 会计软件产品检测流程

(1) 测试环境搭建阶段主要是通过对各会计核算软件产品环境的要求搭建测试环境。

(2) 案例录入阶段是申请测试企业针对产品类型选择测试案例，录入测试数据。

(3) 接口数据校验阶段是针对标准符合性测试的重要阶段，主要通过会计核算软件数据接口检测系统对企业导出的标准 XML 文件的 XML 语法检测、数据元素格式检测、数据一致性检测、数据内容检测和输出文件时间要求检测。除了测试项来自所采用的标准以外，测试方法的设计、实施与其他软件测试基本相同。

(4) 检测报告阶段是通过会计核算软件数据接口检测系统对检测结果记录生成和报告生成。

目前会计核算软件产品标准符合性测试认证全国审计信息化标准化技术委员会委托中国电子技术标准化所信息处理产品标准符合性检测中心检测认证，该中心是经过国家认可的具有第三方检测资质的国家级实验室，是国审信标委唯一指定检测机构。

GB/T 24589.1—2010《财经信息技术 会计核算软件数据接口 第 1 部分：企业》或 GB/T 24589.2—2010《财经信息技术 会计核算软件数据接口 第 2 部分：行政事业单位》标准符合性检测主要针对会计核算软件产品输出的标准 XML 文件。会计核算软件数据接口检测项目包括：

(1) 输出文件格式。测试各类会计核算软件产品数据接口输出文件的格式必须为 XML 格式。输出文件格式要求如表 4-1 所示。

表 4-1　输出文件格式要求

产 品 类 别	文 件 名 称
企业	公共档案类.xml 总账类.xml 固定资产类.xml 应收应付类.xml 员工薪酬类.xml
行政事业单位	公共档案类.xml 总账类.xml 资产类.xml 工资类.xml

(2) XML 语法。各输出文件的语法应满足 XML 语法定义。

(3) XML 文件编码格式。各输出文件的编码格式应支持 GB 18030 字符集。

(4) XML Schema 引用。各输出文件的 Schema 符合标准中引用的 Schema 命名空间定义规范。

(5) 数据元素格式。各输出文件满足标准中数据元素部分对于数据格式的定义。

(6) 数据一致性。满足输出文件中前后具有关联性的数据保持一致。

(7) 数据内容。导出或手工输入数据应与标准检测用例的数据相符。

(8) 输出文件的时间要求。满足标准中对于输出文件的时间要求，一次性输出和按月输出。按月输出要求具有按月导出的功能，多月导出时数据应按月排序。

会计核算软件标准符合性检测手段和方法上采用分析法和比较法。

(1) 分析法

将财务软件输出的文件直接进行分析，获取所有的数据元素的类型、格式及分布信息，从而进一步与标准中要求的数据元素类型等信息进行比较，测试所有数据元素是否均符合 GB/T 24589 标准定义。

(2) 比较法

首先设计一系列符合 GB/T 24589 标准的财务数据作为测试用例，然后通过操作指南，引导用户使用待测软件输入这些设计好的财务数据，再操作待测软件将其导出为标准中要求的数据格式,最后通过测试系统与标准用例数据进行比对和分析,从而得到一个完整的测试报告。

4.3 通过评测的软件简介

4.3.1 通过认证的产品目录

自到 GB/T 24589—2010 发布以来，到 2011 年 4 月 10 日，已经有很多产品通过 GB/T 24589—2010 的认证，如表 4-2 所示。后续通过的认证产品，将继续在审信标委的网站上公布。

表 4-2 认证通过产品目录

序号	产 品 名 称	版　本	申 请 公 司	通过认证标准
1	用友 NC	V5	用友软件股份有限公司	GB/T 24589.1—2010
2	用友 U8	V8.90	用友软件股份有限公司	GB/T 24589.1—2010
3	用友 U9	V2.1	用友软件股份有限公司	GB/T 24589.1—2010
4	畅捷通 T 系列企业管理软件	V5	畅捷通软件有限公司	GB/T 24589.1—2010
5	Oracle JD Edwards EnterpriseOne	V9	甲骨文(中国)软件系统有限公司	GB/T 24589.1—2010
6	Oracle 电子商务套件	R12.1.3	甲骨文(中国)软件系统有限公司	GB/T 24589.1—2010 GB/T 24589.2—2010

（续表）

序号	产品名称	版本	申请公司	通过认证标准
7	PeopleSoft Enterprise 管理软件	9.1	甲骨文(中国)软件系统有限公司	GB/T 24589.1—2010 GB/T 24589.2—2010
8	用友 A++政府财务管理信息系统	V5.2	北京用友政务软件有限公司	GB/T 24589.2—2010
9	用友 R9i 财务管理软件	V9.72	北京用友政务软件有限公司	GB/T 24589.2—2010
10	浪潮 GS 管理软件	V5.2	浪潮集团山东通用软件有限公司	GB/T 24589.1—2010
11	浪潮 PS 管理软件	V10.1	浪潮集团山东通用软件有限公司	GB/T 24589.1—2010
12	SAP 商务套件	7.0	思爱普(北京)软件系统有限公司	GB/T 24589.1—2010
13	金蝶 EAS	7.0	金蝶软件(中国)有限公司	GB/T 24589.1—2010
14	K/3 WISE 创新管理平台	V12.1	金蝶软件(中国)有限公司	GB/T 24589.1—2010
15	KIS 专业版	V11.0	深圳市金蝶友商电子商务服务有限公司	GB/T 24589.1—2010
16	金算盘 eERP	V6.5	重庆金算盘软件有限公司	GB/T 24589.1—2010 GB/T 24589.2—2010
17	新中大 URP 软件 i6 系统	11.0	杭州新中大软件股份有限公司	GB/T 24589.1—2010

4.3.2 认证的产品输出标准数据的方法

各公司输出标准时，有的是集成在软件主体功能中，有的是提供了独立程序。但输出的方式和方法大致相同。下面以浪潮 ERP-GS 管理软件为例进行介绍。

在使用 GB/T 24589 国家标准接口工具之前，用户先登录到浪潮 ERP-GS 系统中，如图 4-4 所示。用户录入用户名和密码，单击"确定"按钮后登录到 GS 系统中。

图 4-4　GS 登录界面

用户通过系统验证后，选择"GS 接口工具"功能，如图 4-5 所示。

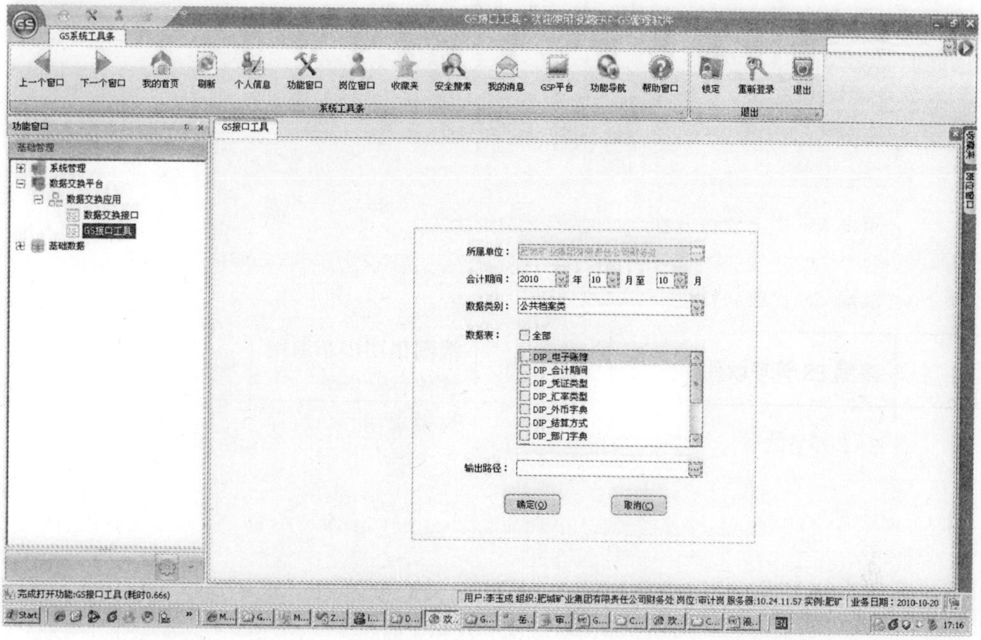

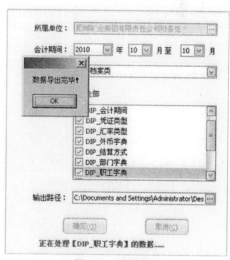

图 4-5　GS 接口工具

选择要导出的年度、起止期间后，按照不同的数据类别，分别导出到不同的文件里。选择数据类别如图 4-6 所示。

选择输出路径，完成导出，如图 4-7 所示。

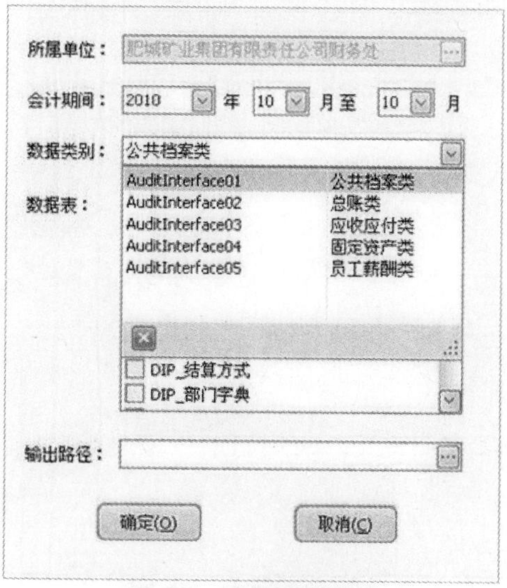

图 4-6　选择数据类别　　　　　图 4-7　数据导出

如需导出其他会计年度的数据，重复执行上述步骤即可。

第5章

标准数据的输出和应用

GB/T 24589.1 和 GB/T 24589.2《财经信息技术 会计核算软件数据接口》标准发布后如何实施，是标准取得成效的关键。本章将对涉及标准应用的各种类型单位，从其本身在标准实施中所承担的责任和义务，对会计核算软件如何达到本标准的要求、会计核算软件怎样输出和提供符合标准的数据，对会计数据在会计核算软件使用单位、监管机关以及在其他机构中的应用分别进行阐述。

5.1 标准应用概述

5.1.1 标准应用与会计信息的生成、加工和使用的关系

会计信息的生成是通过会计核算软件人工输入会计凭证等相关的资料，或从其他的业务子系统中转入有关数据，并经过会计核算软件按照一系列的会计方法处理，得到用户所需要的会计数据。

对于使用会计核算软件的单位来说，会计信息的利用就是通过查询、打印等方式输出会计数据，供日常的经济活动使用。

由于会计信息反映了本单位重要的经济信息，所以除了本单位应用会计信息进行日常经济活动管理外，财政、审计、税务等政府机构从宏观管理和微观控制的角度考虑也需要有关会计信息。此外，如银行、会计师事务所等第三方机构，也与企业的经济活动具有相关性，所以也需要应用会计信息。

对于行政事业单位，财政、业务主管部门、审计等都需要相关的数据进行审计、审查、编制预算等工作，在日常监管中也需要对数据进行分析和监控。

对会计信息的进一步加工，可以采用手工的方式，但更多的则是采用计算机软件按各自的要求进行处理。所以对于进一步应用会计信息的单位而言，往往需要按照自己业务管理的需要，或自行开发、或委托第三方开发相关的软件。实质上就是按照特定需要对会计信息作进一步的加工处理。

要对会计信息进一步应用，建立标准的会计数据输出接口就非常重要。究其原因主要是各会计核算软件都具有独立的数据结构，均是按照会计核算软件开发单位自己制定的规范而设定，相互之间不能通用，从而导致会计数据难以为其他的业务管理软件所使用。如果要使用会计数据，还必须进行再次输入，所以《财经信息技术 会计核算软件数据接口》标准的发布，就为会计数据的交换统一了输出接口，为会计信息的进一步利用奠定了基础。

对于会计核算软件开发单位而言，就是需要按照《财经信息技术 会计核算软件数据接口》的要求研制会计数据统一接口的有关软件功能，从而为会计核算软件使用单位提供满足接口标准要求的软件，同时也要满足方便操作和使用等性能要求。

对于会计核算软件使用单位而言，需要选择符合《财经信息技术 会计核算软件数据接口》标准的会计核算软件或 ERP 软件，当外部单位或本单位需要相关的会计数据时能及时、按照统一接口提供。

对于需要会计数据的单位而言，须根据工作需要和有关法规的要求，向提供会计数据的单位提出会计数据需求，然后由对方提供符合标准要求的会计数据。其后还要对所获得的会计数据进行相应的检查，再提交相关的业务管理软件进行处理。同时要做好数据的保密工作，防止泄露。

5.1.2 标准应用对相关单位的作用

不同的单位对《财经信息技术 会计核算软件数据接口》的关注程度和应用方法不尽相同。对应用本标准的单位，主要分为以下几类：

第一类是会计核算软件研发单位及涉及会计核算软件开发的其他单位，如商品化会计核算软件开发单位、ERP 软件开发单位、需涉及有关会计业务处理软件的开发单位等。此类单位应用本标准的目的是开发出会计核算软件，提供给企业单位应用，其最根本的目的是帮助这些单位实现会计信息化。这类单位可能还要开发如供应链管理、生产制造、客户关系管理、人力资源管理等业务管理软件。由于会计核算软件是管理软件中极为重要的部分，所以他们往往都要开发或集成会计核算软件，以完成会计业务的处理工作。这些单位是本标准应用的开始，他们需要在软件需求分析和软件设计中将本标准引入，以满足输出的有关数据及格式符合本标准的要求。

为了保证数据的延续性和历史数据的应用，还可考虑会计核算软件能够将符合标准的历史数据导入，满足软件使用单位对历史数据进行分析、预测、查询的需要。

第二类是会计核算软件的使用单位。会计核算软件的数据一般是存放在数据库中，对于使用软件的用户而言，会计数据是通过查询、打印输出的。在没有统一标准的情况下，各种会计核算软件都会使用企业自己设定的标准对一些会计数据提供接口，最普遍的就是导入和导出，输出的文件格式一般有 TXT、DBF、Excel 等。

在执行《财经信息技术 会计核算软件数据接口》国家标准后，只要所采用的会计核算软件满足本标准，就数据接口来说，就能满足第三方对会计数据的进一步处理要求。

在使用单位内部，有开发软件能力的也可根据需要进行二次开发或开发其他相关软件，这些都需要会计核算软件的相关数据。

第三类是单位外部利用会计数据进行再加工的单位，如审计、财政、税务、工商、银行、中介机构等。这些单位都是从自身工作的需要出发，获取企业和行政事业单位的相关会计核算数据，进行分析、汇总，或者再辅以其他相关数据，对经济活动情况的合法合规性进行监督，对经济前景进行预测，统计有关数据和进行相关的测算等。

第四类是其他相关业务软件开发单位。在开发审计、财政汇总、税务检查等软件中，都需要会计核算软件的数据，不然就会出现重复录入，带来大量的相关资源浪费，也容易导致数据出错。

随着社会经济的发展和信息化程度的提高，会计数据的应用将越来越广泛，因此《财经信息技术 会计核算软件数据接口》国家标准的应用也会越来越广泛，所起的作用也就越来越大。

这几类单位之间的关系如图 5-1 所示。

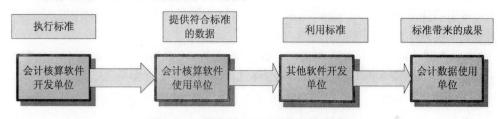

图 5-1　各类单位在利用标准上的关系图

《财经信息技术 会计核算软件数据接口》国家标准，实际上是规范了会计核算软件必须输出的会计数据，并以统一的格式予以规范化，以便于其他软件进行处理。其数据处理关系如图 5-2 所示。

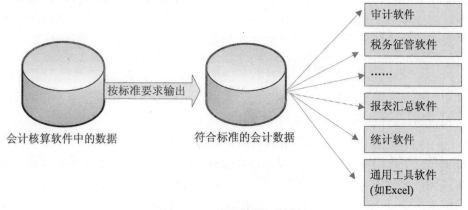

图 5-2　会计数据处理关系图

后面将详细讨论 GB/T 24589.1—2010《财经信息技术 会计核算软件数据接口》国家标准在各种类型单位中的具体应用。

5.2 会计核算软件标准接口数据的输出

5.2.1 检查会计核算软件是否满足标准要求

1. 目前还没有使用或需更换会计核算软件的单位

在选择和购买会计核算软件时,除考察软件是否满足本单位会计业务的需求外,软件是否符合《财经信息技术 会计核算软件数据接口》国家标准,应作为一个必须具备的条件。在进行具体的考察时, 主要考虑以下方面:

(1) 是否能够提供经过全国审计信息化标准化技术委员会指定测试机构的认证证书。在《财经信息技术 会计核算软件数据接口》标准发布后,审信标委指定了第三方测试机构进行相应的标准符合性测试,对于通过测试的会计核算软件,会发给书面的认证证书,准许在产品或者其包装上使用规定的认证标志。

还需要注意的是,一个公司往往有多个不同定位的产品,在查看相应的证书时,要注意所关注的产品是否通过了认证。

(2) 检查软件功能。检查是否包含有关导出符合《财经信息技术 会计核算软件数据接口》标准数据的功能。由于《财经信息技术 会计核算软件数据接口》标准只是在数据元素、数据格式和数据输出方式上进行了规范,而满足输出的数据符合标准,在软件设计中有多种方法可以实现,所以作为会计核算软件的应用单位,还应该仔细地操作相关的功能,并测试是否方便应用。

(3) 在购买会计核算软件的合同中,是否有明确该软件符合《财经信息技术 会计核算软件数据接口》的有关条款,如"××软件开发(销售)单位提供的会计核算软件符合 GB/T 24589.1—2010《财经信息技术 会计核算软件数据接口》标准"。对于暂时因技术或其他原因不能满足的,应该在合同上明确在什么时间以前提供符合接口标准的软件,并附加上其他的相应处罚条款。

2. 已经使用会计核算软件的单位

对于已经使用会计核算软件的单位,可以通过以下方法获得符合《财经信息技术 会计核算软件数据接口》标准的软件:

(1) 与所使用软件在当地的销售或服务机构联系,获得更新的符合标准的会计核算软件。对于市面上流行的商品化会计核算软件,一般在省级或地市级设有服务机构或代理机构,可以与其进行联系。

获得的软件一般有两种形式:一是在原来软件的基础上增加一个补丁程序(为满足新的功能而增加的部分程序);二是将原有的程序完全替换,通过全面升级来满足标准的要求。

(2) 直接与会计核算软件开发单位联系，要求提供满足标准的新程序。在会计核算软件研发单位，一般都有服务部门，对于类似的软件升级，一般都由服务部门面向应用单位具体处理。

(3) 登录会计核算软件研发单位的网站，了解标准接口的相关信息。一般来说，对于会计核算软件的重大升级，特别是类似执行新标准的软件升级，在软件开发单位的网站上都有相关的披露，并提供软件补丁的获取方式，供会计核算软件使用单位自己升级。

在下载补丁时，要特别注意以下问题：

① 自己使用的会计核算软件属于哪个种类。软件研发单位一般都针对不同类型的使用单位，开发有针对低端、中端、高端的相关产品，而且往往还有针对行业的会计核算软件。

② 下载本单位所使用版本的补丁程序。对于同一种软件，由于新版本的不断推出，往往在实际使用中，单位使用的并不是最新版本，或者因为某种原因(如在该版本进行了专项开发)不能进行升级，所以就要特别注意所使用的版本号，如果不很清楚，应该主动询问对方的软件服务机构。

③ 安装新的补丁程序。用户得到补丁程序之后，应该仔细核对补丁程序所适用的版本、适用环境等信息，严格按照补丁程序的操作说明进行操作。在给使用中的会计核算软件安装补丁之前，一定要做好充分的系统备份和数据备份。第一步是复制一个完全独立的测试系统，然后安装补丁程序；第二步是测试原来会计核算软件的各项功能是否能够正常使用；第三步是测试新提供的会计核算软件数据接口转换功能是否能够按标准要求提供有关的数据；第四步是在以上过程测试完毕后，对运行中的系统安装补丁程序，安装完成后，同样要进行原有功能的测试和对会计核算软件接口功能进行测试。如果运行正常，则可启用新的系统；若测试出现异常，则恢复原来的系统，并与研发单位联系处理。

由于软件升级涉及许多复杂的技术问题，如果本单位实施升级有困难，应要求软件研发单位的服务人员来进行升级，并讲解有关功能的使用方法。

3. 使用自己开发或专项开发会计核算软件的单位

有一些单位是自己组织开发或委托第三方单位专项开发的会计核算软件，这类软件就需要使用单位专门就所使用的软件开发符合《财经信息技术 会计核算软件数据接口》的程序，并提交全国审计信息化标准化技术委员会指定的测试机构进行符合性测试。

5.2.2 确认需要会计核算软件标准数据单位的要求

不同的部门对会计数据的及时性和全面性要求不尽相同，因此应该根据具体单位的实际要求提供会计数据。会计数据作为经济活动的关键数据，包含着企业和行政事业单位的经济机密。因此，在提供数据时，要分情况根据不同单位的需要和法规允许的范围予以提供。对政府相关部门，按国家有关法规要求提供。对中介等第三方机构，按双方的协议提供。一般步骤如下。

1. 明确需要会计数据单位的要求

相关单位提出需要全部或部分会计数据后，为了明确需要会计数据的种类、格式、时间要求，应当让提出单位填写会计数据需求表，并签字或签章。企业"会计核算软件标准数据需求表"的参考格式如表 5-1 所示，其他类型的单位可参考改进，本表中只列出了部分数据文件。

表 5-1　会计核算软件标准数据需求表

提出单位：　　　　　　　　　　　　　　　　　　　　　　　　年　　月　　日

使用目的			
需要提供数据的时间			
提供数据的格式	XML 格式	提供介质要求	
对数据的具体要求			
项　　目	期　　间	说　　明	
电子账簿数据文件			
会计科目数据文件			
科目余额及发生额数据文件			
记账凭证数据文件			
应收明细表数据文件			
应付明细表数据文件			
固定资产类别设置数据文件			
固定资产卡片数据文件			
固定资产减少情况数据文件			
固定资产变动情况数据文件			
……			
员工薪酬记录数据文件			
员工薪酬记录明细数据文件			

单位(章)

年　　月　　日

2. 对社会性中介机构等单位应签订保密协议

政府部门具有相应的法律权限、义务和完善的保密机制，一般不需与其签订保密协议，只需按要求提供数据即可。

对于第三方中介类机构，为了确保所提供的数据用于特定目的，不用于其他方面，一般需双方签订保密协议，并明确其责任。保密协议的基本内容如下：

会计核算软件标准数据使用保密协议

因＿＿＿＿＿＿＿＿＿＿＿＿＿＿＿＿，需要＿＿＿＿＿＿＿＿＿＿＿＿＿提供有关会计核算软件标准数据，具体会计数据内容要求见"会计核算软件标准数据需求表"。本单位承诺，所提供的数据仅用于＿＿＿＿＿＿＿＿＿＿目的，若未经贵单位书面同意，不得用于其他任何用途。若出现未经同意而使用情况，本单位愿承担相关的法律责任。

会计标准数据提供单位： 　　　　　　会计标准数据需求单位：

代表人： 　　　　　　　　　　　　　代表人：

单位(章)： 　　　　　　　　　　　　单位(章)：

日期： 　　　　　　　　　　　　　　日期：

5.2.3 会计核算软件标准数据的输出方法

1. 输出的基本流程

(1) 输出之前的准备工作

在准备输出数据之前，需要检查以下工作：

① 检查凭证是否完全记账。在准备输出数据之前，要检查是否有未记账凭证，如果有，应先审核，然后对未记账的全部凭证进行记账。

② 结账。如果需要提供的数据包含当期数据，就要检查有关结账前的工作，然后进行结账。

③ 编制报表。会计核算软件在生成报表部分的标准数据时，一般有两种方法。一种是通过账务的业务数据，直接生成报表的标准数据。另一种是通过会计核算软件的报表模块，先生成报表，然后根据已经生成的报表再生成报表标准数据。对于第二种方式，就需要检查是否已经生成报表，防止遗漏或不是最后的数据。

(2) 设置有关的参数

① 输出会计核算软件标准数据的期间。提供数据，首先要考虑的是提供数据的期间，如几年的数据、当年的数据、当季的数据等。由于会计核算软件是以会计年

为基础进行组织核算的，如果要提供以前年份的数据，可能就需要分为几次提供。

② 文件输出类型。按照标准的要求，会计核算软件提供的标准数据接口应采用 XML 格式数据。

③ 设定输出标准数据的内容。GB/T 24589.1—2010《财经信息技术 会计核算软件数据接口》规定了有关的数据文件，但实际提供时要按需要数据单位的要求提供，具体可按要求进行选择，并逐一核对。

④ 选择存放数据的目录。会计核算软件标准数据的数据量，与具体规模、业务量有关。因此，事先要查看存储空间，防止因空间不够而导致数据生成失败。

(3) 生成输出文件

通过软件的相关设置，确认无误后，即可执行标准数据生成功能将数据文件生成，并存放在相应的目录中。数据生成后，应按需要数据单位提供的要求逐一进行检查核对，确认无误后复制到准备的存储介质中，最后删除不再需要的数据。

2. 保存数据

会计信息化的档案主要是指打印输出的各种账簿、报表、凭证、存储的会计数据和程序的存储介质，系统开发运行中编制的各种文档以及其他会计资料。按照标准输出的数据，是重要的会计数据，应妥善保管并留有副本。这些介质都应视同相应会计资料或档案进行保存，直至其中会计信息完全失效为止。

在保存中应注意以下问题：

(1) 存档的手续。主要是指各种审批手续，备份的数据，必须有会计主管、系统管理员的签章才能存档保管，并标有日期、内容等说明。

(2) 各种安全保证措施。存放在安全、洁净、防热、防潮的场所。至少要有两套备份，并存放在不同的物理位置，以保证在一套备份数据意外损坏的情况下，还能保证留下另一套。

(3) 备份数据使用的各种审批手续。调用数据应记录下调用人员的姓名、调用内容、归还日期等。

5.3 标准数据的应用

5.3.1 标准数据在监管中的应用

国家审计、社会审计、内审机构、财政监督、税务稽核、会计师事务所、咨询公司、中介机构、金融单位等，具体业务都会用到标准数据，业务主要体现在对企业、机构等进行审计、稽核、监督、评估、鉴证、咨询、审查等。

会计信息化的发展，给审计机关以及其他政府经济监管部门工作方式提出了许多问题，会计核算软件多品种、多版本、多种数据库结构，没有一个大家公认的数据输出标准是一个非常突出的矛盾。实施《财经信息技术 会计核算软件数据接口》标准后，只要被审计或被监管的单位所采用的会计核算软件满足本标准，就数据接口来说，就能满足审计机关以及其他政府经济监管部门或者第三方社会中介机构对会计数据的进一步处理要求。

这里以审计机关应用标准输出的数据，开展计算机审计工作的有关做法为例，介绍如何利用标准输出的数据进行分析、汇总，对经济活动情况的真实性、合法性、效益性进行监督，对经济前景进行预测，统计有关数据和进行相关测算等。其他有关监管单位，其利用标准数据的方法是基本相同的。

在后面的章节中，还将介绍审计、税务等部门如何具体利用标准数据，完成监管中的相应工作。

1. 审计机关利用标准数据进行计算机审计的过程和方法

(1) 会计数据加工成为审计数据的基本原理

进行面向电子数据的计算机审计，一般要经历如下几个步骤。首先，采集被审计单位经济信息系统中的数据；然后，根据对这些数据的分析和理解，建立转换为审计软件所需的数据；最后，运用计算机审计软件对这些数据实施审计。

在上述过程中，采集被审计单位会计信息系统或其他经济信息系统的会计核算电子数据是进行计算机审计的基础。目前，常用的方法有：

① 数据库连接的方式。技术人员通过 ODBC 等数据库访问接口直接访问被审计单位会计信息系统或其他经济信息系统的数据库并把数据转换为审计所需的格式。

② 文件传输的方式。被审计单位按照审计要求，将其会计信息系统或其他经济信息系统数据库中原来不符合计算机审计软件要求的数据转换成与审计软件要求格式相一致的数据，提供给审计人员。利用《财经信息技术 会计核算软件数据接口》标准输出的会计数据进行数据采集就属于文件传输方式。

针对不同的情况，这两种方式都有自己的使用价值。但随着会计信息化和审计信息化的发展，属于文件传输方式的利用《财经信息技术 会计核算软件数据接口》标准输出的会计数据进行数据采集的方式将成为主流。

解决对被审计单位不同类型数据库格式的识别问题，是一个语法层次上的问题，数据转换技术要解决对采集到的原始数据含义进行识别，同时还要将其有相同或相近含义的各种不同形式的数据转换成审计软件处理所需的相对统一的数据，这是一个语义层次上的问题。也就是说，数据转换的前提是数据采集，数据转换是数据分析、处理的前提。

所谓数据转换，一是将被审计单位的数据有效地装载到审计软件所操作的数据中；二是明确地标识每张表、每一字段的含义及其相互之间的关系。

(2) 如何接收符合《财经信息技术 会计核算软件数据接口》的标准数据

数据采集与转换是一项复杂的工作，有很多前期的准备工作要完成。在数据采集与转换之前，要对被审计单位的信息系统进行详细的调查研究。请被审计单位的技术人员配合讲解系统设计、功能划分、操作流程等。同时，获取被审计单位的系统设计文档资料和系统的数据字典。

在这一步工作的基础上，才能着手选择需要转换的数据，考虑采用一定的方法进行转换。其具体方法有专用工具、SQL 语言、程序编码等。

专用工具是为数据转换而专门设计的一种辅助工具。对于简单变换和一部分的数据集成，这类工具可以完成。这些工具可分为数据仓库中的数据采集与转换工具和审计软件中提供的数据转换工具。

几乎每一种审计软件都提供了自己的数据转换工具，并分为专用数据转换工具与通用数据转换工具。

在使用数据转换工具前，要分别完成数据的有效性检查、数据的清除和刷新等工作。

数据转换问题一直是审计人员利用计算机开展计算机审计的瓶颈问题。主要难点在于数据的获取和识别。数据的获取要求审计人员具备较丰富的计算机软硬件、计算机操作、网络和数据库知识；而数据识别则更要求审计人员具备数据库和会计两方面的知识和经验。

使用标准接口数据是一个相对简便、具有可操作性的途径。由于符合标准接口的数据以 XML 方式存储，可以直接拷贝获取，该文件类型为绝大多数数据库管理系统及应用软件所支持；标准接口数据中既包含会计数据，也包含数据结构信息。从而既保护了软件开发厂商和用户的利益，又便于会计数据的再次利用。

《国务院办公厅关于利用计算机信息系统开展审计工作有关问题的通知》(国办发[2001]88 号)文件中对被审计单位的数据接口提出了要求："被审计单位的计算机信息系统应当具备符合国家标准或者行业标准的数据接口；已投入使用的计算机信息系统没有设置符合标准的数据接口的，被审计单位应将审计机关要求的数据转换成能够读取的格式输出。"

(3) 数据转换格式

如何利用标准为各类机构业务服务，首要的任务就是如何转换数据，《财经信息技术 会计核算软件数据接口》标准中规定数据输出格式应采用 XML 格式，还需要进一步转换成为数据库格式才能被更好利用。可以通过软件简单导入和使用审计工具软件完全导入两类方式。

(4) 用审计软件或专用程序导入数据

使用专用程序可方便地完成对符合国标标准的 XML 格式的数据转换。通过指定数据来源、执行程序、完成导入等，就可将数据导入为某种数据库格式。

　　审计软件实现的一种方式就是通过"国标数据转换接口模板"来完成会计数据转换工作。通常审计软件产品拥有丰富的会计数据转换模板，以及灵活的自定义会计数据转换模板的功能。连接上数据源，只需执行"转换"功能，即可完成相应的数据转换、数据表的生成。

　　数据转换的主要内容包括了国标数据接口内容，主要包括凭证数据、科目数据、年初余额数据、报表数据等。

　　(5) 信息系统审计

　　虽然目前国家审计机关、会计事务所还没有大面积开展信息系统审计，但由于会计信息化的普及、ERP 的应用，信息系统审计必将全面开展，因为账不再仅仅是纸质的。信息化条件下，审计人员如果仅仅对计算机、会计软件中保存运行的数据进行计算、核对，而没有能力对处理财务业务的信息系统进行检查，很可能形成信息化条件下的"假账真查"。近年来，审计机关在对计算机管理的财务电子数据进行审计的时候，已经发现了利用会计软件、管理软件作弊的案例，也进行了一些计算机信息系统审计的探索。

　　《国务院办公厅关于利用计算机信息系统开展审计工作有关问题的通知》明确规定审计机关有权检查被审计单位运用计算机管理财政收支、财务收支的信息系统；被审计单位应当按照审计机关的要求，提供与财政收支、财务收支有关的电子数据和必要的计算机技术文档等资料；审计机关发现被审计单位的计算机信息系统不符合法律、法规和政府有关主管部门的规定、标准的，可以责令限期改正或者更换；审计机关在审计过程中发现开发、故意使用有舞弊功能的计算机信息系统的，要依法追究有关单位和人员的责任；审计机关对被审计单位电子数据真实性产生疑问时，可以提出对计算机信息系统进行测试的方案，监督被审计单位操作人员按照方案的要求进行测试。审计机关从此也可能开始逐渐关注信息系统整体的安全、风险、管理、控制，而检查会计核算软件，包括与会计核算相关的管理信息系统是否符合《财经信息技术　会计核算软件数据接口》国家标准是信息系统审计的重要内容。

　　以上谈到会计数据加工为审计数据的基本过程、如何接收符合《财经信息技术　会计核算软件数据接口》的会计数据、专用程序导入数据等也适用于国家审计、内部审计、社会审计、财政、财务监督、税务稽核、工商稽核等领域。

2. 应用审计软件接收标准接口输出的会计数据实例

　　(1) 计算机审计软件的主要功能

　　计算机审计软件主要包括"会计数据流处理"、"审计工具"、"工作底稿"三大功能。

(2) 会计流处理

数据转换是关键技术的突破，设计"会计流处理"功能，就是完成数据转换、科目库处理、分类账处理等作业，并能生成科目余额表和报表。报表分"计算报表"、"录入表"、"试算平衡表"、"审定表"等，以及分录调整后生成的报表。

(3) 审计工具

一般的审计软件具有"转"、"查"、"算"、"比"、"析"、"管"等主要类别的审计工具。在审计现场作业的实施过程中，就是充分利用这些审计工具对相关数据进行获取、计算、核对、比较、查询、抽样、分析、汇总以及对审计数据进行处理。

(4) 工作底稿

鉴于这一功能不是我们讨论的要点，在这里就不做论述了。

(5) 利用软件接收电子数据的具体步骤

计算机审计软件数据转换是必备功能或模块，通常这个功能模块由"数据转换"、"科目库处理"、"分类账处理"、"科目余额表"等子模块构成。对会计数据转换模板进行操作，大体分两种。一种是"自动流程式"，另一种是"分步进程式"。

对于不同的计算机审计软件，采用的具体操作方法是不相同的，这需要参看相关开发的产品手册说明。下面以一个计算机审计软件的操作介绍具体步骤。

进入该审计软件数据转换向导模块，可以直接在列表页面中选择"国标 GB/T 24589.1—2010"，然后选择会计软件数据类型的格式为"XML 格式"，如图 5-3 所示。

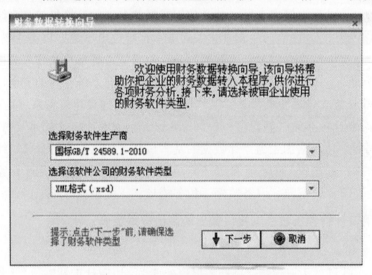

图 5-3　国标及财务软件选择界面

单击"下一步"按钮，进入下一个界面，如图 5-4 所示。

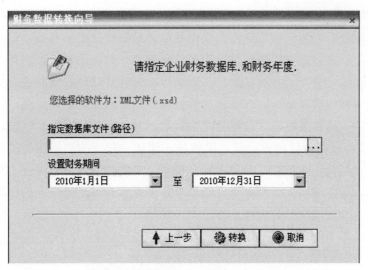

图 5-4 指定数据文件及财务期间界面

根据要转换会计数据的电子文件实际目录位置和财务期间，分别在"指定数据库文件(路径)"和"设置财务期间"列表框进行选择。然后，单击"转换"按钮，计算机审计软件将自动地把利用 GB/T 24589.1—2010《财经信息技术 会计核算软件数据接口》标准输出的会计数据转换为审计软件所能接收的数据，并将其导入到审计软件中。

《财经信息技术 会计核算软件数据接口》标准颁布后，计算机审计软件将会提供将符合标准的数据导入到其软件中的功能，以方便采集转换会计核算软件的数据，进行计算机审计工作。但在具体实践中会受到多种因素的影响，需要根据实际情况操作。

3. 数据接口标准输出会计数据的管理和使用策略

会计数据接口标准是依照法律法规制定的，按照标准化法、会计法、审计法的要求，以及审计作业的实际情况，有审计与被审计双方约定的数据交换规范和程序。在使用会计数据接口标准时，应该由双方人员对输出的数据是否符合会计数据接口标准进行核实，确认是否为认定的接口和数据，然后在双方人员共同在场的情况下，由被审计单位人员操作被审计单位的会计信息系统或其他经济信息系统的标准数据输出模块或程序，进行数据导出。由审计部门人员操作审计系统或软件的标准数据输入模块或程序，进行数据导入，完成数据采集和转换工作，并对数据的完整性进行确认。

审计机关、其他政府监管部门以及社会中介机构，在应用符合《财经信息技术 会计核算软件数据接口》标准输出的数据为经济监管和社会公证工作服务时，应该注意以下问题：

(1) 因为国标数据接口只是提供数据的一个工具，由于多种原因影响，在实际操作中不排除会有误差，这就需要在数据获取之后进行必要的复核。这个复核可分为两个层次，一是如果可以得到被审计单位所用会计软件的备份，审计人员可以在构造的备份环境中输入一些测试数据，并顺序执行各种功能。观察各个数据表内容的变化，也可判定所需数据对应存储的数据表，以及该表的结构信息。二是在数据转换过来之后，通过余额表、会计报表的核对，来证实转换数据的完整。

(2) 实现会计信息化的单位提供的数据，要建立相应的数据保密机制。由于提供的数据往往涉及商业机密，不是向社会公开公布的数据，所以保密十分重要。一旦泄露，就可能带来损失。同时也会给本单位带来信誉甚至经济上的损失。在数据的应用范围上，应当按照业务要求在范围内使用。

5.3.2　标准数据在企业中的应用

1. 建立会计数据资源库

实现了会计信息化的单位，使用过的会计核算软件可能是一种软件不同的版本或者不同的数据库及结构。特别是，随着使用会计核算软件单位的业务和信息化的不断发展，所用软件不再适应，以及限于软件制作方等多种原因，使用会计核算软件的单位所选用的软件并不一定能完全满足本单位对会计数据进行分析和管理的需要，为此，应用一定时间后，需要重新选择其他会计核算软件。

以往，也就是在没有会计数据接口标准的情况下，实现了会计信息化的单位解决上述问题通常是重新建账，并重新对某一套或多套账进行初始化，这不但带来了会计核算工作上的繁琐、重复劳动等，而且丢弃了以往的会计电子数据，破坏了会计数据的连续性、完整性。

《财经信息技术　会计核算软件数据接口》标准，已经将会计信息系统中的科目、凭证、固定资产、员工薪酬、报表等数据元素纳入该标准，并进行了规范。因此，实现会计信息化的单位可以非常容易地通过使用具有标准数据接口输出能力的会计核算软件，按照会计数据接口标准要求，将历年的会计数据输出、保存起来，还可以建立专门的会计数据资源库(或称会计数据仓库)；同时，实现会计信息化的单位又可以非常容易地使用具有标准数据接口输入功能的会计核算软件，按照会计数据接口标准要求，将会计数据资源库中的历年会计数据输入到会计核算软件中，并利用会计核算软件对其会计数据进行相关的财务分析。

可以看出，通过会计软件数据接口标准，无论使用的是一种会计核算软件的不同版本，还是几种会计核算软件，都可以非常容易地建立会计数据资源库。在此基础上，采用有关的分析软件或编制相关软件就显得十分容易。进一步，还可建立会计决策支持系统，进行深度的挖掘与分析。

2. 对会计核算软件数据接口标准输出的数据进行再利用

建立起来的会计数据资源库，不仅可以对本单位的发展历史进行纵向的分析，还可进行数据扩展，如搜集上市公司公开披露的有关会计数据，建立行业类的会计数据资源库，从而进行行业性的分析，并与本单位相关经济业务数据进行比较，找出自身的优势与劣势，以利于提高本单位相关决策的质量。一般称之为对标准输出的数据进行再利用(或称二次开发)。

实现会计信息化的单位，在应用会计核算软件上也可能存在多种经济管理信息系统或业务管理系统并存的情况，如会计核算软件是一种，而采购、销售等是另一种等等。因此，在会计核算软件与其他业务管理软件之间也需要接口。同时，某些实现会计信息化的单位，也有可能使用了多种会计核算软件，在此情况下，也需要对多种会计核算软件的数据进行统一的汇总、分析，为企业经营决策服务，或者用于内部审计、统计、计划等多个方面。

《财经信息技术　会计核算软件数据接口》国家标准的制定、颁布与实施，为已实现了会计信息化同时又具有相关经济业务信息系统的单位，在会计核算业务和其他经济业务需要进行数据间相互交换、关联时，以及在相关管理软件的开发时，提供了有力的支持。

第6章

标准接口在审计中的应用

本章面向广大审计人员，力求从企业审计实践出发，以具体企业审计为背景，介绍如何通过 Excel、Access 等通用技术平台和 AO 应用等不同技术层面和方法，利用"会计核算软件数据接口"标准数据，探索开展企业审计的一般技术原理、方法和步骤。帮助不同知识的审计人员利用标准数据，能打开账木，能分析筛选数据，能发现审计线索和查找问题，力求通过典型审计案例的介绍和分析，使审计人员掌握运用标准数据开展审计的原理、方法和步骤，从而提高审计人员计算机审计能力。

6.1　计算机审计概述

计算机审计按照审计对象可以分为计算机数据审计和信息系统审计。

计算机数据审计是指运用计算机审计技术对财政收支、财务收支有关的计算机信息系统所处理的电子数据进行的审计。按照国际信息系统审计与控制协会(ISACA)的定义，信息系统审计是一个获取并评价证据，以判断计算机系统是否能够保证资产的安全、数据的完整以及有效率地利用组织的资源并有效果地实现组织目标的过程。

6.1.1　计算机数据审计的一般原理和流程

审计机关对计算机数据的审计，一般不直接使用被审计单位的计算机信息系统进行查询、检查，而是将被审计单位的有关数据导入到审计人员的计算机上，或者搭建单独的审计环境，利用审计软件进行查询、分析，避免影响被审计单位计算机系统正常运行和规避审计风险。

1. 计算机数据审计开展的条件

(1) 审计人员应具有审计电子数据的相应知识，数据库的知识显得尤其重要。

(2) 获取被审计单位计算机信息系统的必要信息。在前期调查阶段，应该对被审计单位的信息系统进行充分的了解。理解被审计单位的业务，重要业务处理流程，使用的信息系统、数据库系统、数据处理流程和处理逻辑、数据备份方式。

(3) 建立电子数据承诺制；建立被审计单位对其提供的电子数据的真实性、完整性承诺制度。

2. 计算机数据审计的主要流程

(1) 根据审计目标拟定数据需求，采集数据。

(2) 对所采集的数据进行整理，建立审计中间表。

(3) 总体分析，选择审计重点。

(4) 建立模型，分析数据。

(5) 延伸落实，审计取证。

6.1.2 根据审计目标拟定数据需求

由于企业业务的繁杂，审计资源和审计时间、审计成本的有限性，每次审计采集的数据应根据审计目标来选择。在前期调查时，首先了解被审计单位的组织结构和计算机信息系统的总体情况；在此基础上对审计目标指向的计算机信息系统的软硬件、数据库管理系统等进行更深入的调查；最后拟定数据需求，采集数据。

1. 前期调查

前期调查包括对组织机构的调查；对计算机信息系统概况的调查；对与审计目标密切相关的信息系统所用数据库系统的调查。

以下两方面在实际调查中显得十分重要：

(1) 业务处理流程。

(2) 数据库相关技术情况(系统设计说明书、数据库详细设计说明书、用户使用手册等)。

表 6-1 所示是在审计实践中常用的信息系统调查表的部分内容。

表6-1 计算机信息系统调查表

单位名称： 　　　　　　　填表人： 　　　　　　联系电话：

序号	基本情况							系统环境				系统使用时间		能否提供GB/T 24589.1数据
	系统名称	使用部门	维护部门	用途	开发公司	数据库系统	联系人及联系方式	工作方式	环境			开始日期	截止日期	
									操作系统	硬件环境	其他环境要求			
填写说明	所用信息系统的全称	使用此系统的部门名称	维护此系统的部门名称	该系统财务核算、业务处理的具体内容	该系统的开发单位名称	系统的后台数据库类型	该系统使用部门负责人信息	单机版、C/S或B/S	支持该系统运行的操作系统类型	支持该系统运行的硬件基本配置	其他未提到的环境要求	系统开始使用日期	系统停止使用时间	是否有数据标准接口

2. 提出书面数据需求

审计组根据前期调查情况，确定所需数据内容和数据获取的具体方式，发出书面的数据需求说明书，明确目的、内容和责任等事项。说明书的主要内容应包括以下几个方面：

(1) 被采集的系统名称。

(2) 数据的内容。

(3) 数据格式和传递的方式，时限要求。

(4) 双方的责任。

(5) 其他未尽事宜。

在实践中，常用的方式是请被审计单位将指定数据转换为通用的、便于审计组利用的格式；也可以通过 ODBC 等方式直接采集数据；满足标准数据(GB/T 24589.1—2010)接口的会计核算软件，直接要求提供标准数据；特殊情况下，可以抑制被审计单位应用系统及数据。

下面是要求被审计单位将数据以指定格式上报给审计组的需求说明书举例。

关于 XX 公司计算机信息系统数据初步需求的说明

××公司：

根据《审计署××××年度统一组织审计项目计划》的要求，我办决定派出审计组对你公司××××年度资产负债损益进行就地审计。为使审计工作按审计方案顺利进行，需你公司提供部分电子数据，现将有关情况说明如下，请予支持配合。

(1) 第一批所需数据内容

请提供如下电子账表。

① 会计信息系统：××××年至××××年电子账套数据库全库备份数据。

② 主要数据表(主要字段按照 GB/T 24589.1—2010 要求转换)，如表6-2所示。

表6-2　计算机信息系统数据需求表

数据表名	包含数据元素	备注
会计科目	科目编号、科目名称、科目级次、余额方向	
科目余额及发生额	科目编号、币种编码、计量单位、会计年度、会计期间号、期初本币余额、期末本币余额	
记账凭证	记账凭证日期、会计年度、会计期间号、记账凭证类型编号、记账凭证编号、记账凭证摘要、科目编号、借方本币金额、贷方本币金额、附件数	

(2) 数据转换格式及传送方式

请相关人员携带会计信息系统安装程序及你公司××××年至××××年电子账套数据安装至审计人员电脑，请将其他数据转换为 GB/T 24589.1—2010 数据(XML 格式)，刻录于光盘提供给审计组。提供资料包括数据文件和数据文件的格式说明文件，数据转换不得影响所有数据的真实性、正确性、完整性。

(3) 安全控制措施

严格履行数据交接手续，加强数据的管理，保证数据的安全，防止遗失泄密，双方应指定专人交接。

(4) 时间要求

请于××××年××月××日前提供全部数据。如有困难，特别是需求不够明确的，请速与审计组联系。

审计署××特派办××企业审计组

××××年××月××日

3. 采集数据

根据审计需求，审计人员采集被审计单位的数据，实现审计相关原始数据从被审计单位向审计组的迁移。可供审计人员采集数据的工具有专业审计软件，如现场审计实施系统，或者其他数据库工具提供的导入导出软件，如 SQL Server 的 DTS 导入/导出向导、Access 的"获取外部数据→导入"等。本章将在相关部分介绍利用 Excel 和 Access 采集转换 GB/T 24589.1—2010 数据的方法和利用现有的模块将 GB/T 24589.1—2010 数据导入 Oracle 数据库和现场审计实施系统(AO)2011 版的方法。

6.1.3 数据整理

数据采集后，审计人员必须对原始电子数据进行清理、转换和验证，形成审计人员赖以分析的审计中间表。

1. 数据清理

在一些表中，存在以下情况：
(1) 某一字段的值缺失。
(2) 数据表中存在空(NULL)值。
(3) 存在冗余数据。
(4) 数据值域定义的不完整性或无效性。
在这些情况下，需要先对数据进行清理才能开展分析工作。
例如，数据表中存在冗余数据字段，如图 6-1 所示。
进行数据清理的技术方法很多，但使用频率较高、通用性较好的主要是通过 Excel，在 Oracle、SQL Server、Access 等数据库中使用 SQL 语言，以及现场审计实施系统软件来清理。

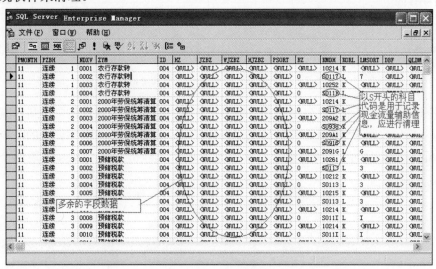

图 6-1　冗余的数据

2. 数据转换

常见的数据转换主要针对以下内容进行:

(1) 数据类型转换。

(2) 日期/时间格式的转换。

(3) 代码转换。

(4) 值域转换。

(5) 表表合并。

可以用来转换数据的工具主要有专业审计软件、各种数据库系统中提供的 SQL 语言,或者编程实现。

3. 数据验证

数据验证在计算机数据审计中占有很重要的地位,它始终贯穿于计算机数据审计的每一步骤。在审计数据处理过程中,审计人员必须不断进行数据验证,以保证电子数据的真实性、正确性和完整性。

4. 创建审计中间表

从基础数据中选择出所需要的审计数据,构成能适用于具体审计目标的审计中间表。例如,去掉与审计无关的字段、建立表与表的连接等。

例如,某企业科目代码表和凭证表的连接——科目代码表和凭证表的连接,其企业凭证表的结构如图 6-2 所示。

字段名称	数据类型
会计期间	文本
记账凭证编号	文本
记账凭证行号	文本
记账凭证日期	文本
记账凭证摘要	文本
科目编号	文本
借方金额	数字
贷方金额	数字

字段名称	数据类型
科目类型	文本
科目编号	文本
科目名称	文本
科目级次	数字
余额方向	文本

图 6-2 某企业会计科目表和记账凭证表结构

记账凭证表中通常只包括"科目编号"字段,以上两张表均包含"科目编号"字段。可见,要将"科目名称"加入记账凭证表,只需通过记账凭证表的"科目编号"和会计科目表的"科目编号"字段连接即可。图 6-3 用 Access 实现两个表的连接。

图 6-3 建立表间关系

然后，在"查询"对象中建立查询，加入"科目编号"的"科目名称"，如图6-4 所示。

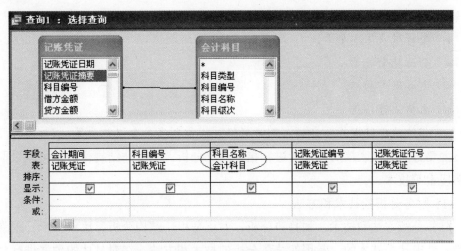

图 6-4　建立加入"科目名称"的查询

生成的完整凭证表如图 6-5 所示，加入的内容在图中用椭圆标示出。

会计期间	科目编号	科目名称	记账凭证编号	记账凭证行号	记账凭证日期	记账凭证摘要	借方金额	贷方金额
0	112101	应收银行承兑汇票		1	2007-12-31	上年结转余额	154205602.11	0
0	220101	银行承兑汇票		1	2007-12-31	上年结转余额	0	96000000
0	220101	银行承兑汇票		1	2007-12-31	上年结转余额	24000000	0
0	220101	银行承兑汇票		1	2007-12-31	上年结转余额	21000000	0
0	220102	商业承兑汇票		1	2007-12-31	上年结转余额	0	60000000
1	100101	现金	1	1	2008-1-7	收产品款	100000	0
1	210215	销售公司	1	2	2008-1-7	收产品款	0	100000
1	100101	现金	2	1	2008-1-7	铁路运费退回	11843.6	0
1	210215	销售公司	2	2	2008-1-7	铁路运费退回	0	11843.6
1	100101	现金	3	1	2008-1-7	收产品款	2810	0
1	210215	销售公司	3	2	2008-1-7	收产品款	0	2810
1	100101	现金	4	1	2008-1-7	收产品款	1800	0
1	210215	销售公司	4	2	2008-1-7	收产品款	0	1800
1	100101	现金	5	1	2008-1-7	收折价电池款	490.82	0
1	210215	销售公司	5	2	2008-1-7	收折价电池款	0	490.82
1	100101	现金	6	1	2008-1-7	个人退款	2240	0

记录: |◄ ◄ 　　　1 　► ►| ►* 共有记录数: 29087

图 6-5　生成的完整凭证表

6.1.4　确定审计分析重点，查找审计线索

对于获取的数据，经过整理之后形成基础性审计中间表，对这部分数据首先进行总体分析，根据审计方案的要求确定审计重点，避免片面性和盲目性。然后针对具体审计事项建立分析模型和数据，查找审计线索。

1. 总体分析，选择重点

企业总体分析主要针对以下内容进行：

- **会计报表可信度。**
- **会计报表基本要素。**
- **企业现金流量。**
- **主要财务指标。**
- **主要业务指标。**
- **非结构化数据总体分析。** 测评数据、规章制度、会议纪要等。

主要方法是账表核对，或者进行指标对比分析。对于非结构化数据可以采取关键字搜索等技术。

(1) 财务分析的技术和方法

财务分析方法和技术，如趋势分析、对比分析、结构分析、比率分析、因素分析等，是审计中基本的、常用的总量分析的技术和方法。在对具体的数据进行分析时，应结合财务管理原理、技术和方法，吸收国内外先进的财务指标分析模型，针对被审计单位、被审计行业等的具体情况，设计出有效、合理的指标和指标体系。

(2) 数理统计的技术和方法

数理统计为一般意义上的数据统计、分析及预测提供了众多而有力的技术和方法，如回归分析、时间序列分析、非线性估计、数据分布情况分析和异常值分析等，这些数理统计的技术与方法均可以在进行总体分析中运用，为审计的总体分析、判断和预测服务。

例如使用行业业务指标进行分析。

为了掌握被审计单位财政、财务收支等方面的总体情况，常用的方法是进行指标分析。利用相关报表、总账等数据进行指标分析，可以达到掌握总体的目的。实践中，通常应用 Excel 软件，根据具体情况设定指标的计算公式，进行指标趋势变化分析，关注异常变化等情况；或者同行业先进水平进行比较分析，分析其行业地位、目标实现情况、存在的差距及原因等。如石油板块主要业务指标包括油气储量、油气产量、炼油能力、加油站数量等。某集团能源—石油板块主要业务指标趋势分析如图 6-6 所示。

从图 6-6 可以看出，某集团 2007—2009 年油气储量增长 129.42%、加油站数量增长 91.67%，增长幅度较快，应给予重点关注。

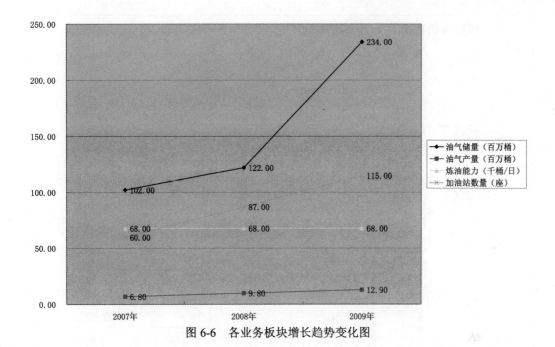

图 6-6　各业务板块增长趋势变化图

2. 建立模型，分析数据，查找审计线索

根据审计事项，在审计实施过程中建立模型，分析数据，查找审计线索。

(1) 分析模型的建立方法

① 利用审计专家经验建模。审计人员在长期的对某类、某个问题的反复审计过程中，往往能摸索、总结出某类问题的表现特征，在实际的审计中，根据问题的表征，从现象到实质，可以较为方便地核查问题。将审计人员的这种经验运用到数据审计中，将问题的表征转化为特定的数据特征，通过编写结构化查询语句或审计软件来检索，查询出可疑的数据，并深入核实、排查，来判断、发现问题，便能实现根据审计师经验建立分析模型的目的。在建立了审计专家经验数据库的基础上，在实际的审计业务中，可以便利地开展利用审计专家经验建模进行分析的模式。

实例

存货跌价准备计算机审计

◆ **分析主题**：利用计算机手段检查企业年度存货跌价准备计提的合规性。规性规性

◆ **专家经验**：通过对被审计单位财务数据的分析，了解被审计单位审计年度存货跌价准备的计提情况，并结合与存货有关的合同业务数据展开分析，关注被审计单位是否存在利用存货跌价准备调节利润情况。

♦ **建立分析模型**，如图 6-7 所示。

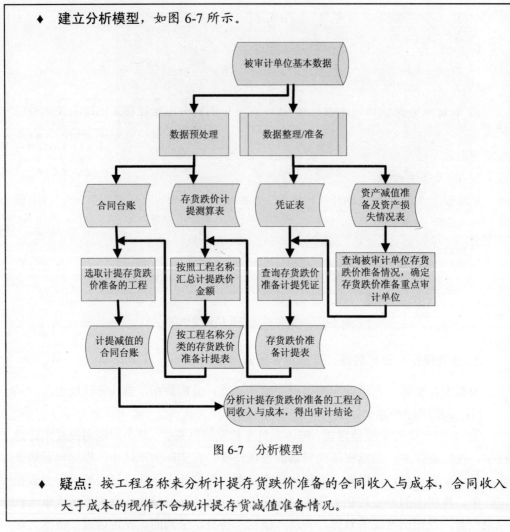

图 6-7　分析模型

♦ **疑点**：按工程名称来分析计提存货跌价准备的合同收入与成本，合同收入大于成本的视作不合规计提存货减值准备情况。

② 检查法规执行情况。在建立分析模型时就可以依据具体的条文，将法律、法规的定量、定性规定具体化为分析模型中的筛选、分组、统计等条件，对反映具体业务内容的特定字段设定判断、限制等条件建立起分析模型。

实例

污水处理厂运行负荷审计

♦ **分析主题**：污水处理厂运行负荷率。

♦ **掌握相关法规**：根据国家规定《关于加强城镇污水处理厂运行监管的意见》(建城(2004)153 号)，"城镇污水处理厂投入运行后的实际处理负荷，在一年内不低于设计能力的 60%"，检索运行负荷率低的污水处理厂，以发现污水处理厂建成后负荷率低和超标排放等运行不正常的问题。

◆ 建立分析模型：

污水处理率=污水实际处理能力/污水设计处理能力

疑点=污水实际处理能力/污水设计处理能力<0.6且污水实际处理能力>0

③ 验证业务逻辑规则是否正确。被审计单位的业务总是在特定的经济技术条件下进行的，审计人员应深入分析和挖掘，利用、寻找业务处理逻辑关系，根据业务处理逻辑关系建立分析模型，发现与业务处理逻辑关系不相吻合的事项，从而达到审计发现、核查问题的目的。

企业中涉及的主要业务有销售业务、采购业务、存货业务、生产业务、货币资金业务、工薪人事业务、企业筹资业务、企业投资业务、固定资产业务。

审计实施时通过分析各类业务的特点，找出各类业务的逻辑关系。例如，对存货业务审计时，销售数量=生产数量±库存差，通过对企业生产、库存、销售的业务数据，计算出期末库存量，再与财务库存量相对比，如果前者大于后者，应查明原因。

实例

某烟厂生产成本真实性审计

◆ **分析主题**：企业是否存在虚列成本。
◆ **掌握业务的逻辑关系**：该厂产成品与烟箱、条盒、烟盒定额消耗的数量的关系为1产成品：X烟箱：Y条盒：……
◆ **建立分析模型**：

实际辅料单耗=每月辅料结转入生产成本量/每月产成品量

比较实际单耗和定额单耗。若账面单耗基本符合定额单耗，则情况正常；若账面单耗异常偏离定额单耗，则情况异常。

④ 验证勾稽关系是否正确。在各类会计账簿和报表中，每一类、每一个数据都有明确的经济含义，并且数据间往往存在着某种明确而固定的对应关系，这些对应关系便是勾稽关系。勾稽关系一般体现为机械准确性，是不同经济变量之间在量上的依赖、对应关系。在建立审计分析模型时，审计人员可以充分利用账簿和会计报表中有关数据之间存在的这种可以据以进行相互查考、核对的关系，方便、快捷地建立分析模型进行复算、核对，达到分析问题、发现线索的目的。

实例

企业财务状况真实性审计

- ◆ 分析主题: 报表总分关系的真实性。
- ◆ 掌握总分账间的勾稽关系: 总账、明细账之间存在的总分关系。
- ◆ 建立分析模型:

$$\sum(某科目所有明细账余额)=某科目总账余额$$

(2) 实施分析

① 数据分析工具与技术的选择。根据数据量、数据分析的预期复杂程度和审计组对数据分析工具和技术的掌握等方面的情况，可以采用通用的商业软件，如常用的 SQL Server、Access、Excel 等，或者专用的审计软件，如现场审计实施系统等作为数据分析的工具。在实际的审计项目中，审计人员或审计人员与计算机专业人员配合，采取编程的方法对数据进行分析，往往在数据复杂、数据量巨大的情况下能更好地发挥作用，并且在分析过程中能更好地发挥主观能动性，对数据进行灵活、有效的分析。从实际来看，经过审计署计算机中级培训的审计人员，更倾向于编写 SQL 语句进行数据分析。

② 在中间表的基础上建立分析表。为逐步实现建立的分析模型，在完成分析的过程中，应根据审计需求分析和模型的具体情况，对基础性的中间表进行再加工，将已生产的"零部件"——基础性中间表在该流程按"加工说明"——分析模型进行加工，建立过渡性的、能依据之形成分析结果、进行审计判断的数据分析表。

③ 完成分析。按照分析模型，采用一定的方式、方法，对数据进行具体的分析，得出结果，完成分析。在实现的过程中，应根据数据、模型和审计人员对应用软件和计算机语言掌握等方面的具体情况，确定分析的实现方式，按照分析模型对数据进行分析，得出具体结果。

④ 分析过程的及时记录。审计人员应及时记录数据分析过程中采用的数据、分析软件和工具、分析模型和分析结果等事项，以便事后检查和总结。

6.1.5 延伸落实审计取证

1. 直接取证

如果数据分析的结果能直接发现和核实问题，审计人员可以利用有关电子数据

· 118 ·

直接取证。这就要求审计人员将被审计单位提供的原始数据、处理产生的基础数据、分析建立的中间表数据等保存妥当，以便作为审计资料和审计证据归档。在编制审计工作底稿时，应记录所使用的电子数据的系统名称、电子数据的具体表名、数据分析的详细过程等内容(使用的基础表名称、分析过程的描述、使用的计算机语句等)。在底稿中还应记录问题的总体及详细情况。

由于在数据的采集、转换和分析过程中，难免出现数据"失真"——出现人为处理错误等情况，所以，在可能的情况下，最好应先将查询分析的明细结果交予被审计单位征求意见，认定的结果确定后，便可以将分析结果具体化为纸质资料，由被审计单位签章确认，作为审计取证资料。

2. 延伸取证

如果数据分析的结果仅是揭示出了问题的线索，不能直接发现和核实问题，则应根据线索进行延伸审计，获取审计证明材料。在编制审计工作底稿时，应将数据分析的过程、方法、使用的数据等情况进行详细的记录，以便反映审计的详细实施过程和审计人员对数据的分析及对分析结果的判断。

6.2 在 Excel 中标准接口数据的采集转换
与维护管理

企业会计核算软件数据接口采用 XML 格式，在实际应用中，可根据实际情况将 XML 文件转换为自己熟悉的文件格式加以利用。下面就将 XML 数据文件转换到 Excel 工作表的方法做一简要介绍。

6.2.1 Excel 对标准数据的支持

Excel 为广大审计人员所掌握，并在审计和工作实务中得到广泛的应用。Excel 2003 支持 XML，并提供 XML 的导入导出功能。所以，在运用 Excel 处理会计核算软件接口标准数据之前，有必要对 Excel 支持 XML 的功能做一简要介绍。

1. Excel 2003 的 XML 功能

(1) 使用自定义 XML 架构

先在 Excel 中创建或打开工作簿，其次向工作簿中添加自定义 XML 架构。然后，使用"XML 源"将单元格映射到架构元素。将 XML 元素映射到工作表后，可向映射的单元格中无缝导入或从中导出 XML 数据。具体包括以下功能：

① 在新工作簿中，直接打开 XML 数据文件。

② 通过将 XML 元素映射到现有字段中来扩展现有模板的功能。这使从模板中获取数据和将数据导入模板更加容易，无须重新设计模板。

③ 通过将 XML 元素映射到现有的电子表格计算模型，从而使用 XML 数据作为现有计算模型的输入。

④ 将自定义 XML 架构映射到工作簿中的现有数据。

⑤ 将从 Web 服务返回的 XML 数据合并到 Excel 工作表。

(2) 使用 XML 电子表格架构

采用常规方式在 Excel 中创建工作簿，然后将其另存为 XML 电子表格格式。Excel 使用其本身的 XML 架构(XMLSS)应用存储文件属性等信息的 XML 标记并定义工作簿结构。

2. 导入 XML 数据时，Excel 处理的 XSD 数据类型

表 6-3 列出了当带有特定 XSD 数据类型的项被导入 Excel 工作表时所应用的显示格式。在"不支持的格式"列中列出的带有 XSD 格式的数据作为文本值导入。

表 6-3　Excel 支持的 XSD 数据类型

XSD 数据类型	Excel 显示格式	不支持的格式
time	h:mm:ss	hh:mm:ssZ Hh:mm:ss.f-f
dateTime	m/d/yyyy h:mm	yyyy-mm-ddThh:mm:ssZ yyyy-mm-ddThh:mm:ss+/-hh:mm yyyy-mm-ddThh:mm:ss.f-f 超出 1900—9999 范围的年份
date	日期　*3/14/2001	yyyy-mm-ddZ yyyy-mm-dd+/-hh:mm 超出 1900—9999 范围的年份
gYear	数字，没有小数	yyyy+/-hh:mm 超出 1900—9999 范围的年份
gDay gMonth	数字，没有小数	
gYearMonth	自定义　mmm-yy	yyyy-mm+/-hh:mm 超出 1900—9999 范围的年份
gMonthDay	自定义 d-mmm	

(续表)

XSD 数据类型	Excel 显示格式	不支持的格式
anytype anyURI base64Binary duration ENTITIES ENTITY hexBinary ID IDREF IDREFS language Name NCName NMTOKEN NMTOKENS normalizedString NOTATION QName string token	文本	
boolean	布尔值	
decimal float double	常规	前导和尾随零将被删除 尽管只显示负号，但"-"和"+"符号都将被考虑 Excel 在存储和计算时可有 15 个有效数位的精度
byte int integer long negativeInteger nonNegativeInteger nonPositiveInteger positiveInteger short unsignedByte unsignedInt unsignedLong unsignedShort	常规	

3. 使用"XML 源"任务窗格导入 XML 数据

Excel 通过使用如图 6-8 所示的"XML 源"任务窗格，实现 XML 数据的导入功能。

图 6-8 "XML 源"任务窗格

- 已添加到工作簿中的 XML 映射列表。
- XML 映射中的元素的分级列表。
- 有关使用 "XML 源"任务窗格的设置选项。
- 打开 "XML 映射"对话框，可在其中添加、删除或重命名 XML 映射。
- 验证是否可通过当前 XML 映射出 XML 数据。

"XML 源"任务窗格元素列表中图标的含义如表 6-4 所示。

表 6-4 "XML 源"任务窗格元素列表中图标的含义

序 号	图 标	元 素 类 型
1		父元素
2		必需的父元素
3		重复的父元素
4		必需的重复父元素
5		子元素
6		必需的子元素
7		重复的子元素
8		必需的重复子元素
9		属性
10		必需的属性
11		复杂结构中的简单内容

6.2.2 用 Excel 了解标准接口的标准数据元素类型

数据接口标准的附录 A.1 标准元素类型类 XML 大纲(Schema)定义了数据接口

的标准数据元素类型。可将这个"标准数据元素类型.xsd"文件导入到 Excel 中加以分析。

在 Excel 中利用"文件"菜单上的"打开"命令直接打开"标准数据元素类型.xsd"文件，在出现的"打开 XML"对话框(图 6-9)中选择"使用 XML 源任务窗格"单选按钮，在"XML 源"任务窗格(图 6-10)中选择 ns1:simpleType 元

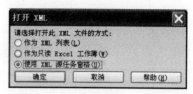

图 6-9　"打开 XML"对话框

素，将其拖动到工作表中，单击"列表"工具栏上的"根据 XML 数据刷新"按钮，将得到如图 6-11 所示的 202 个标准数据元素类型定义的 XML 列表。

	name	base	value	value2
2	电子账簿编号类型	xs:string	60	
3	电子账簿名称类型	xs:string	200	
4	会计核算单位类型	xs:string	200	
5	组织机构代码类型	xs:string	20	
6	单位性质类型	xs:string		4
7	行业类型	xs:string	20	
8	开发单位类型	xs:string	200	
9	版本号类型	xs:string	20	
10	本位币类型	xs:string	30	
11	会计年度类型	xs:string		4
12	标准版本号类型	xs:string	30	
13	会计期间号类型	xs:string	15	
14	会计期间起始日期类型	xs:string		8
15	会计期间结束日期类型	xs:string		8
16	记账凭证类型编号类型	xs:string	60	
17	记账凭证类型名称类型	xs:string	60	
18	记账凭证类型简称类型	xs:string	20	
19	汇率类型编号类型	xs:string	60	
20	汇率类型名称类型	xs:string	60	
21	币种编码类型	xs:string	10	

图 6-10　选择 ns1:simpleType 元素　　　　图 6-11　标准数据元素类型定义 XML 列表

其中，name 列表示数据元素类型的名称，base 列表示数据元素类型的基类型，value 列表示数据元素类型的最大字符长度，value2 列表示数据元素类型的固定字符长度。

利用 XML 列表的自动筛选功能可以看到，凡是具有固定字符长度为 8 的数据元素类型均表示各种类型的日期数据类型，如图 6-12 所示。

	name	base	value	value2
1	name	base	value	value2
14	会计期间起始日期类型	xs:string		8
15	会计期间结束日期类型	xs:string		8
33	出生日期类型	xs:string		8
34	入职日期类型	xs:string		8
35	离职日期类型	xs:string		8
91	记账凭证日期类型	xs:string		8
101	票据日期类型	xs:string		8
115	报表报告日类型	xs:string		8
127	记账日期类型	xs:string		8
134	到期日类型	xs:string		8
136	核销日期类型	xs:string		8
141	付款日期类型	xs:string		8
160	固定资产入账日期类型	xs:string		8
181	减少发生日期类型	xs:string		8
191	固定资产变动日期类型	xs:string		8
197	薪酬期间起始日期类型	xs:string		8
198	薪酬期间结束日期类型	xs:string		8

图 6-12 日期数据类型 XML 列表

还可利用"列表"工具栏上的"转换为区域"命令,将 XML 列表转换为 Excel 的正常数据区域,对"标准数据元素类型"作常规分析。例如,首先将"标准数据元素类型"列表按 base 基类型作常规排序,再按 base 基类型作计数分类汇总,可得到如图 6-13 所示的标准数据元素类型分类汇总表。不难看出,202 个标准数据元素类型中,integer 类型有 3 个,short 类型有 1 个,double 类型有 41 个,而以 string 为基类型的有 157 个。

		name	base	value	value2
	1	name	base	value	value2
+	43	xs:double 计数	41		
+	47	xs:int 计数	3		
+	49	xs:short 计数	1		
+	209	xs:string 计数	157		
-	210	总计数	202		

图 6-13 标准数据元素类型分类汇总表

以上展示了如何运用筛选、排序和分类汇总等分析方法,实际工作中可根据需要做更多的分析。

通过在 Excel 中对标准数据元素类型的分析,对于理解和进一步应用标准接口数据是会有帮助的。

6.2.3 用 Excel 分析标准接口数据结构

数据接口附录 A.2～A.6 提供了公共档案类、总账类、应收应付类、固定资产类和员工薪酬类等 5 大类数据表的 XML 大纲,也称 XML 架构。下面以公共档案类数据结构为例,介绍导入到 Excel 的分析方法。

在 Excel 中利用"文件"菜单上的"打开"命令直接打开"公共档案.xsd"文件，在出现的"打开 XML"对话框中选择"使用 XML 源任务窗格"单选按钮，在"XML 源"任务窗格中选择 ns1:element 元素，将其拖动到工作表中，单击"列表"工具栏上的"根据 XML 数据刷新"按钮，将得到如图 6-14 所示的 XML 列表。

图 6-14　公共档案元素数据类型 XML 列表

列表中列出了公共档案类中包含的 12 张数据表的定义及其数据结构的定义。利用 XML 列表的自动筛选功能，在 fixed6 筛选中选择 U01 标识符，得到"公共档案类"12 张数据表的定义，如图 6-15 所示。

name	ref	maxOccurs	minOccurs	name2	base	ref3	use	fixed	ref4	use5	fixed6
公共档案	电子账簿								locID	optional	U01
公共档案	会计期间	unbounded							locID	optional	U01
公共档案	记账凭证类型	unbounded							locID	optional	U01
公共档案	汇率类型	unbounded							locID	optional	U01
公共档案	币种	unbounded							locID	optional	U01
公共档案	结算方式	unbounded							locID	optional	U01
公共档案	部门档案	unbounded							locID	optional	U01
公共档案	员工档案	unbounded							locID	optional	U01
公共档案	供应商档案	unbounded							locID	optional	U01
公共档案	客户档案	unbounded							locID	optional	U01
公共档案	自定义档案项	unbounded	0						locID	optional	U01
公共档案	自定义档案值	unbounded							locID	optional	U01

图 6-15　公共档案类数据表定义

图 6-15 表明，公共档案具有可选的标识符 U01，由电子账簿、会计期间、记账凭证类型、汇率类型、币种、结算方式、部门档案、员工档案、供应商档案、客户档案、自定义档案项和自定义档案值等 12 张数据表构成。其中电子账簿仅有 1 条记录，自定义档案项和自定义档案值可有 0 至多条记录，其余数据表则可由 1 至多条记录构成。

同样，利用 XML 列表的自动筛选功能，可以分析电子账簿数据表的构成。在 fixed6 筛选中选择 T101 标识符，得到"电子账簿"的定义，如图 6-16 所示。

	A	B	C	D	E	F	G	H	I	J	K	L
1	name	ref	maxOccurs	minOccurs	name2	base	ref3	use	fixed	ref4	use5	fixed6
14	电子账簿				电子账簿编号	电子账簿编号类型	locID	optional	10101	locID	optional	T101
15	电子账簿				电子账簿名称	电子账簿名称类型	locID	optional	10102	locID	optional	T101
16	电子账簿				会计核算单位	会计核算单位类型	locID	optional	10103	locID	optional	T101
17	电子账簿				组织机构代码	组织机构代码类型	locID	optional	10104	locID	optional	T101
18	电子账簿				单位性质	单位性质类型	locID	optional	10105	locID	optional	T101
19	电子账簿				行业	行业类型	locID	optional	10106	locID	optional	T101
20	电子账簿				开发单位	开发单位类型	locID	optional	10107	locID	optional	T101
21	电子账簿				版本号	版本号类型	locID	optional	10108	locID	optional	T101
22	电子账簿				本位币	本位币类型	locID	optional	10109	locID	optional	T101
23	电子账簿				会计年度	会计年度类型	locID	optional	10110	locID	optional	T101
24	电子账簿				标准版本号	标准版本号类型	locID	optional	10111	locID	optional	T101

图 6-16　电子账簿类数据表定义

图 6-16 表明，电子账簿具有可选的标识符 T101，由电子账簿编号、电子账簿名称、会计核算单位、组织机构代码、单位性质、行业、开发单位、版本号、本位币、会计年度和标准版本号等 11 个字段组成，base 列和 fixed 列分别列出了各自相应的数据类型和可选的标识符。

根据类似方法，可以得到其他数据表相应的定义信息。这里不再赘述。

6.2.4　将标准数据文件导入到 Excel

利用数据接口标准附录 B 提供的 XML 示例数据，下面介绍将 XML 数据文件导入到 Excel 中的方法。

数据接口的附录 B.4 固定资产类 XML 实例，提供了固定资产类 XML 数据实例。将其存储名为"B4 固定资产类 XML 实例.xml"的文件，可将这个 XML 实例数据文件导入到 Excel 中加以分析。

首先，为了让 Excel 能正确识别 XML 数据文件中数据的数据类型，应当把"固定资产.xsd"架构文件(Schema)及其他所引用的"标准数据元素类型.xsd"架构文件同时放到与"B4 固定资产类 XML 实例.xml"数据文件相同的文件夹中。如果 XML 数据文件没有引用架构，或者找不到所引用的架构文件，则 Microsoft Excel 将创建一个基于 XML 源数据的架构。

然后，在 Excel 中利用"文件"菜单上的"打开"命令直接打开"B4 固定资产类 XML 实例.xml"文件，在出现的"打开 XML"对话框(图 6-17)中选择"使用 XML 源任务窗格"单选按钮，得到其"XML 源"任务窗格(图 6-18)。

在图 6-18 中，我们看到固定资产类包括固定资产基础信息、固定资产类别设置、固定资产变动方式、固定资产折旧方法、固定资产使用状况、固定资产卡片、固定资产卡片实物信息、固定资产卡片使用信息、固定资产减少情况、固定资产减少实物信息和固定资产变动情况等11张表。将表元素拖动到工作表中，可得到相应的Excel表格。例如，在"XML 源"任务窗格(图 6-18)中选择"ns1:固定资产卡片"元素，将其拖动到工作表中，单击"列表"工具栏上的"根据 XML 数据刷新"按钮，将得到如图 6-19 所示的固定资产卡 XML 列表。

图 6-18　"XML 源"任务窗格

图 6-17　"打开 XML"对话框

	A	B	C	D	E	F	G	H	I	J	K	L	M	N	O	P	Q	R
1	ns1:locID	ns1:固定资产卡片编号	ns1:locID2	ns1:固定资产类别编号	ns1:locID3	ns1:固定资产编码	ns1:locID4	ns1:固定资产名称	ns1:locID5	ns1:固定资产入账日期	ns1:locID6	ns1:会计期间号	ns1:locID7	ns1:固定资产计量单位	ns1:locID8	ns1:固定资产数量	ns1:locID9	ns1:变动方式编码
2		KP-0001		01		DYJ-HQ		惠普打印机		20090101		1		台		3		0001
3		KP-0001		01		DYJ-HQ		惠普打印机		20090101		2		台		3		0001
4		KP-0001		01		DYJ-HQ		惠普打印机		20090101		3		台		3		0001
5		KP-0002		02		CC-FD		叉车		20090101		1		台		2		0001
6		KP-0002		02		CC-FD		叉车		20090101		2		台		2		0001
7		KP-0002		02		CC-FD		叉车		20090101		3		台		1		0001

图 6-19　固定资产卡 XML 列表

至此，可以利用掌握的 Excel 列表知识，对获得的表格数据进行分析处理。

6.3 在 Access 中标准接口数据的
采集转换与维护管理

6.3.1 应用 Access 的必要性

Microsoft Access 数据库管理系统易学、易用，且功能强大，是广大审计人员必备的工具之一，目前被审计人员广泛采用的现场审计实施系统(AO)也以 Access 作为其后台数据库。因此，讨论如何利用企业会计标准接口数据建立 Access 数据库，很有必要。

下面将利用一套客户模拟账套，介绍利用企业会计标准接口数据建立 Access 数据库的方法。

6.3.2 Access 对标准数据的支持

Access 2003 支持 XML，并提供 XML 的导入导出功能。但是，Access 对 XML 的支持具有一定的局限性，尤其是对 XML Schema 文件的支持很不完整，不少 W3C 规范中的 XML Schema 声明都不被 Access 所支持。因此，在利用标准接口数据时需要对数据接口标准的 XML Schema (.xsd)文件做一定的修改。

6.3.3 Access 对 XML Schema 支持的局限性及解决方案

Access 对 XML Schema 的支持具有一定的局限性，主要表现在：

(1) Access 导入元素字段时，不支持带有属性值的复杂类型元素，仅支持简单类型元素。

例如，在"公共档案.xsd"文中，有一个"电子账簿编号"元素是这样定义的：

```
<xs:element name="电子账簿编号">
  <xs:complexType>
    <xs:simpleContent>
      <xs:extension base="电子账簿编号类型">
        <xs:attribute ref="locID" use="optional" fixed="010101"/>
      </xs:extension>

    </xs:simpleContent>
  </xs:complexType>
</xs:element>
```

而 Access 不支持"电子账簿编号"元素中的<xs:complexType>以及属性 locID 的声明。

解决方案：利用 XSLT 将 XSD 文件中所有复杂元素类型转换为简单类型元素，去掉其属性。针对上面的"电子账簿编号"复杂类型元素，转换后的简单类型元素如下所示：

```
<xs:element name="电子账簿编号" type="电子账簿编号类型"/>
```

(2) Access 不支持 XSD 文件中的<include>元素。

在数据接口标准中，所有基础数据元素类型，包括数据标识符 locID 均在一个名为"标准数据元素类型.xsd"的文件中定义，并由其他 xsd 文件引用。

数据接口标准的 5 个 Schema 定义文件——公共档案.xsd、总账.xsd、应收应付.xsd、固定资产.xsd 和员工薪酬.xsd 文件中的<schema>元素均包含引用"标准数据元素类型.xsd"文件的子元素<include>。<schema>元素如下：

```
<xs:schema>
    <xs:include schemaLocation="标准数据元素类型.xsd"/>
        ...
</xs:schema>
```

然而，Access 并不支持 include 元素，因此也不能支持在一个 XSD 文件中引用另一个 XSD 文件。

解决方案：利用 XSLT 将原 XSD 文件中的 include 元素删除，再将"标准数据元素类型.xsd"文件的内容复制到所有引用它的文件头部，这样，这些 XSD 文件就不必再引用"标准数据元素类型.xsd"文件，并能够支持该文件中定义的所有数据元素类型。

(3) Access 不支持 xml 数据文件中根元素的 schemaLocation 属性，仅支持 noNamespaceSchemaLocation 属性。

企业会计标准接口导出的数据的 XML 数据文件中，都用 schemaLocation 属性指向相应的 XSD 元素。例如，"公共档案类.xml"中对"公共档案类.xsd"的引用如下：

```
<公共档案 xmlns:xsi="http://www.w3.org/2001/XMLSchema-instance" xsi:schemaLocation=
"http://sxbw.audit.gov.cn/AccountingSoftwareDataInterfaceStandard/2010/SOE/XMLSchema 公共档
案.xsd">
```

然而，Access 不支持带有命名空间的 schemaLocation 属性。

解决方案：将对应的 XSD 文件和 XML 数据文件放在同一个文件夹内，并用 noNamespaceSchemaLocation 修改上述引用。针对上面的例子，应做如下修改：

<公共档案 xmlns:xsi="http://www.w3.org/2001/XMLSchema-instance" xsi:noNamespace
SchemaLocation="公共档案.xsd">

6.3.4 针对 Access 局限形成新的 XML Schema 文件

如上所述，Access 仅对 XML 数据和架构导入提供有条件的支持。在将 XML 数据文件导入 Access 时，不能对数据文件直接应用相应的标准 XSD 文件。可将标准的 6 个 XSD 文件按照上述方法修改合并成 5 个专门针对 Access 应用的 XSD 文件，以形成标准的 XSD 文件的 Access 版，并以不同的文件名加以区别，如表 6-5 所示。

表 6-5 标准 XSD 文件名与 Access 版标准 XSD 文件名对照表

序 号	标准 XSD 文件名	Access 版标准 XSD 文件名	备 注
1	公共档案.xsd	公共档案 4Access.xsd	
2	总账.xsd	总账 4Access.xsd	
3	应收应付.xsd	应收应付 4Access.xsd	
4	固定资产.xsd	固定资产 4Access.xsd	
5	员工薪酬.xsd	员工薪酬 4Access.xsd	
6	标准数据元素类型.xsd		标准数据元素类型定义并入原从属 XSD 文件

当获得一套企业会计核算软件输出的标准数据时，通常是获得公共档案类.xml、总账类.xml、应收应付类.xml、固定资产类.xml 和员工薪酬类.xml 这 5 个数据文件中的全部或部分文件，只要在 XML 数据文件中，按照上面介绍的方法引用相应的 XSD 文件，就能将 XML 数据正确导入到 Access 数据库中。

5 个 Access 版的标准 XSD 文件，可以视作标准数据接口 XSD 文件的扩展，可以重复使用。

6.3.5 使用 XSLT 转换标准 XSD 到 XSD 4Access

XSLT 是一种将 XML 转换为 HTML 文档或其他 XML 文档的技术，由于 XML Schema 对应的 XSD 文件实质上就是一种特殊的 XML 文件，因此可以用 XSLT 技术将其转换为 Access 支持的新的 XSD 文件。针对上节提到的 Access 对 XML Schema 支持的三点局限以及解决方案，以"公共档案.xsd"为例，设计了如下的 XSLT 文件：

<?xml version="1.0" encoding="UTF-8"?>

<xsl:stylesheet version="1.0" xmlns:xsl="http://www.w3.org/1999/XSL/Transform"
xmlns:xs="http://www.w3.org/2001/XMLSchema">

```xml
<xsl:outputmethod="xml" version="1.0" encoding="UTF-8" omit-xml-declaration="no"
indent="yes"/>
    <xsl:templatematch="/xs:schema">
      <xsl:copy>
        <xsl:for-eachselect="@*">
          <xsl:attributename="{local-name()}">
            <xsl:value-ofselect="."/>
          </xsl:attribute>
        </xsl:for-each>
        <xsl:comment>将"标准数据元素类型.xsd"的内容复制进来：</xsl:comment>
          <xsl:copy-ofselect="document('标准数据元素类型.xsd')/*/*"/>
          <xsl:comment>公共档案定义：</xsl:comment>
          <xsl:copy-ofselect="/xs:schema/xs:element[@name='公共档案']"/>
          <xsl:comment>公共档案数据表定义修订：</xsl:comment>
          <xsl:apply-templates/>
      </xsl:copy>
    </xsl:template>
    <xsl:templatematch="/xs:schema/xs:element[@name!='公共档案']">
      <xsl:copy>
        <xsl:attributename="name">
          <xsl:value-ofselect="./@name"/>
        </xsl:attribute>
        <xsl:element name="xs:complexType">
          <xsl:element name="xs:sequence">
            <xsl:apply-templates/>
          </xsl:element>
        </xsl:element>
      </xsl:copy>
    </xsl:template>
    <xsl:templatematch="/xs:schema/xs:element[@name!='公共档案
']/xs:complexType/xs:sequence">
      <xsl:for-eachselect="*">
        <xsl:copy>
          <xsl:for-eachselect="@*">
            <xsl:attributename="{local-name()}">
              <xsl:value-ofselect="."/>
            </xsl:attribute>
          </xsl:for-each>
          <xsl:attribute ename="type">
            <xsl:value-ofselect="*/*/*/@base"/>
          </xsl:attribute>
```

```
        </xsl:copy>
      </xsl:for-each>
    </xsl:template>
  </xsl:stylesheet>
```

在上面的 XSLT 文件中，元素<xsl:copy-of select="document('标准数据元素类型.xsd')/*/*"/>将"标准数据元素类型.xsd"文件中的所有标准数据元素类型定义复制到了目标代码中，而元素<xsl:copy-of select="/xs:schema/xs:element[@name='公共档案']"/>只是将<公共档案>元素进行了复制，其余的<xsl:template>模板元素则在复制数据元素定义时，将原数据元素类型定义的复杂类型修改成了直接引用具有简单类型定义的标准数据元素类型，从而满足了 XML 架构数据导入 Access 中的条件。

转换后得到如下内容：

```
<?xml version="1.0" encoding="UTF-8"?>
<xs:schema
targetNamespace="http://sxbw.audit.gov.cn/AccountingSoftwareDataInterfaceStandard/2010/SOE/XM
LSchema" elementFormDefault="qualified" attributeFormDefault="unqualified"
xmlns:xs="http://www.w3.org/2001/XMLSchema" xmlns:企业
="http://sxbw.audit.gov.cn/AccountingSoftwareDataInterfaceStandard/2010/SOE/XMLSchema"
xmlns="http://sxbw.audit.gov.cn/AccountingSoftwareDataInterfaceStandard/2010/SOE/XMLSchema">
    <!--标准数据元素类型定义：-->
    <xs:attribute name="locID">
      <xs:annotation>
        <xs:documentation>数据标识符</xs:documentation>
      </xs:annotation>
      <xs:simpleType>
        <xs:restriction base="xs:string" />
      </xs:simpleType>
    </xs:attribute>
    …
    <xs:simpleType name="薪酬金额类型">
      <xs:restriction base="xs:double" />
    </xs:simpleType>
    <!--公共档案定义：-->
    <xs:element name="公共档案">
      <xs:complexType>
        <xs:sequence>
          <xs:element ref="电子账簿" />
          …
```

```
            <xs:element ref="自定义档案值" minOccurs="0" maxOccurs="unbounded" />
        </xs:sequence>
        <xs:attribute ref="locID" use="optional" fixed="U01" />
    </xs:complexType>
</xs:element>
<!--公共档案数据表定义修订：-->
<xs:element name="电子账簿">
    <xs:complexType>
        <xs:sequence>
            <xs:element name="电子账簿编号" type="电子账簿编号类型" />
            …
            <xs:element name="标准版本号" type="标准版本号类型" />
        </xs:sequence>
    </xs:complexType>
</xs:element>
…
<xs:element name="自定义档案值">
    <xs:complexType>
        <xs:sequence>
            <xs:element name="档案编码" type="档案编码类型" />
            …
            <xs:element name="档案值父节点" minOccurs="0"
    type="档案值父节点类型" />
            <xs:element name="档案值级次" type="档案值级次类型" />
        </xs:sequence>
    </xs:complexType>
</xs:element>
</xs:schema>
```

　　上述 XSLT 文件虽然是针对"公共档案.xsd"文件进行的转化，但却具有普遍适用的价值。如需要对其他几个 XSD 文件进行转换，只需要将文件中的所有"公共档案"替换为相应的其他数据元素名，如"固定资产类"、"应收应付类"即可。

6.3.6　获得转换后的 XSD 4Access 文件

　　通过 XSLT 转换后，可以在浏览器中看到效果，但却无法保存转换后的目标代码，为此这里使用 Java 程序设计语言开发了一个简单的程序，实现了 XSD 文件的转换并保存。其界面如图 6-20 所示。

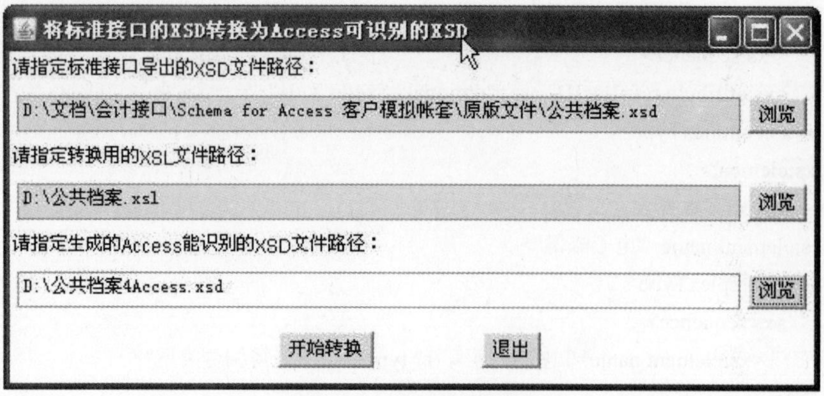

图 6-20 转换程序界面

如图 6-20 所示，在前两个文本框中指定待转换的 XSD 文件以及转换所需的 XSLT 文件，在最下面一个文本框中给定生成的新 XSD 文件，单击"开始转换"按钮即可完成转换。转换程序的核心代码如下：

```java
import java.io.*;
import javax.xml.transform.*;
import javax.xml.transform.stream.*;
public void XSDTransform(String source, String style, String dest) throws TransformerException
{
    StreamSource input = new StreamSource(new File(source));
    StreamSource stylesheet = new StreamSource(new File(style));
    StreamResult output = new StreamResult(new File(dest));

    TransformerFactory factory = TransformerFactory.newInstance();
    Transformer transformer = factory.newTransformer(stylesheet);
    transformer.transform(input, output);
}
```

上述代码使用了 javax.xml.transform 类库，运用 TransformerFactory 的 newTransformer 函数指定 XSLT 文件，然后调用 Transformer 的 transform 函数进行转换，并把结果保存在 output 文件中。

6.3.7 XSD 数据类型与 Access Jet 数据类型

当应用 XSD 文件导入 XML 数据时，Access 会将 XSD 数据类型按照一定的规则转换成相应的 Access Jet 数据类型。常用数据类型转换关系如表 6-6 所示。

表 6-6　Access 常用数据类型转换关系

序号	XSD 数据类型	Jet 数据类型	中文类型名
1	string (length <=255)	text	文本
2	time	text	文本
3	single	text	文本
4	string (length >255)	memo	备注
5	anyURI	memo	备注
6	unsignedByte	byte	字节
7	short	integer	整型
8	int	longinteger	长整型
9	float	single	单精度型
10	double	double	双精度型
11	decimal	decimal	小数
12	integer	decimal	小数
13	date	datetime	日期/时间
14	dateTime	datetime	日期/时间
15	boolean	yesno	是/否
16	base64Binary hexBinary	oleobject	OLE 对象

6.3.8　企业会计标准数据元素类型转换到 Access 的 Jet 数据类型

在企业会计核算软件数据接口标准中定义了 202 个标准数据元素类型，大多数为定长或可变长字符串数据类型，日期类型用长度为 8 的字符串数据表示。此外，还定义了少量 short、int 和 double 数据类型。

企业会计标准数据元素类型名称与 XSD、Jet 数据类型对应关系如表 6-7 所示。

表 6-7　企业会计标准数据元素类型名称与 XSD、Jet 数据类型对应关系

序号	数据类型名称	基 类 型	最大长度	长 度	Jet 数据类型
1	电子账簿编号类型	xs:string	60		文本
2	电子账簿名称类型	xs:string	200		文本
3	会计核算单位类型	xs:string	200		文本

(续表)

序号	数据类型名称	基 类 型	最大长度	长 度	Jet 数据类型
4	组织机构代码类型	xs:string	20		文本
5	单位性质类型	xs:string		4	文本
6	行业类型	xs:string	20		文本
7	开发单位类型	xs:string	200		文本
8	版本号类型	xs:string	20		文本
9	本位币类型	xs:string	30		文本
10	会计年度类型	xs:string		4	文本
11	标准版本号类型	xs:string	30		文本
12	会计期间号类型	xs:string	15		文本
13	会计期间起始日期类型	xs:string		8	文本
14	会计期间结束日期类型	xs:string		8	文本
15	记账凭证类型编号类型	xs:string	60		文本
16	记账凭证类型名称类型	xs:string	60		文本
17	记账凭证类型简称类型	xs:string	20		文本
18	汇率类型编号类型	xs:string	60		文本
19	汇率类型名称类型	xs:string	60		文本
20	币种编码类型	xs:string	10		文本
21	币种名称类型	xs:string	30		文本
22	结算方式编码类型	xs:string	60		文本
23	结算方式名称类型	xs:string	60		文本
24	部门编码类型	xs:string	60		文本
25	部门名称类型	xs:string	200		文本
26	上级部门编码类型	xs:string	60		文本
27	员工编码类型	xs:string	60		文本
28	员工姓名类型	xs:string	30		文本
29	证件类别类型	xs:string	30		文本
30	证件号码类型	xs:string	30		文本
31	性别类型	xs:string	20		文本
32	出生日期类型	xs:string		8	文本

(续表)

序号	数据类型名称	基 类 型	最大长度	长 度	Jet 数据类型
33	入职日期类型	xs:string		8	文本
34	离职日期类型	xs:string		8	文本
35	供应商编码类型	xs:string	60		文本
36	供应商名称类型	xs:string	200		文本
37	供应商简称类型	xs:string	60		文本
38	客户编码类型	xs:string	60		文本
39	客户名称类型	xs:string	200		文本
40	客户简称类型	xs:string	60		文本
41	档案编码类型	xs:string	60		文本
42	档案名称类型	xs:string	200		文本
43	档案描述类型	xs:string	1000		备注
44	是否有层级特征类型	xs:string		1	文本
45	档案编码规则类型	xs:string	200		文本
46	档案值编码类型	xs:string	60		文本
47	档案值名称类型	xs:string	200		文本
48	档案值描述类型	xs:string	1000		备注
49	档案值父节点类型	xs:string	60		文本
50	档案值级次类型	xs:string	2		文本
51	结构分隔符类型	xs:string		1	文本
52	会计科目编号规则类型	xs:string	200		文本
53	现金流量项目编码规则类型	xs:string	200		文本
54	凭证头可扩展字段结构类型	xs:string	2000		备注
55	凭证头可扩展结构对应档案类型	xs:string	2000		备注
56	分录行可扩展字段结构类型	xs:string	2000		备注
57	分录行可扩展字段对应档案类型	xs:string	2000		备注
58	科目编号类型	xs:string	60		文本
59	科目名称类型	xs:string	60		文本
60	科目级次类型	xs:short			整型
61	科目类型类型	xs:string	20		文本

(续表)

序号	数据类型名称	基 类 型	最大长度	长 度	Jet 数据类型
62	余额方向类型	xs:string	4		文本
63	辅助项编号类型	xs:string	60		文本
64	辅助项名称类型	xs:string	200		文本
65	对应档案类型	xs:string	200		文本
66	辅助项描述类型	xs:string	2000		备注
67	现金流量项目编码类型	xs:string	60		文本
68	现金流量项目名称类型	xs:string	200		文本
69	现金流量项目描述类型	xs:string	2000		备注
70	是否末级类型	xs:string		1	文本
71	现金流量项目级次类型	xs:string	2		文本
72	现金流量项目父节点类型	xs:string	60		文本
73	现金流量数据来源类型	xs:string		1	文本
74	现金流量项目属性类型	xs:string		1	文本
75	期初余额方向类型	xs:string	4		文本
76	期末余额方向类型	xs:string	4		文本
77	计量单位类型	xs:string	10		文本
78	期初数量类型	xs:double			双精度型
79	期初原币余额类型	xs:double			双精度型
80	期初本币余额类型	xs:double			双精度型
81	借方数量类型	xs:double			双精度型
82	借方原币金额类型	xs:double			双精度型
83	借方本币金额类型	xs:double			双精度型
84	贷方数量类型	xs:double			双精度型
85	贷方原币金额类型	xs:double			双精度型
86	贷方本币金额类型	xs:double			双精度型
87	期末数量类型	xs:double			双精度型
88	期末原币余额类型	xs:double			双精度型
89	期末本币余额类型	xs:double			双精度型
90	记账凭证日期类型	xs:string		8	文本

序号	数据类型名称	基 类 型	最大长度	长 度	Jet 数据类型
91	记账凭证编号类型	xs:string	60		文本
92	记账凭证行号类型	xs:string	5		文本
93	记账凭证摘要类型	xs:string	300		备注
94	汇率类型	xs:double			双精度型
95	单价类型	xs:double			双精度型
96	凭证头可扩展字段结构值类型	xs:string	300		文本
97	分录行可扩展字段结构值类型	xs:string	300		文本
98	票据类型类型	xs:string	60		文本
99	票据号类型	xs:string	60		文本
100	票据日期类型	xs:string		8	文本
101	附件数类型	xs:int			长整型
102	制单人类型	xs:string	30		文本
103	审核人类型	xs:string	30		文本
104	记账人类型	xs:string	30		文本
105	记账标志类型	xs:string		1	文本
106	作废标志类型	xs:string		1	文本
107	凭证来源系统类型	xs:string	20		文本
108	现金流量行号类型	xs:string	20		文本
109	现金流量摘要类型	xs:string	300		备注
110	现金流量原币金额类型	xs:double			双精度型
111	现金流量本币金额类型	xs:double			双精度型
112	报表编号类型	xs:string	20		文本
113	报表名称类型	xs:string	60		文本
114	报表报告日类型	xs:string		8	文本
115	报表报告期类型	xs:string	6		文本
116	编制单位类型	xs:string	200		文本
117	货币单位类型	xs:string	30		文本
118	报表项编号类型	xs:string	20		文本
119	报表项名称类型	xs:string	200		文本

(续表)

序号	数据类型名称	基 类 型	最大长度	长 度	Jet 数据类型
120	报表项公式类型	xs:string	2000		备注
121	报表项数值类型	xs:double			双精度型
122	单据类型编码类型	xs:string	60		文本
123	单据类型名称类型	xs:string	60		文本
124	交易类型编码类型	xs:string	60		文本
125	交易类型名称类型	xs:string	60		文本
126	记账日期类型	xs:string		8	文本
127	本币余额类型	xs:double			双精度型
128	原币余额类型	xs:double			双精度型
129	本币发生金额类型	xs:double			双精度型
130	原币币种类型	xs:string	30		文本
131	原币发生金额类型	xs:double			双精度型
132	摘要类型	xs:string	200		文本
133	到期日类型	xs:string		8	文本
134	核销凭证编号类型	xs:string	60		文本
135	核销日期类型	xs:string		8	文本
136	单据编号类型	xs:string	60		文本
137	发票号类型	xs:string	60		文本
138	合同号类型	xs:string	60		文本
139	项目编码类型	xs:string	60		文本
140	付款日期类型	xs:string		8	文本
141	核销标志类型	xs:string		1	文本
142	汇票编号类型	xs:string	60		文本
143	固定资产对账科目类型	xs:string	60		文本
144	减值准备对账科目类型	xs:string	60		文本
145	累计折旧对账科目类型	xs:string	60		文本
146	固定资产类别编码规则类型	xs:string	60		文本
147	固定资产类别编码类型	xs:string	60		文本
148	固定资产类别名称类型	xs:string	60		文本

(续表)

序号	数据类型名称	基 类 型	最大长度	长 度	Jet 数据类型
149	变动方式编码类型	xs:string	60		文本
150	变动方式名称类型	xs:string	60		文本
151	折旧方法编码类型	xs:string	60		文本
152	折旧方法名称类型	xs:string	60		文本
153	折旧公式类型	xs:string	200		文本
154	使用状况编码类型	xs:string	60		文本
155	使用状况名称类型	xs:string	60		文本
156	固定资产卡片编号类型	xs:string	60		文本
157	固定资产编码类型	xs:string	60		文本
158	固定资产名称类型	xs:string	200		文本
159	固定资产入账日期类型	xs:string		8	文本
160	固定资产计量单位类型	xs:string	60		文本
161	固定资产数量类型	xs:double			双精度型
162	预计使用月份类型	xs:int			长整型
163	已计提月份类型	xs:int			长整型
164	固定资产原值类型	xs:double			双精度型
165	固定资产累计折旧类型	xs:double			双精度型
166	固定资产净值类型	xs:double			双精度型
167	固定资产累计减值准备类型	xs:double			双精度型
168	固定资产净残值率类型	xs:double			双精度型
169	固定资产净残值类型	xs:double			双精度型
170	固定资产月折旧率类型	xs:double			双精度型
171	固定资产月折旧额类型	xs:double			双精度型
172	固定资产工作量单位类型	xs:string	20		文本
173	固定资产工作总量类型	xs:double			双精度型
174	累计工作总量类型	xs:double			双精度型
175	固定资产标签号类型	xs:string	200		文本
176	固定资产位置类型	xs:string	60		文本
177	固定资产规格型号类型	xs:string	60		文本

序号	数据类型名称	基 类 型	最大长度	长 度	Jet 数据类型
178	折旧分配比例类型	xs:double			双精度型
179	固定资产减少流水号类型	xs:string	60		文本
180	减少发生日期类型	xs:string		8	文本
181	固定资产减少数量类型	xs:double			双精度型
182	固定资产减少原值类型	xs:double			双精度型
183	固定资产减少累计折旧类型	xs:double			双精度型
184	固定资产减少减值准备类型	xs:double			双精度型
185	固定资产减少残值类型	xs:double			双精度型
186	清理收入类型	xs:double			双精度型
187	清理费用类型	xs:double			双精度型
188	固定资产减少原因类型	xs:string	200		文本
189	固定资产变动流水号类型	xs:string	60		文本
190	固定资产变动日期类型	xs:string		8	文本
191	变动前内容及数值类型	xs:string	60		文本
192	变动后内容及数值类型	xs:string	60		文本
193	固定资产变动原因类型	xs:string	200		文本
194	薪酬年度类型	xs:string		4	文本
195	薪酬期间号类型	xs:string		2	文本
196	薪酬期间起始日期类型	xs:string		8	文本
197	薪酬期间结束日期类型	xs:string		8	文本
198	薪酬类别名称类型	xs:string	60		文本
199	薪酬项目编码类型	xs:string	60		文本
200	薪酬项目名称类型	xs:string	60		文本
201	员工类别类型	xs:string	60		文本
202	薪酬金额类型	xs:double			双精度型

6.3.9 在 Access 中导入 XML 数据和 XSD 架构数据

前面讨论了 XSD 与 Access 的技术关系,为导入和利用 XML 数据打下了基础。下面介绍在 Access 中导入 XML 数据和 XSD 架构数据的方法。

假如已经获得某企业总账数据文件"总账类 4Access.xml"，并依据 Schema 架构文件"总账 4Access.xsd"向 Access 导入数据。

首先，新建一个名为"企业会计数据"的空文件夹，将"总账类 4Access.xml"、"总账 4Access.xsd"两个文件复制入其中，同时新建一个名为"企业会计数据.mdb"的空数据库，如图 6-21 所示。

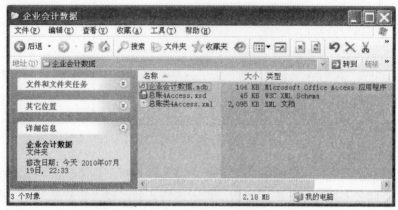

图 6-21 建立"企业会计数据"文件夹

打开"企业会计数据.mdb"数据库，选择"文件"→"获取外部数据"→"导入"命令。

在"导入"对话框的"查找范围"列表框中，定位到"企业会计数据"文件夹，并在"文件类型"列表框中选择 XML(*.xml;*.xsd)，然后，双击文件名"总账类 4Access.xml"，如图 6-22 所示。

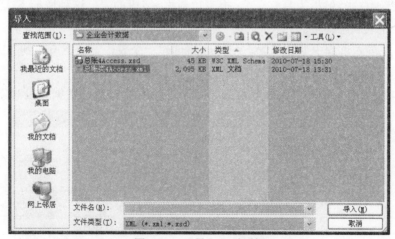

图 6-22 "导入"对话框

在出现的"导入 XML"对话框中(如图 6-23 所示)列出了"总账类 4Access.xml"数据文件中可能的所有表及其结构。在此对话框中，可以浏览表结构，但无法选择表子集。换句话说，Access 总是导入列出的所有表。单击"选项"按钮，可以选择导入选项。这里选择默认的导入"结构和数据"单选按钮。

图 6-23   "导入 XML"对话框

当数据库中已有同名表存在时，选择"结构和数据"单选按钮，Access 将新建表格，并在同名表的名称后添加序数，以示区别。当选择"将数据追加到现有的表中"单选按钮时，Access 将数据添加到同名表中。

当选择"仅结构"单选按钮时，Access 将创建无数据的空表。同样，当数据库中已有同名表存在时，Access 将在同名表的名称后添加序数。当导入 XSD 文件时，仅可导入结构，因为 XSD 文件中无数据存在。

注意，当 XML 数据文件中某个表元素为空元素时，Access 会将表元素解析为字段元素，从而将表集根元素解析为表。此例中，<报表项数据>表元素为空，Access 误将根元素<总账>解析为具有一个<报表项数据>字段的表。这种情形下，导入后，将<总账>空表删除即可。

如果在导入过程中遇到错误，Access 将创建一个表，记录下所遇到的大多数错误。可以在数据库窗口中打开"导入错误"表查看错误记录。

图 6-24 所示为导入"总账类 4Access.xml"文件数据后的数据库表对象视图。

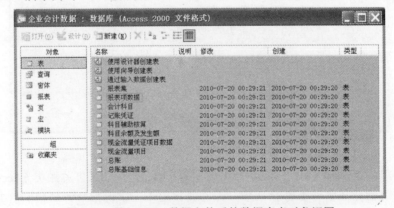

图 6-24   导入 XML 数据文件后的数据库表对象视图

6.3.10　验证导入数据和表结构

至此，已经完成了“总账类 4Access.xml”数据文件的导入工作，可以打开导入的表，查看导入的数据和数据结构了。

以会计科目表为例，打开后的数据表如图 6-25 所示。数据表表明各字段名及其数据被正确导入，表中具有 204 条会计科目条目。

科目编号	科目名称	科目级次	科目类型	余额方向
1001	现金	1	资产	借
1002	银行存款	1	资产	借
100201	工商银行	2	资产	借
100202	中国农业银行	2	资产	借
100203	中国银行	2	资产	借
10020301	人民币户	3	资产	借
10020302	美元户	3	资产	借
10020303	日元户	3	资产	借
100204	中国建设银行	2	资产	借
1009	其他货币资金	1	资产	借
100901	外埠存款	2	资产	借
100902	银行本票	2	资产	借
100903	银行汇票	2	资产	借
100904	信用卡	2	资产	借
100905	信用保证金	2	资产	借

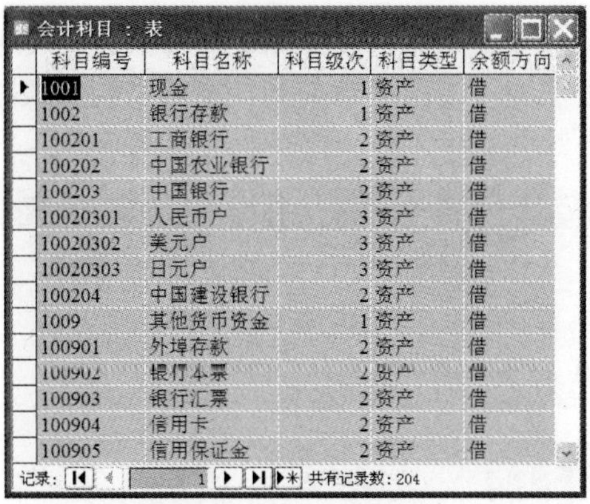

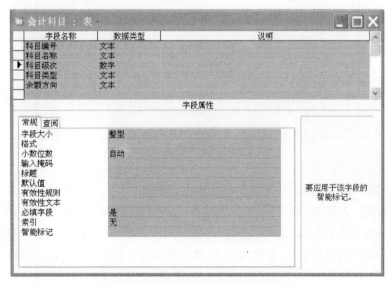

图 6-25　会计科目表

单击“设计视图”按钮，得到表结构视图。检查各字段属性，例如，科目级次的数据类型为所期待的“数字”，其字段大小也为所期待的“整型”，说明 XSD 架构定义文件被正确引用，如图 6-26 所示。

图 6-26　会计科目表表结构视图

如果 Access 不能正确解析字段的数据类型，导入时都会被作为 255 长度的文本数据类型处理。

至此，完成了国标 XML 数据向 Access 的导入工作，接下来可以利用 Access 数据库提供的功能开展数据库应用工作。

6.3.11 用 XSLT 转换文件查看 XML 数据文件

当从企业获得满足国标的会计核算数据时，通常是以 XML 数据文件表示的。在浏览器中直接打开数据文件时，通常得到一个树结构的数据文件表示。以"公共档案类.xml"数据文件为例，打开后的视图如图 6-27 所示。

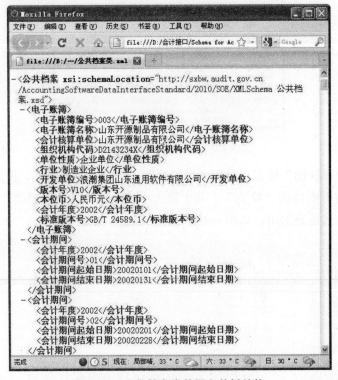

图 6-27 公共档案类数据文件树结构

在 XML 数据树结构视图中，利用元素左边的"+"、"-"号按钮，可以展开和折叠树结构，从而查看和分析数据文件的结构和数据内容。然而，这种显示方式既冗长也不符合人们的习惯，人们更习惯使用表格的方式来直观地显示数据，这样很容易查看和比较数据记录之间的关系。除了将 XML 数据导入 Excel 表格和 Access 表之外，还可以通过 XSLT 将 XML 数据以表格的形式呈现，作为导入数据库之前的预览，在方便阅读的同时也可以决定哪些表是需要导入的。下面仍以"公共档案类.xml"数据文件为例，介绍使用 XSLT 样式表转换和查看 XML 数据文件的方法。

企业会计标准接口的 XML 文件可以解析为一个树形结构，以公共档案类数据为例，可以解析成如图 6-28 所示的树。

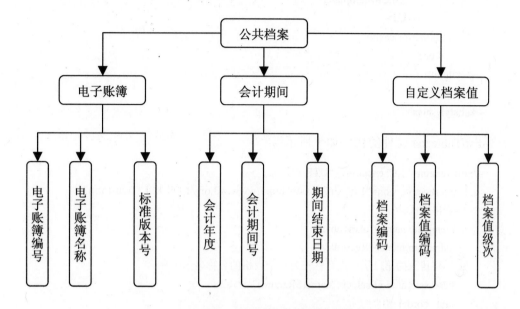

图 6-28 公共档案类数据树结构

从图 6-28 所示的树形结构中，可以直观地认识到，从根节点"公共档案"往下，第二层的节点，如"电子账簿"、"会计期间"和"自定义档案值"都可以自成一个表，而第三层节点可以作为每个表的字段。因此，使用两个 XSL 文件，一个叫做 dispFile.xsl，其作用是按照第二层节点将文件分割为若干部分以便形成若干个表格，另一个叫做 dispTable.xsl，用于将分割后的数据逐个用表格的方式显示出来。

dispFile.xsl 文件的代码如下所示：

```
<?xml version="1.0" encoding="UTF-8"?>
<xsl:stylesheet version="1.0" xmlns:xsl="http://www.w3.org/1999/XSL/Transform">
    <xsl:outputmethod="html"version="4.0"omit-xml-declaration="yes"encoding="UTF-8"/>
    <!--将显示表格的 dispTable.xsl 包含进来-->
    <xsl:includehref="dispTable.xsl"/>
    <xsl:templatematch="/*">
      <html>
        <body>
            <!--显示 XML 数据文件的根节点名称-->
            <h1><xsl:value-ofselect="name()"/></h1>
            <xsl:for-eachselect="child::*">
              <xsl:if test="name()!=name(following-sibling::*[1])">
                <!--取出每个不重复的第二层节点，调用 dispTable 将其显示为表格-->
```

```
            <xsl:call-templatename="dispTable">
                <xsl:with-paramname="Record"select="."/>
            </xsl:call-template>
        </xsl:if>
      </xsl:for-each>
    </body>
  </html>
  </xsl:template>
</xsl:stylesheet>
```

dispTable.xsl 文件的代码如下所示：

```xml
<?xml version="1.0" encoding="UTF-8"?>
<xsl:stylesheet version="1.0" xmlns:xsl="http://www.w3.org/1999/XSL/Transform">
  <!--表格模板-->
  <xsl:template name="dispTable">
    <xsl:param name="Record"/>
    <!--将传入的第二层节点名称作为每个表格的名称显示出来-->
    <h2><xsl:value-of select="name($Record)"/></h2>
    <table border="1">
      <!--显示每个字段名称，用浅海蓝色-->
      <tr bgcolor="LightSeaGreen">
        <xsl:for-each select="$Record/*">
          <th align="left">
            <xsl:value-of select="name()" />
          </th>
        </xsl:for-each>
      </tr>
      <xsl:for-each select="/*/*[name()=name($Record)]">
        <!--显示每个表格中的数据-->
        <tr>
          <xsl:for-each select="*">
            <td>
              <xsl:choose>
                <xsl:when test="./text()!="">
                  <xsl:value-of select="./text()" />
                </xsl:when>
                <xsl:otherwise>
                  <!--将空值显示为(Empty)-->
                  <xsl:value-of select="'(Empty)'" />
                </xsl:otherwise>
              </xsl:choose>
```

```
          </td>
        </xsl:for-each>
      </tr>
    </xsl:for-each>
  </table>
  </xsl:template>
</xsl:stylesheet>
```

最后，要使用 XSLT 进行格式转化，还需要在 XML 中加入 XSL 样式表引用。其格式如下：

```
<?xml-stylesheet type="text/xsl" href="dispFile.xsl"?>
```

转换后的结果将以图 6-29 所示的表格形式呈现出来。

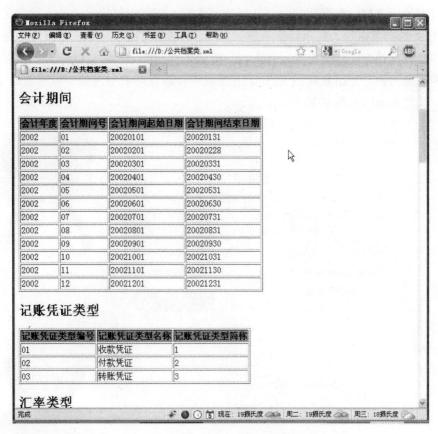

图 6-29　XML 数据转换后的表格形式

由于所有的企业会计数据标准接口的 XML 文件都可以解析成类似图 6-28 中的树形结构，且都可以以第二层节点来构建表格，因此 dispFile.xsl 和 dispTable.xsl 这两个文件不仅可以用来转换和呈现公共档案类数据文件，也可以用于其他所有标准接口 XML 文件的转换和呈现。简言之，这两个 XSL 文件是通用的企业会计数据标准接口的转换文件。

6.4 在 Oracle 数据库中导入接口标准数据 XML 文件

6.4.1 标准应用概述

当被审计单位通过 ERP 系统的《财经信息技术 会计核算软件数据接口》标准接口方案导出 XML 数据后，如公共档案、总账、应收应付等，审计人员就可以通过 ETL 工具把数据导入到审计系统数据库中。审计人员在审计系统数据库中建立数据查询和分析模型，然后通过运行查询分析请求得到结果。本节以 Oracle 数据库和数据集成器为例，介绍如何用 ETL 工具帮助审计软件高效导入接口标准数据 XML 文件。其基本流程如图 6-30 所示。

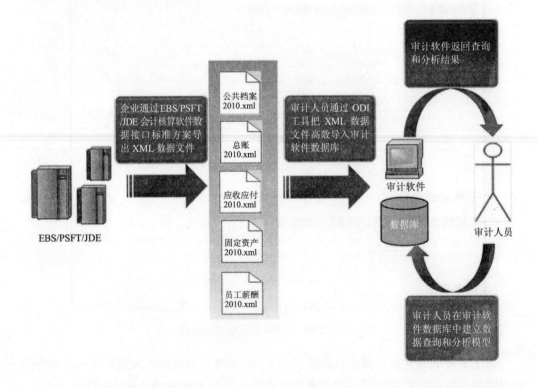

图 6-30 处理流程

6.4.2 用ODI高效导入接口标准数据XML文件到Oracle数据库

作为一个完善的数据集成平台，Oracle数据集成器(Oracle Data Integrator)能够在所有平台之间以批量、实时、同步、异步模式实现高性能的数据移动与转换，从而覆盖了所有数据集成需求——从大容量高性能的批处理，到事件驱动的集成进程，再到支持 SOA 的数据服务。通过内置的连接，包括所有主要的数据库、数据仓库、商业智能与面向服务架构平台，Oracle数据集成器企业版提供了一个可扩展的架构，满足您目前以及未来的集成需求，并带来高生产力与最低的总体拥有成本。

GB/T 24589.1—2010《财经信息技术 会计核算软件数据接口》标准数据导入是在 GB/T 19581.1—2004 《信息技术 会计核算软件数据接口》标准的基础上进行发展、扩充而来，其适用的行业范围更广(企业、行政事业单位、总预算、商业银行)，对数据的要求更为丰富和细致，同时，为了更为方便地进行数据的导入和交换，其文件格式也统一为 XML 格式。

作为 Oracle 企业级的数据集成解决方案的重要组成部分，Oracle 企业集成器提供了对最新 GB/T 24589.1—2010 《财经信息技术 会计核算软件数据接口》标准 XML 数据的支持。ODI 不仅能够支持对若干 XML 文件的批量/并行导入，同时，对于体积较大的 XML 文件数据导入工作，也能高效、稳定地完成。丰富的流程控制功能，能够让用户准确地实现数据导入过程中的各种数据转换和过滤工作。除此之外，对于数据导入过程中的每一个步骤，Oracle 数据集成器能为用户提供具体的实现 SQL 语句，帮助用户进行调优或诊断。

由于 Oracle 数据集成器提供了直观、友好的操作界面，用户只需要进行简单的鼠标拖曳，便可以轻松、快速地完成 GB/T 24589.1—2010 《财经信息技术 会计核算软件数据接口》标准数据的导入工作。

6.4.3 接口标准 XML Schema 的简化和合并

在 GB/T 24589—2010《财经信息技术 会计核算软件数据接口》国家标准中共定义了 6 个 XML Schema 文件:标准数据元素类型.XSD、公共档案.XSD、总账.XSD、应收应付.XSD、固定资产.XSD 和员工薪酬.XSD。

标准数据元素类型.XSD 定义了接口标准的 XML 元素的元素类型，如"电子账簿编号类型"和"电子账簿名称类型"。

```
<?xml version="1.0" encoding="UTF-8"?>
```

```xml
<xs:schema xmlns:xs="http://www.w3.org/2001/XMLSchema" xmlns:企业
="http://sxbw.audit.gov.cn/AccountingSoftwareDataInterfaceStandard/2010/SOE/XMLSchema"
xmlns ="http://sxbw.audit.gov.cn/AccountingSoftwareDataInterfaceStandard/2010/SOE/XMLSchema"
target Namespace="http://sxbw.audit.gov.cn/AccountingSoftwareDataInterfaceStandard/2010/SOE/
XMLSchema" elementFormDefault="qualified" attributeFormDefault="unqualified">
    <xs:attribute name="locID">
        <xs:annotation>
            <xs:documentation>数据标识符</xs:documentation>
        </xs:annotation>
        <xs:simpleType>
            <xs:restriction base="xs:string"/>
        </xs:simpleType>
    </xs:attribute>
    <xs:simpleType name="电子账簿编号类型">
        <xs:restriction base="xs:string">
            <xs:maxLength value="60"/>
        </xs:restriction>
    </xs:simpleType>
    <xs:simpleType name="电子账簿名称类型">
        <xs:restriction base="xs:string">
            <xs:maxLength value="200"/>
        </xs:restriction>
    </xs:simpleType>
    <xs:simpleType name="会计核算单位类型">
        <xs:restriction base="xs:string">
            <xs:maxLength value="200"/>
        </xs:restriction>
    </xs:simpleType>
    <xs:simpleType name="组织机构代码类型">
        <xs:restriction base="xs:string">
            <xs:maxLength value="20"/>
        </xs:restriction>
    </xs:simpleType>
    <xs:simpleType name="单位性质类型">
        <xs:restriction base="xs:string">
            <xs:length value="4"/>
        </xs:restriction>
    </xs:simpleType>
    <xs:simpleType name="行业类型">
```

```
            <xs:restriction base="xs:string">
                <xs:maxLength value="20"/>
            </xs:restriction>
        </xs:simpleType>
        <xs:simpleType name="开发单位类型">
            <xs:restriction base="xs:string">
                <xs:maxLength value="200"/>
            </xs:restriction>
        </xs:simpleType>
        <xs:simpleType name="版本号类型">
            <xs:restriction base="xs:string">
                <xs:maxLength value="20"/>
            </xs:restriction>
        </xs:simpleType>
        <xs:simpleType name="本位币类型">
            <xs:restriction base="xs:string">
                <xs:maxLength value="30"/>
            </xs:restriction>
        </xs:simpleType>
        <xs:simpleType name="会计年度类型">
            <xs:restriction base="xs:string">
                <xs:length value="4"/>
            </xs:restriction>
        </xs:simpleType>
        …
        <xs:simpleType name="员工类别类型">
            <xs:restriction base="xs:string">
                <xs:maxLength value="60"/>
            </xs:restriction>
        </xs:simpleType>
        <xs:simpleType name="薪酬金额类型">
            <xs:restriction base="xs:double"/>
        </xs:simpleType>
    </xs:schema>
```

公共档案.XSD、总账.XSD、应收应付.XSD、固定资产.XSD 和员工薪酬.XSD 分别定义了各自主题的数据元素的输出结构。图 6-31 所示是公共档案.XSD 的 Schema 视图。

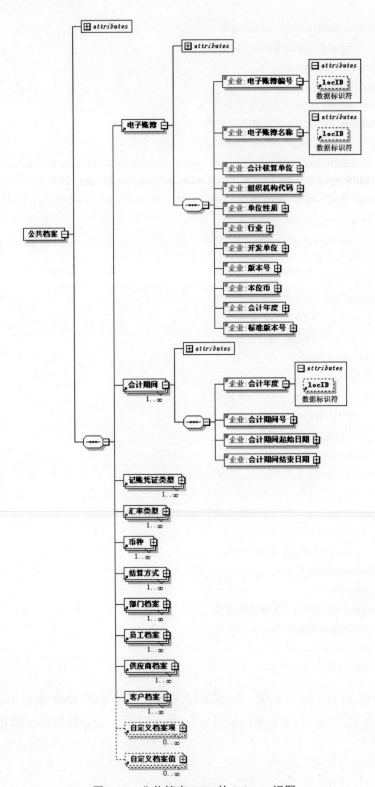

图 6-31　公共档案.XSD 的 Schema 视图

公共档案.XSD 引用了标准数据元素类型.XSD，并定义了公共档案中的元素，如"电子账簿编号"和"电子账簿名称"等。"电子账簿编号"的类型是"电子账簿编号类型"，"电子账簿名称"的类型是"电子账簿名称类型"。这些元素类型都是统一在标准数据元素类型.XSD 中定义的。下面是公共档案.XSD 的源文件片段。

```xml
<?xml version="1.0" encoding="UTF-8"?>
<xs:schema xmlns:xs="http://www.w3.org/2001/XMLSchema" xmlns:企业
="http://sxbw.audit.gov.cn/AccountingSoftwareDataInterfaceStandard/2010/SOE/XMLSchema"
xmlns="http://sxbw.audit.gov.cn/AccountingSoftwareDataInterfaceStandard/2010/SOE/XMLSchema"
targetNamespace="http://sxbw.audit.gov.cn/AccountingSoftwareDataInterfaceStandard/2010/SOE/
XMLSchema" elementFormDefault="qualified" attributeFormDefault="unqualified">
    <xs:include schemaLocation="标准数据元素类型.xsd"/>
    <xs:element name="公共档案">
        <xs:complexType>
            <xs:sequence>
                <xs:element ref="电子账簿"/>
                <xs:element ref="会计期间" maxOccurs="unbounded"/>
                <xs:element ref="记账凭证类型" maxOccurs="unbounded"/>
                <xs:element ref="汇率类型" maxOccurs="unbounded"/>
                <xs:element ref="币种" maxOccurs="unbounded"/>
                <xs:element ref="结算方式" maxOccurs="unbounded"/>
                <xs:element ref="部门档案" maxOccurs="unbounded"/>
                <xs:element ref="员工档案" maxOccurs="unbounded"/>
                <xs:element ref="供应商档案" maxOccurs="unbounded"/>
                <xs:element ref="客户档案" maxOccurs="unbounded"/>
                <xs:element ref="自定义档案项" minOccurs="0" maxOccurs="unbounded"/>
                <xs:element ref="自定义档案值" minOccurs="0" maxOccurs="unbounded"/>
            </xs:sequence>
            <xs:attribute ref="locID" use="optional" fixed="U01"/>
        </xs:complexType>
    </xs:element>
    <xs:element name="电子账簿">
        <xs:complexType>
            <xs:sequence>
                <xs:element name="电子账簿编号">
                    <xs:complexType>
                        <xs:simpleContent>
                            <xs:extension base="电子账簿编号类型">
                                <xs:attribute ref="locID" use="optional" fixed="010101"/>
                            </xs:extension>
                        </xs:simpleContent>
```

```
                    </xs:complexType>
                </xs:element>
                <xs:element name="电子账簿名称">
                    <xs:complexType>
                        <xs:simpleContent>
                            <xs:extension base="电子账簿名称类型">
                                <xs:attribute ref="locID" use="optional" fixed="010102"/>
                            </xs:extension>
                        </xs:simpleContent>
                    </xs:complexType>
                </xs:element>
        …
                <xs:element name="档案值级次">
                    <xs:complexType>
                        <xs:simpleContent>
                            <xs:extension base="档案值级次类型">
                                <xs:attribute ref="locID" use="optional" fixed="011205"/>
                            </xs:extension>
                        </xs:simpleContent>
                    </xs:complexType>
                </xs:element>
            </xs:sequence>
            <xs:attribute ref="locID" use="optional" fixed="T112"/>
        </xs:complexType>
    </xs:element>
</xs:schema>
```

在 GB/T 24589.1—2010 《财经信息技术 会计核算软件数据接口》标准数据导入 ODI 之前，需要对标准的 XML Schema 文件进行简化和合并。

简化合并原则的前提是只简化主题 XML Schema，即公共档案.XSD、总账.XSD、应收应付.XSD、固定资产.XSD 和员工薪酬.XSD，而对已输出的主题数据文件不作任何改动，即确保数据文件公共档案.XML、总账.XML、应收应付.XML、固定资产.XML 和员工薪酬.XML 的真实性。

具体做法是把标准数据元素类型.XSD 对数据元素类型的定义直接放到各个主题的 XML Schema 中。

一旦完成公共档案.XSD、总账.XSD、应收应付.XSD、固定资产.XSD 和员工薪酬.XSD 的简化合并，就可以把这些 Schema 定义文件顺利导入到 ODI 工程项目中。

简化合并后的公共档案.XSD 的 Schema 视图如图 6-32 所示。

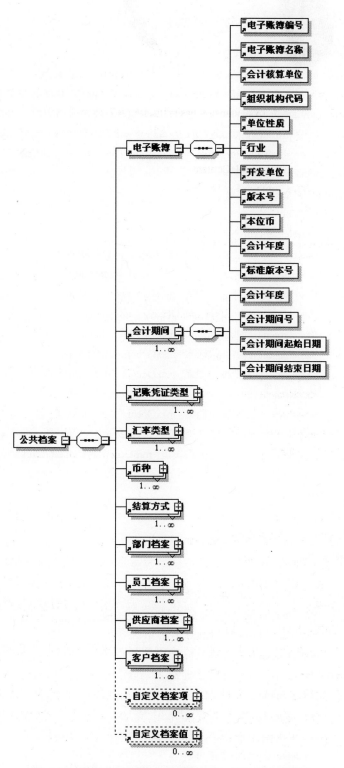

图 6-32 简化合并后的公共档案.XSD 的 Schema 视图

简化合并后的公共档案.XSD 的源文件片段如下：

```xml
<?xml version="1.0" encoding="UTF-8"?>
<xs:schema xmlns:xs="http://www.w3.org/2001/XMLSchema" xmlns:企业
="http://sxbw.audit.gov.cn/AccountingSoftwareDataInterfaceStandard/2010/SOE/XMLSchema"
xmlns="http://sxbw.audit.gov.cn/AccountingSoftwareDataInterfaceStandard/2010/SOE/XMLSchema"
targetNamespace="http://sxbw.audit.gov.cn/AccountingSoftwareDataInterfaceStandard/2010/SOE/
XMLSchema" elementFormDefault="qualified" attributeFormDefault="unqualified">
    <xs:element name="公共档案">
        <xs:complexType>
            <xs:sequence>
                <xs:element ref="电子账簿"/>
                <xs:element ref="会计期间" maxOccurs="unbounded"/>
                <xs:element ref="记账凭证类型" maxOccurs="unbounded"/>
                <xs:element ref="汇率类型" maxOccurs="unbounded"/>
                <xs:element ref="币种" maxOccurs="unbounded"/>
                <xs:element ref="结算方式" maxOccurs="unbounded"/>
                <xs:element ref="部门档案" maxOccurs="unbounded"/>
                <xs:element ref="员工档案" maxOccurs="unbounded"/>
                <xs:element ref="供应商档案" maxOccurs="unbounded"/>
                <xs:element ref="客户档案" maxOccurs="unbounded"/>
                <xs:element ref="自定义档案项" minOccurs="0" maxOccurs="unbounded"/>
                <xs:element ref="自定义档案值" minOccurs="0" maxOccurs="unbounded"/>
            </xs:sequence>
        </xs:complexType>
    </xs:element>
    <xs:element name="电子账簿">
        <xs:complexType>
            <xs:sequence>
                <xs:element ref="电子账簿编号"/>
                <xs:element ref="电子账簿名称"/>
                <xs:element ref="会计核算单位"/>
                <xs:element ref="组织机构代码"/>
                <xs:element ref="单位性质"/>
                <xs:element ref="行业"/>
                <xs:element ref="开发单位"/>
                <xs:element ref="版本号"/>
                <xs:element ref="本位币"/>
```

```
            <xs:element ref="会计年度"/>
            <xs:element ref="标准版本号"/>
        </xs:sequence>
    </xs:complexType>
</xs:element>
…
<xs:element name="电子账簿编号">
    <xs:simpleType>
        <xs:restriction base="xs:string">
            <xs:maxLength value="60"/>
        </xs:restriction>
    </xs:simpleType>
</xs:element>
<xs:element name="电子账簿名称">
    <xs:simpleType>
        <xs:restriction base="xs:string">
            <xs:maxLength value="200"/>
        </xs:restriction>
    </xs:simpleType>
</xs:element>
…
<xs:element name="档案值级次">
    <xs:simpleType>
        <xs:restriction base="xs:string">
            <xs:maxLength value="2"/>
        </xs:restriction>
    </xs:simpleType>
</xs:element>
</xs:schema>
```

6.4.4　ODI 工程设计

1. 使用 ODI 导入一个 XML 文件到 Oracle 数据库

(1) 在 Designer 中创建一个 Project：CNAO_XML_DEMO，如图 6-33 所示。

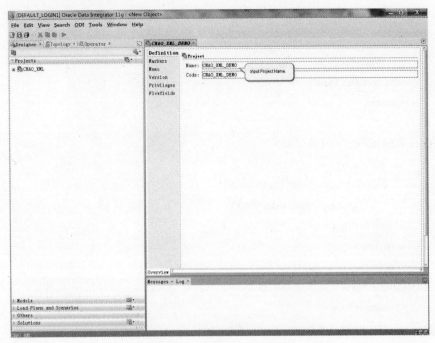

图 6-33　创建 ODI Project

（2）在这个 Project 的 Knowledge Module 中导入相关 KM，如图 6-34 所示。(KM 即完成特定的集成任务的功能，例如有执行 Reverse Engineering 的 KM、将数据从一个系统装载到另一个系统的 KM 等。)

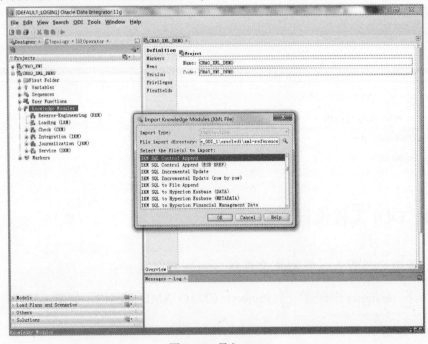

图 6-34　导入 KM

(3) 创建一个 XML 的 Data Server：CNAO_PAYROLL_DEMO，如图 6-35 所示。

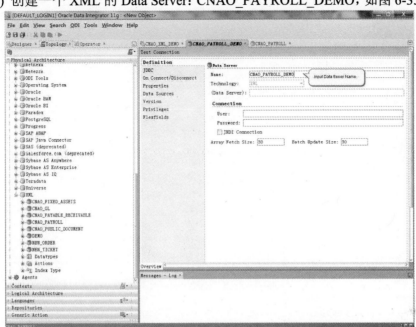

图 6-35 创建 XML Data Server

(4) 为新创建的 XML 的 Data Server 选择 JDBC Driver，并在 JDBC Url 文本框中填入需导入的 XML 文件及其对应的 XSD 文件路径，并单击 Test Connection，测试连接信息是否正确，如图 6-36 所示。

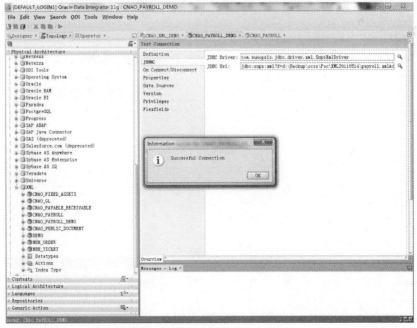

图 6-36 指定 JDBC Driver 和 Url

(5) 创建 CNAO_PAYROLL_DEMO 的 Physical Schema，然后保存，如图 6-37 所示。

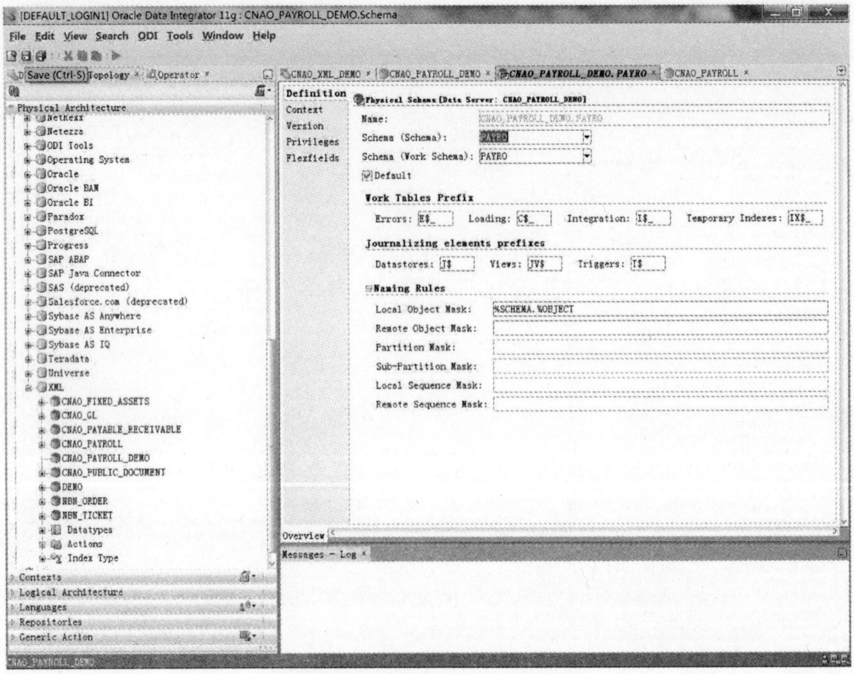

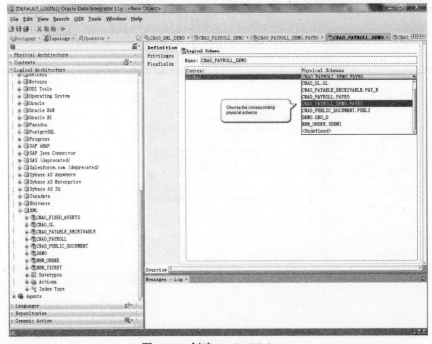

图 6-37　创建 Physical Schema

(6) 创建一个 XML 的 Logical Schema，并为其选择对应的 Physical Schema，即在上一步中创建的 CNAO_PAYROLL_DEMO.PAYRO，然后保存，如图 6-38 所示。

图 6-38　创建 Logical Schema

(7) 创建一个 Oracle 数据库的 Data Server: CNAO_DEMO，然后保存，如图 6-39 所示。

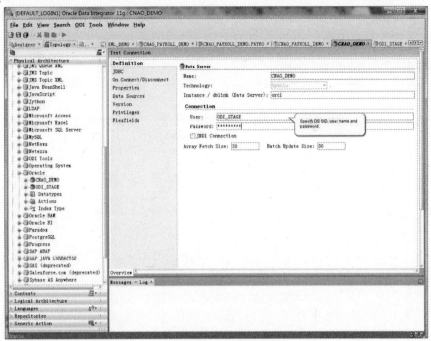

图 6-39　创建 Oracle 数据库的 Data Server

(8) 创建 CNAO_DEMO 的 Physical Schema，然后保存，如图 6-40 所示。

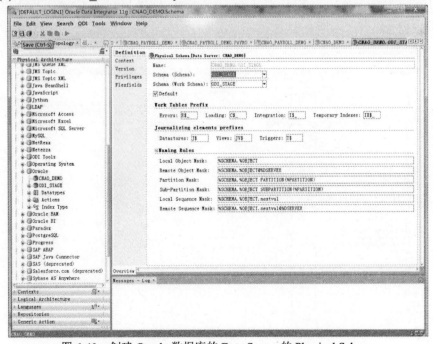

图 6-40　创建 Oracle 数据库的 Data Server 的 Physical Schema

(9) 创建一个 Oracle 数据库的 Logical Schema，在 Context 栏中将名为 Global 的 Context 指定为上一步中创建的 Physical Schema——ODI_STAGE(Context 即连接 Logical Schema 和 Physical Schema 的桥梁，用来指定 Logical Schema 和 Physical Schema 之间的对应关系)。如图 6-41 所示。

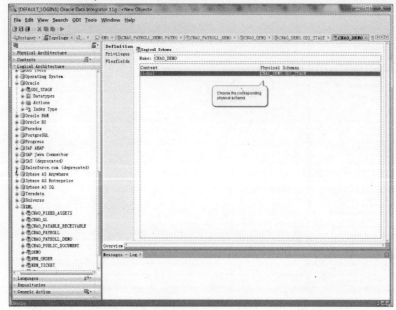

图 6-41　创建 Oracle 数据库的 Data Server 的 Logical Schema

(10) 在 Designer 中为 XML 的 Logical Schema 创建 Model：CNAO_PAYROLL_ DEMO，然后保存，如图 6-42 所示。

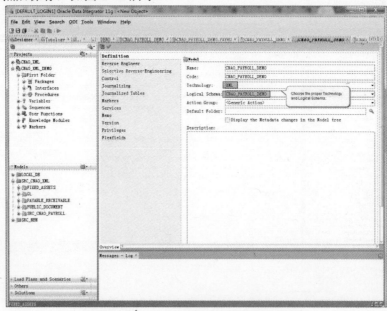

图 6-42　为 Logical Schema 创建 Model

(11) 右击 CNAO_PAYROLL_DEMO 的 Model，从弹出的快捷菜单中选择 Reverse Engineering 命令，得到由 XML 文件产生的二维表数据，如图 6-43 所示。

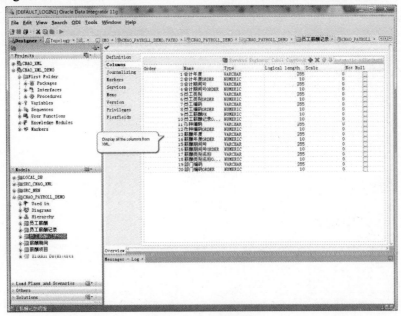

图 6-43　二维表数据

(12) 右击"员工薪酬记录"和"员工薪酬记录明细"项目，从弹出的快捷菜单中选择 Duplicate Selection 命令，生成拷贝，即"Copy of 员工薪酬记录"、"Copy of 员工薪酬记录明细"，如图 6-44 所示。

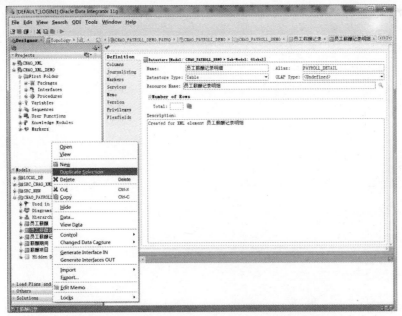

图 6-44　选择 Duplicate Selection 命令生成拷贝

(13) 创建一个 Oracle 数据库的 Model：CNAO_DEMO_DB，如图 6-45 所示。

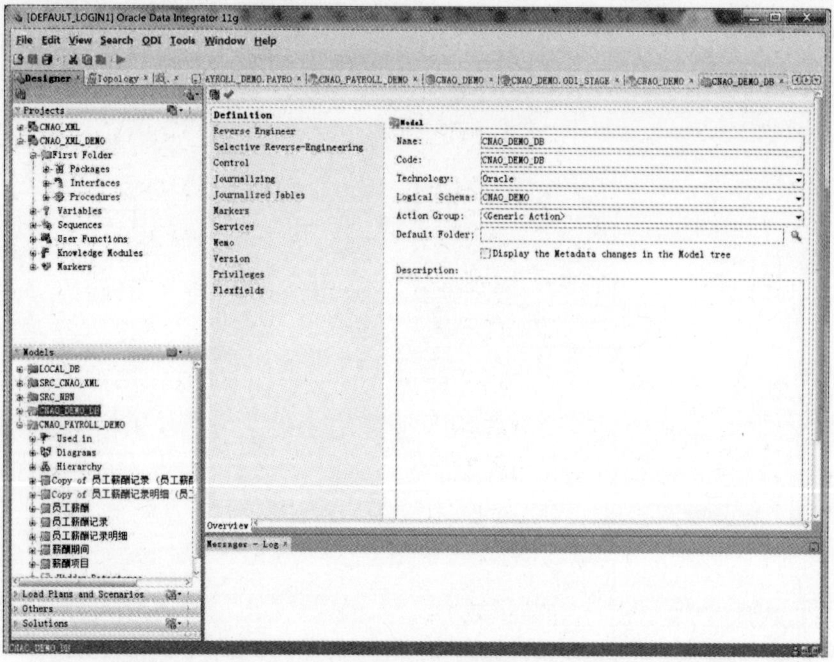

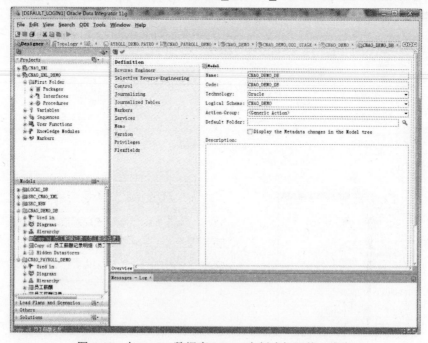

图 6-45　创建 Oracle 数据库的 Model

(14) 将"Copy of 员工薪酬记录"和"Copy of 员工薪酬记录明细"从 CNAO_PAYROLL_DEMO 的 Model 拖放到 CNAO_DEMO_DB 的 Model，如图 6-46 所示。

图 6-46　在 Oracle 数据库 Model 中创建相同的二维表

(15) 重命名"Copy of 员工薪酬记录"这套二维表数据为 PAYROLL_RECORD，如图 6-47 所示。

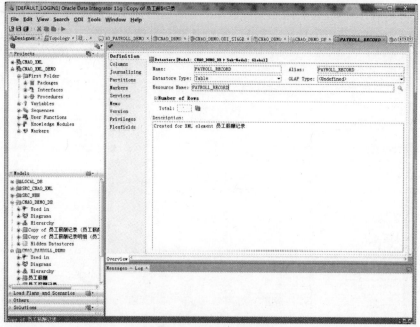

图 6-47 重命名二维表

(16) 在 CNAO_XML_DEMO 的 Project 中创建一个 Interface，用于将 XML 导入 Oracle 数据库，如图 6-48 所示。

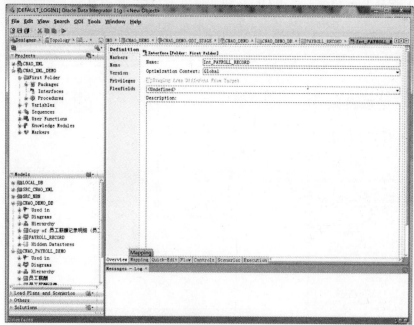

图 6-48 创建 Interface

(17) 进入新创建的 Interface，将"员工薪酬记录"从 CNAO_PAYROLL_DEMO (XML)的 Model 拖放到左边的空白区域，将 PAYROLL_RECORD 从 CNAO_DEMO_ DB(Oracle 数据库)拖放在右边的空白区域。然后通过拖曳完成左边"员工薪酬记录"和右边 PAYROLL_RECORD 中字段的映射关系，如图 6-49 所示。

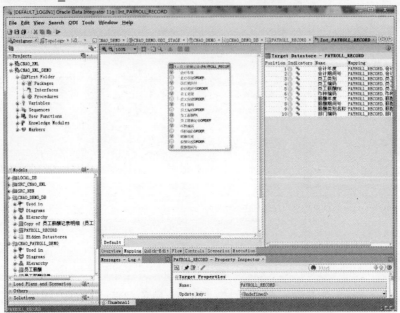

图 6-49　建立 XML Schema 和二维表的字段映射关系

(18) 选择 Run 命令，单击 OK 按钮，再单击 OK，如图 6-50 所示。

图 6-50　运行导入工作

(19) 切换到 Operator 页签,查看导入工作进度情况(如果导入中某一步出错,会在这里以红色"×"显示出来,并可显示此步执行的具体 SQL,帮助您排查错误)。如图 6-51 所示。

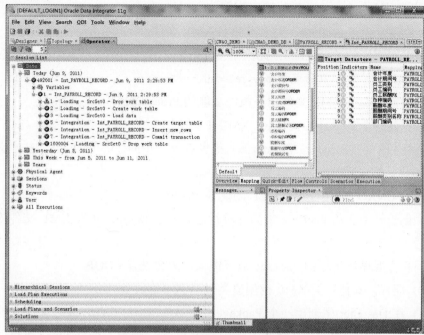

图 6-51　查看导入工作进度情况

(20) 导入工作完成后,检查数据是否已导入 Oracle 数据库,如图 6-52 所示。

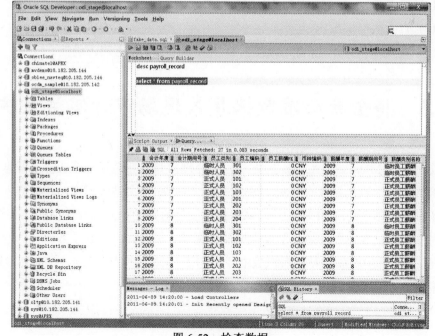

图 6-52　检查数据

2. 使用 ODI 自动批量并行导入多个 XML 文件到 Oracle 数据库

(1) 仿照前面创建 Int_PAYROLLRECORD 的步骤，为所有待导入的 XML 文件创建其相应的 Interface，并做好映射配置。

(2) 创建一个 Procedure，用来重命名 XML 文件。

(3) 编辑相应的 Command。此例中 Command 的作用是将所有以"应收应付"开头的 XML 文件逐个重命名为 pay_rec.xml。

(4) 依次为 5 类 XML 文件创建相同功能的 Procedure。

(5) 创建一个 Package：CNAO_XML_PAYROLL。

(6) 将相关的 Procedure 和 Interface 拖曳进上一步创建的 Package，并定义这些 Interface 执行的先后顺序。

(7) 为 CNAO_XML_PAYROLL 创建 Scenario。

(8) 创建一个新的 Package 来循环执行已有的 Package，实现 XML 文件的批量导入。

(9) 将需要循环执行的 Package 拖曳进来，为其设置 LOOP。

(10) 同样，其他几类 XML 也创建类似的 Package，以实现批量导入。

(11) 在 Designer 中创建一个 Package：CNAO_XML_EXE，将之前创建的 5 个循环 Package 串联起来，并选择 Asynchronous Mode，使得 5 个 Package 可以同时并行执行。

(12) 单击 Execute 按钮执行 CNAO_XML_EXE。

(13) 查看执行状态。

(14) 完成多个 XML 文件的批量并行导入后，检查导入的正确性。

6.5 将企业标准数据导入现场审计实施系统

前面针对 Microsoft Access 的方法，其原理却具有普适性。企业标准数据不仅能导入 Access，也能导入 Oracle、DB2、SQL Server 等大型数据库，还能导入审计署现场审计实施系统(AO)中。不过，AO 提供了针对新的企业标准数据的导入模块，不仅对非计算机专业人员隐藏了技术细节，也节省了时间，提高了效率。

在现场审计实施系统(AO)2008 版中可以使用"采集转换"功能导入 GB/T 19581—2004 标准的数据，如图 6-53 所示。

图 6-53　现场审计实施系统(AO) 2008 版导入企业标准数据

GB/T 24589—2010 系列国家标准颁布后，现场审计实施系统(2011 版)在支持原有的 GB/T 19581—2004 的基础上，也开发了针对 GB/T 24589—2010 标准数据的采集转换模块，使得用户能够方便、快捷地采集转换这些会计核算数据。其主要操作步骤如下：

(1) 选择"采集转换"→"财务数据"→"国标数据采集"→"采集数据"命令，如图 6-54 所示。

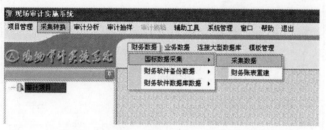

图 6-54　现场审计实施系统(AO) 2011 版采集企业标准数据

(2) 在弹出的"会计核算标准接口数据采集"对话框的"选择行业标准"列表中选择要采集的标准数据是属于哪个行业：企业符合《财经信息技术 会计核算软件数据接口 第 1 部分 企业》(GB/T 24589.1—2010)国家标准、行政事业单位符合《财经信息技术 会计核算软件数据接口 第 2 部分 行政事业单位》(GB/T 24589.2—2010)国家标准。以下以采集企业标准数据为例，如图 6-55 所示。

(3) 由于《财经信息技术 会计核算软件数据接口》(GB/T 24589—2010)系列国家标准只支持 XML 文件格式，因此单击"选择数据源"后的"选择"列表框，从中选择"XML 文件"，如图 6-56 所示。

(4) 选择 XML 文件后，系统弹出"打开"对话框，用户在此选择需要导入的"XML 文件"，如图 6-57 所示。

(5) 单击图 6-57 中的"打开"按钮，回到"会计核算标准接口数据采集"对话框，单击"导入"按钮，系统开始采集转换数据，如图 6-58 所示。

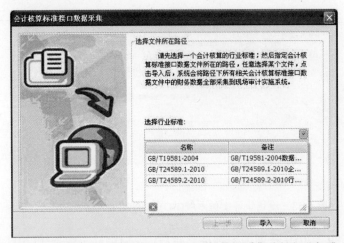

图 6-55　现场审计实施系统(AO) 2011 版数据采集选择行业标准

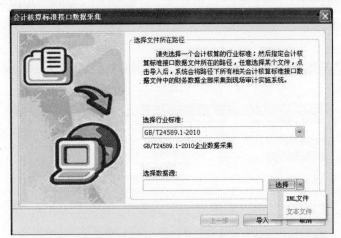

图 6-56　现场审计实施系统(AO) 2011 版数据采集选择数据源

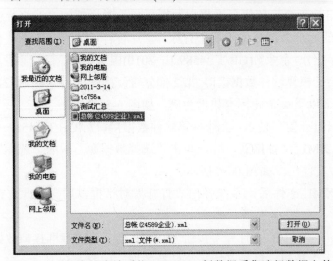

图 6-57　现场审计实施系统(AO) 2011 版数据采集选择数据文件

图 6-58 现场审计实施系统(AO)2011 版数据采集

(6) 采集完成后，系统提示是否立即账表重建，如图 6 59 所示。

(7) 单击"是"按钮，立即重建财务账表。单击"否"按钮，放弃账表重建。需要时再使用相应菜单重建财务账表。

(8) 导入成功以后，可在 AO 中使用 SQL 查询器等功能查看导入的标准数据，如图 6-60 所示。

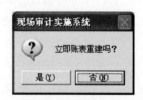

图 6-59 现场审计实施系统(AO)2011 版账表重建

图 6-60 现场审计实施系统(AO) 2011 版查看导入的标准数据

6.6 审计应用的案例及分析

本节以两个审计署企业审计中计算机审计方法为素材，给出国标会计数据的实际应用案例，较详细地描述从 XML 数据文件获取会计数据，建立审计数据表集及中间表集，建立审计数据模型，如何将审计人员的审计经验转换为计算机查询语句，查找审计疑点和审计线索，开展计算机审计的具体步骤和方法。

6.6.1 固定资产类数据应用案例及分析

正确计提固定资产折旧，不仅是准确反映企业资产状况的前提，也是正确计算企业成本费用和计缴所得税的基础。因此，在审计过程中有必要对计提固定资产折旧的准确性进行验证，如发现问题，还可以进一步对企业的财务管理系统开展审计，找出存在的问题，提出改进和完善的建议。

在本案例中，第一步将 XML 根据其 Schema 文件导入 Access：首先使用上一节的转换程序，把"固定资产.XSD"文件转换为支持 Access 的"固定资产 4Access.XSD"文件，然后将转换后的文件同"固定资产类.XML"文件放在同一个文件夹中，使用 Access 的"获取外部数据功能"将数据导入，得到 11 张数据表，如图 6-61 所示。

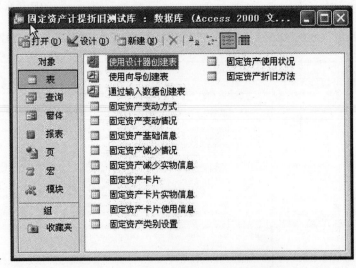

图 6-61　Access 导入固定资产类标准数据

第二步，使用 SQL 语句进行查询分析，由于 XSD 文件经过转化，数据类型全部转换为适合的类型，因此可以随意使用相应的函数而不必担心由于数据类型不匹配而导致的错误。数据分析的基本流程如图 6-62 所示。

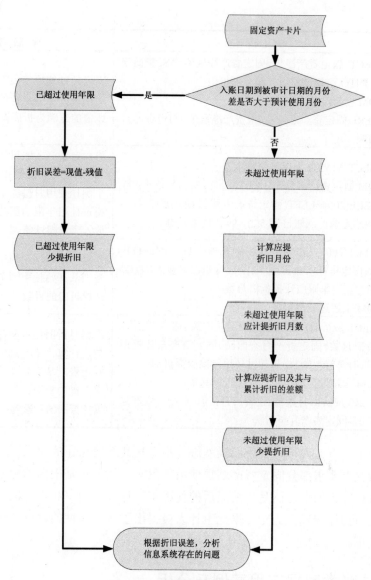

图 6-62 数据分析的基本流程

数据分析对应的 SQL 语句如表 6-8 所示。

表 6-8 数据分析对应的 SQL 语句

步骤	SQL 语句	步骤描述
1	SELECT * INTO 已超过使用年限 FROM 固定资产卡片 WHERE(2004-LEFT(固定资产入账日期,4))*12+(11-MID(固定资产入账日期,5,2))>预计使用月份	将固定资产入账日期到被审计日期(2004 年 11 月)的月份差大于预计使用月份的记录作为超过使用年限的固定资产卡片放入"已超过使用年限"表

(续表)

步骤	SQL 语 句	步 骤 描 述
2	SELECT 固定资产净值-固定资产净残值 AS 折旧误差,* INTO 已超过使用年限少提折旧 FROM 已超过使用年限 WHERE 固定资产净值-固定资产净残值>固定资产月折旧额	"已超过使用年限"固定资产的净值应该等于残值，净值与残值的差额为折旧误差
3	SELECT * INTO 未超过使用年限 FROM 固定资产卡片 WHERE(2004-LEFT(固定资产入账日期,4))*12+(11-MID(固定资产入账日期,5,2))<预计使用月份	将固定资产入账日期到被审计日期(2004 年 11 月)的月份差小于预计使用月份的记录作为未超过使用年限的固定资产卡片放入"未超过使用年限"表
4	SELECT(2004-LEFT(固定资产入账日期,4))*12+(11-MID(固定资产入账日期,5,2))AS 应折旧月数,* INTO 未超过使用年限应计提折旧月数 FROM 未超过使用年限	计算"未超过使用年限"固定资产从开始使用到审计时应该计提折旧的月数
5	SELECT 应折旧月数*固定资产月折旧额 AS 应提折旧,应折旧月数*固定资产月折旧额-固定资产累计折旧 AS 折旧误差,* INTO 未超过使用年限少提折旧 FROM 未超过使用年限应计提折旧月数 WHERE 应折旧月数*固定资产月折旧额-固定资产累计折旧>固定资产月折旧额	根据月折旧额和应计提折旧月数，计算"未超过使用年限"固定资产从开始使用到审计时应计提的折旧，其与固定资产累计折旧的差额为折旧误差

在本例中，审计人员通过折旧误差进一步查找其系统存在的问题，发现了当国家会计政策变更要求部分固定资产缩短使用年限时，系统不是根据缩短后的剩余使用年限重新计算折旧率，而是按缩短后的使用年限计算折旧率和折旧额，直到固定资产净值变为预计净残值为止。据此审计人员提出了有针对性的建议，得到了被审计单位的认可。

6.6.2 总账类数据应用案例及分析

在计算机审计实践中，验证凭证库的完整性是一项基本工作，通过发现凭证是否存在断号现象，可以检查审计采集的数据是否真实、完整，在一定程度上防范了计算机审计风险；同时也能发现一些人为非法修改数据的痕迹。

在本案例中，首先将 XML 根据其 Schema 文件导入 Access，再利用 SQL 语句，提取各个会计期间各种不同类型凭证的最大编号和最小编号，二者相减与同一期间该类型凭证的数量进行对比，如不一致则存在断号现象。数据分析的主要流程如图6-63 所示。

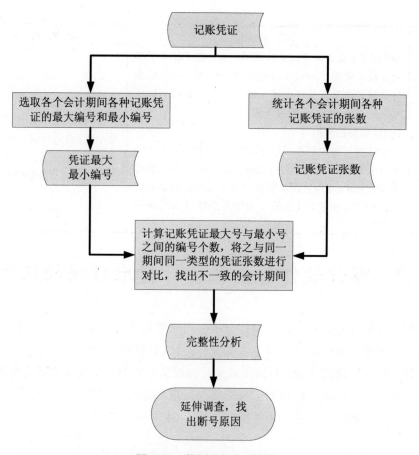

图 6-63　数据分析主要流程

数据分析对应的 SQL 语句如表 6-9 所示。

表 6-9　数据分析对应的 SQL 语句

步骤	SQL 语 句	步 骤 描 述
1	SELECT 会计年度,会计期间号,记账凭证类型编号,MAX(记账凭证编号)AS 最大凭证号,MIN(记账凭证编号)AS 最小凭证号 INTO 凭证最大最小编号 FROM 记账凭证 GROUP BY 会计年度,会计期间号,记账凭证类型编号	选取各个会计期间各种记账凭证的最大编号和最小编号
2	SELECT 会计年度,会计期间号,记账凭证类型编号,COUNT(记账凭证编号)AS 凭证张数 INTO 记账凭证张数 FROM(SELECT DISTINCT 会计年度,会计期间号,记账凭证类型编号,记账凭证编号 FROM 记账凭证) GROUP BY 会计年度,会计期间号,记账凭证类型编号	统计各个会计期间各种记账凭证的张数

(续表)

步骤	SQL 语 句	步 骤 描 述
3	SELECT a.会计年度,a.会计期间号,a.记账凭证类型编号,a.最大凭证号-a.最小凭证号+1 AS 最大号和最小号之间的张数,b.凭证张数,a.最大凭证号-a.最小凭证号+1-b.凭证张数 as 断号次数 INTO 完整性分析 FROM 凭证最大最小编号 a left join 记账凭证张数 b on a.会计年度=b.会计年度 and a.会计期间号=b.会计期间号 and a.记账凭证类型编号=b.记账凭证类型编号 ORDER BY a.最大凭证号-a.最小凭证号+1-b.凭证张数 DESC	计算记账凭证最大号与最小号之间的差距,得出其中的编号个数,将之与同一期间同一类型的凭证张数进行对比,找出不一致的会计期间

6.7 审计软件对企业会计标准数据的应用

  睿智审计软件是北京信广华科技有限公司研发的审计产品,本节以睿智审计软件为例,介绍审计软件是如何对企业会计标准接口数据进行应用的。

  睿智审计软件通过获取、验证企业会计标准接口数据,形成审计系统内部数据,并保留了企业会计标准接口数据的属性信息,可以进行数据的查询、分析,也可以重新组织、加工数据,并进一步使用,如图 6-64 所示。

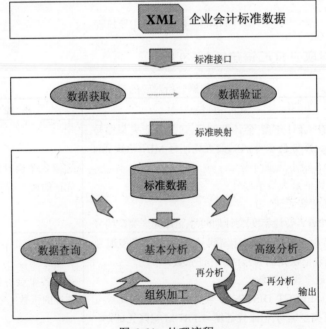

图 6-64　处理流程

睿智审计软件中，涉及企业会计标准数据应用的主要功能如图 6-65 所示。

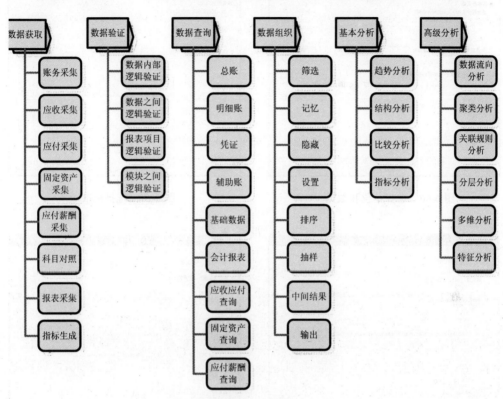

图 6-65　功能图

6.7.1　企业会计标准接口数据的获取

根据审计单位的数据需求，审计人员首先需要采集被审计单位的数据，实现审计相关原始数据从被审计单位向审计组的迁移。使用睿智审计软件的数据采集功能，按照提示，逐步完成数据的采集。

(1) 选择或新建被审计单位和数据名称，如图 6-66 所示。

(2) 选择国标采集接口"国标企业 XMLGB/T 24589.1—2010"，如图 6-67 所示。

(3) 选择企业 XML 数据的存放路径，如图 6-68 所示。

(4) 确认采集信息，开始采集，如图 6-69 所示。

采集完成后，形成与国标 XML 数据元素一致的被审计单位数据，并存放在审计软件系统中。

图 6-66　选择单位和数据

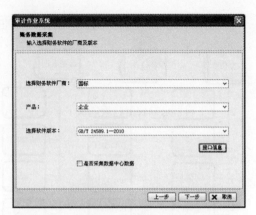

图 6-67　选择标准版本

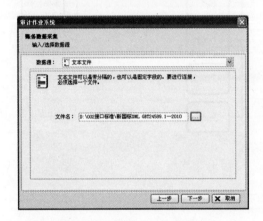

图 6-68　数据文件存放路径

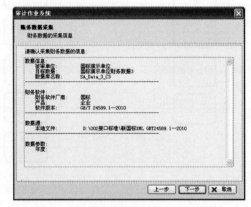

图 6-69　采集信息情况

6.7.2　企业会计标准接口数据的验证

睿智审计软件在采集后增加了数据之间的业务逻辑正确性检查。一方面防止审计人员使用不正确的审计数据进行工作，另一方面通过业务逻辑正确性检查，发现会计核算系统通过后台修改数据等异常行为。

企业会计标准接口中，XML 的元素之间定义了数据逻辑验证，包括数据格式、元素名称、元素关系等，保证会计核算系统输出数据形态的正确性、完整性和一致性。在数据逻辑验证的基础上，进行业务逻辑验证是对根据标准形成的数据进行审查的有效补充。

软件提供的业务逻辑验证主要内容如表 6-10 所示。

表 6-10　业务逻辑验证主要内容

编号	检查项目名称	检查表中文名	检查结果
余额表内部逻辑验证			
1	余额表上期期末与下期期初平衡检查	科目余额表	验证通过
2	科目余额表借、贷、余平衡检查	科目余额表	验证通过
3	科目余额表明细汇总与上级科目金额平衡检查	科目余额表	验证通过
4	科目余额表中有科目的上级科目是否存在	科目余额表	验证通过
5	余额表记录期间范围是否一致	科目余额表	验证通过
辅助余额表内部逻辑验证			
6	辅助余额表记录期间范围是否一致	辅助余额表	存在问题
7	辅助余额表上期期末与下期期初平衡检查	辅助余额表	验证通过
8	辅助余额表借、贷、余平衡检查	辅助余额表	存在问题
凭证表内部逻辑验证			
9	凭证借贷平衡检查	凭证明细表	验证通过
数据间逻辑关系验证			
10	余额表与凭证表发生额是否一致检查	余额表与凭证表	验证通过
11	余额表有科目不在科目表中检查	余额表与科目表	验证通过
12	辅助余额表汇总与余额表平衡检查	辅助余额表与余额表	存在问题
13	辅助余额表与凭证表发生是否一致检查	辅助余额表与凭证表	存在问题
14	辅助余额表中有科目不在余额表中检查	辅助余额表与余额表	验证通过
15	辅助余额表中科目辅助核算未定义	辅助余额表与科目辅助核算表	验证通过
16	凭证表中有科目不在余额表中	凭证表与余额表	验证通过
17	凭证表中有"科目+类别+编码"不在辅助余额表中检查	凭证表与辅助余额表	验证通过
18	凭证表中该科目辅助核算项是否小于科目表检查	凭证表与辅助核算关系表	验证通过
19	凭证表中该科目辅助核算未定义检查	凭证表与科目辅助核算表	验证通过
报表项目逻辑关系验证			
20	报表表内和表间数据验证	会计报表	
模块间数据一致性验证			
21	总账和应收系统数据一致性检查	余额表与应收系统金额	
22	总账和应付系统数据一致性检查	余额表与应付系统金额	
23	总账和固定资产系统数据一致性检查	余额表与固定资产系统金额	
24	总账和工资系统数据一致性检查	余额表与工资系统金额	

6.7.3 企业会计标准接口数据的查询

睿智审计软件对企业会计标准接口数据提供了数据查询功能，查询会计核算中涉及的相关内容。查询的功能包括总账、余额表、明细账、凭证、辅助账、辅助明细账、科目、辅助项、会计期间、会计报表、固定资产卡片、固定资产分类汇总、累计折旧分类汇总、薪酬汇总表、薪酬明细表等。

随着会计标准接口数据范围的扩展，软件的查询功能也需要随之扩展，保证会计核算系统的输出与审计系统数据输出相匹配。

在查询数据的过程中可以按照企业会计接口数据中定义的数据逻辑关系，进行数据之间的任意跳转，如报表项目到总账、总账到明细账、明细账到凭证、明细账到明细账等。

数据查询功能如图 6-70 所示。

图 6-70 数据查询

6.7.4 企业会计标准接口数据的筛选和组织

睿智审计软件结合企业会计标准接口数据的描述特点，提供了数据的筛选、记忆、隐藏、设置、排序、抽样等基本数据查看的功能。

(1) 筛选：根据企业会计标准接口中的元素动态形成数据列表，并可以按照数据列进行数据的过滤，如图 6-71 所示。

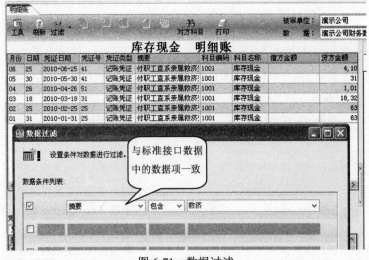

图 6-71 数据过滤

(2) 记忆：在查询过程中形成的过滤条件，软件会自动进行记忆，审计人员可以随时根据需要进行跳转，如图 6-72 所示。

(3) 隐藏：在数据查看过程中，对选定数据内容对应的条目进行隐藏，以防止无关数据的干扰，如图 6-73 所示。

图 6-72　条件记忆

图 6-73　数据隐藏

(4) 设置：对于接口标准数据内容，可以按照 XML 中的数据项动态形成列表，审计人员可以根据需要进行设置，显示哪些数据项和显示的顺序。数据的输出和打印也为按照设置后的数据内容，如图 6-74 所示。

需要显示的列前面打"√"，并通过"上移"、"下移"按钮来调整列的顺序，如图 6-75 所示。

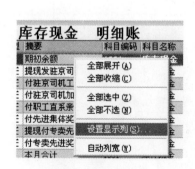

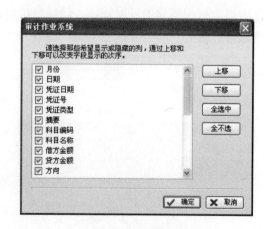

图 6-74　设置显示列

图 6-75　选择列

(5) 排序：在用户查看数据时，可以按某一列排序显示或某几列排序(联合排序)显示数据列表，如图 6-76 所示。

余额表(01月－12月)				
科目名称	科目编码	期初方向	期初余额	借方发生额	货方
⊞ 管理费用	6602	平		102,144. .01
⊞ 营业外		平		10.4 .93
库存现		平		
本年利		平		
⊞ 营业外收入	6301	平		490,959.83
⊞ 销售费用	6601	平		327,000.00
⊞ 周转材料	1411	平		269,307.50
⊞ 营业税金附加	6403	平		102,995.66
固定资产清理	1606	平		83,478.91
投资收益	6111	平		46,885.28

第二排序，升序

第一排序，降序

图 6-76 列排序

6.7.5 企业会计标准接口数据的基本分析

睿智审计软件对企业会计标准接口数据提供了基本的数据分析方式，包括趋势分析、结构分析、比较分析、指标分析等，满足大部分审计人员日常的数据分析需求，基本数据分析的特点是简单、直观、容易理解和操作，也是审计人员工作中主要采用的方法。

(1) 趋势分析：趋势是指有规律的变化。趋势分析法是指审计人员将被审计单位若干期相关数据进行比较和分析，从中找出规律或发现异常变动的方法。从严格意义上讲，趋势分析法只是时间序列分析法中的一种特例，是审计人员利用少量时间点上或期间的经济数据来进行比较分析的特殊时间序列法，此法有助于审计人员从宏观上把握事物的发展规律。趋势分析可以按数据趋势、定比趋势、环比趋势等方法进行细分。趋势分析的实例如图 6-77 所示。

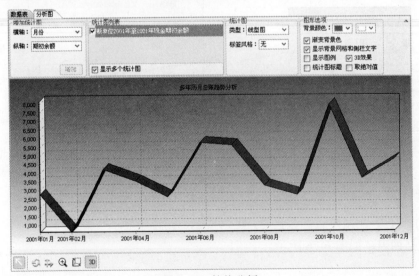

图 6-77 趋势分析

(2) 结构分析：结构分析法也叫比重分析法，通过计算各个组成部分占总体的比重来揭示总体的结构关系和各个构成项目的相对重要程度，从而确定重点构成项目，提示进一步分析的方向。结构分析的实例如图6-78所示。

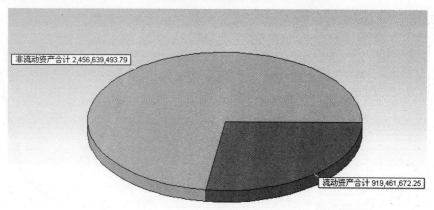

非流动资产合计 2,456,639,493.79

流动资产合计 919,461,672.25

图 6-78 结构分析

睿智审计软件通过对企业会计接口数据包含元素的逻辑关系的描述，增加了结构的分解，如图6-79所示。

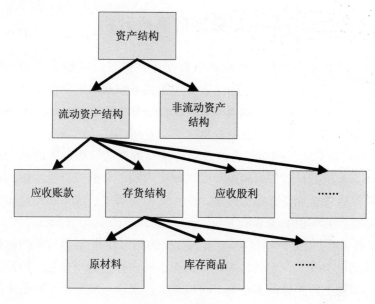

图 6-79 结构分解

(3) 比较分析：横向比较分析是将多个单位数据源中的相同或相关的数据放到一起进行对比分析，从而发现审计线索，如图6-80所示。

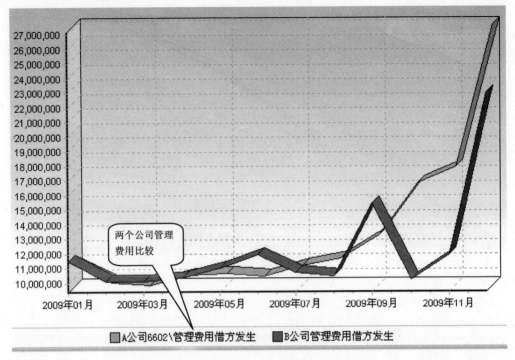

图 6-80　比较分析

6.7.6　企业会计标准接口数据的高级分析

睿智审计软件对企业会计标准接口数据还提供了一些相关的高级数据分析方式，一般是利用接口数据元素之间的业务逻辑关系或利用数学模型进行构建，包括数据流向分析、聚类分析、关联规则分析、分层分析、多维分析、特征分析等，满足有特殊需要的审计人员开展数据分析。

(1) 数据流向分析：通过结合企业会计接口数据之间的业务逻辑关系，查看每个科目流入、流出的科目信息和金额并进一步追踪、分解或查看明细。通过数据流向分析，可以查看企业资金是如何增加的，又流向哪里。成本费用是如何形成的，又转化到哪里。其实例如图 6-81 所示。

(2) 聚类分析：根据一些聚类规则(或数据的相似性)把数据按照相似性归成若干类别，即"物以类聚"。它的目的是使得属于同一类别的个体之间的距离尽可能地小，而不同类别上的个体间的距离尽可能地大。采用聚类分析，对给定的数据集，根据数据对象之间的相似度，将数据对象分成多个类。以此来发现数据的分类特征和异常点。具体实例如图 6-82 所示。

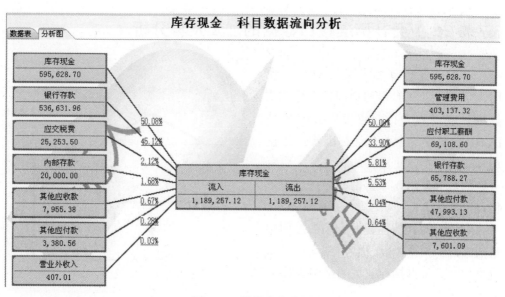

图 6-81　数据流向分析

数据表

类别	金额中心点	波动程度（均方差）	包含数据
0 (1个)	20065.0000	0.0000	2010/05/记账凭证/41
1 (2个)	1046.7000	328672.8900	2010/02/记账凭证/23, 2010/06/记账凭证/55
2 (2个)	3330.3000	109098.0900	2010/02/记账凭证/36, 2010/04/记账凭证/21
3 (2个)	100925.0000	363855625.0000	2010/03/记账凭证/68, 2010/03/记账凭证/9
4 (4个)	28558.1200	2257747.9832	2010/02/记账凭证/25, 2010/04/记账凭证/51, 2010/
5 (1个)	1688000.0000	0.0000	2010/01/记账凭证/30
6 (2个)	11400.0000	1960000.0000	2010/07/记账凭证/37, 2010/07/记账凭证/49
7 (6个)	53802.1267	48705569.0856	2010/01/记账凭证/25, 2010/03/记账凭证/31, 2010/

图 6-82　聚类分析

(3) 关联规则分析：关联规则分析的目的是发现隐藏在数据间的相互关系，通过挖掘发现一组数据项与另一组数据项的密切度或关系。密切度或关系用最小置信度描述，置信度级别度量了关联规则的强度。具体例子如图 6-83 所示。

数据表

科目个数选项：　2　▼　显示

关联规则	(出现频率)支持度	(规则可信度)置信度	涉及金额比重	说明
I1221＝＞I1002 (其他应收款＝＞银	9.8%(60/611)	83.3%(60/72)	0.22%	在一张凭证中, 当
I2221＝＞I1002 (应交税费＝＞银行	7.2%(44/611)	89.8%(44/49)	0.09%	在一张凭证中, 当
I2241＝＞I1002 (其他应付款＝＞银	11.8%(72/611)	82.8%(72/87)	0.08%	在一张凭证中, 当
I6602＝＞I1002 (管理费用＝＞银行	50.4%(308/611)	85.1%(308/362)	0.13%	在一张凭证中, 当
I2211＝＞I6602 (应付职工薪酬＝＞	5.6%(34/611)	89.5%(34/38)	0.23%	在一张凭证中, 当

图 6-83　关联规则分析

6.7.7　企业会计标准接口数据的加工及再分析

对于企业会计标准接口数据的使用，可以通过 SQL 语句查询自由组织数据进行查询和分析，也可以获取外部 Excel 数据等与企业会计标准接口数据进行对比分析。更重要的一点是，要有一定的数据复用，即查询、分析后的数据可以再次分析使用。

睿智审计软件在数据查询的过程中形成临时的数据片段，称为"中间结果"，以类似会计标准接口数据的结构存储为 XML，可以在后续分析中使用。

中间数据使用流程如图 6-84 所示。

中间数据应用到分析功能中的方法如图 6-85 所示。

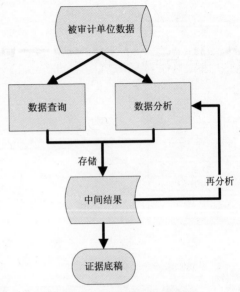

图 6-84　中间数据使用流程

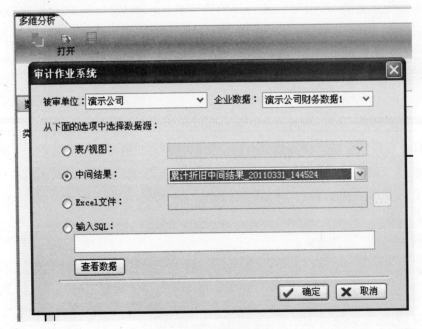

图 6-85　中间数据应用

第7章

企业标准数据在财务分析中的应用

7.1 财务分析概述

7.1.1 财务分析的意义

　　财务分析,是以会计核算和财务报表信息及其他相关资料为依据,采用一系列专门的分析方法和指标,对企业等经济组织过去、现在和未来的有关筹资活动、投资活动、经营活动的生产经营及财务状况等进行分析与评价,为企业的投资者、经营者、债权人及社会其他财务分析主体了解企业过去、评价企业现状、预测企业未来,做出正确决策提供准确的信息或依据的经济分析方法。财务分析是相关各方评价财务状况、衡量经营业绩的重要依据,是投资者合理实施投资决策的重要步骤,也是管理者挖掘潜力、改进工作、实现理财目标的重要手段。

7.1.2 财务分析的主要方法

1. 比率分析法

　　比率分析法是把某些彼此存在关联的项目加以对比,计算出比率,据以确定经济活动的变动程度,解释财务报表的一种基本分析工具。比率分析是将对比的绝对数变成相对数,以说明财务报表上所列项目之间的相互关系,并做出某些解释和评价。

　　比率分析法是财务分析中常用的一种分析方法,计算简便,计算结果容易判断,某些指标还可以在不同规模企业之间进行比较,运用财务比率分析法可以分析评价企业偿债能力、盈利能力、营运能力等内容。

比率分析法常用的财务比率分为如下几类。

(1) 相关比率：同一时期财务报表及有关财会资料中两项相关数值的比率，如反映偿债能力、营运能力和盈利能力的比率。

(2) 结构比率：财务报表中某项目的数值与各相关项目构成的总体合计值的比率，如存货与流动资产的比率、流动资产与全部资产的比率等。

(3) 动态比率：又称定基比率或环比比率，可以从不同角度揭示某项财务指标的变化趋势和发展速度。

2. 趋势分析法

趋势分析法也叫比较分析法，主要是通过对财务报表中各类相关的数字进行分析比较，尤其是将一个时期的报表同另一个或几个时期的进行比较，以判断一个公司的财务状况和经营业绩的演变趋势以及在同行业中地位的变化情况。比较时，既要计算出报表中有关项目增减变动的绝对额，又要计算出其增减变动的百分比。

根据选择对比基期的不同，趋势分析法又可以分为定比分析和环比分析两种方法。定比分析是指以某一时期为固定的基期，其他各期均与该基期数进行比较分析；环比分析是指每一期均以前一期为基础进行对比分析。趋势分析法从总体上看属于动态分析，以差额分析法和比率分析法为基础，能有效地弥补其不足，是财务分析的重要手段。

3. 结构分析法

结构分析法是指对财务报表主要项目的构成情况进行分析，一般是以财务报表中的某个总体指标为 100%，再计算出各构成项目占该总体项目的百分比，并可进一步比较各个项目百分比的增减变动，从而判断企业财务活动的变化趋势。结构分析法比前述两种方法能更准确地分析企业财务活动的发展趋势，这种方法既可以用于同一企业不同时期财务状况的纵向比较，又可用于不同企业之间的横向比较。此外，这种方法还能消除不同时期或者不同企业之间业务规模差异的影响，来更准确地分析企业的经营和管理水平。

4. 图解分析法

图解分析法是将企业连续几个会计期间的财务数据或财务指标绘制成图表，并根据图形构成或图形走势来判断企业财务状况和经营成果的变化趋势。这种方法比较简单、直观，能够反映出企业财务状况的发展趋势，使分析者能够发现一些通过比较法所不易发现的问题。

5. 综合分析法

综合分析就是将各项财务数据和财务指标进行整体、系统、全面、综合的分析，以便对企业财务状况和经营成果进行全面的分析和评价，说明企业整体财务状况和经营绩效的好坏。

综合分析评价方法主要有杜邦分析法、财务比率综合评分法等。

7.1.3　财务分析的数据来源

财务分析的数据源可以分为会计核算数据源和其他数据源两种。会计核算数据源是指企业的会计信息系统(或 ERP 系统)生成的资产负债表、利润表、现金流量表等财务数据文件。财务分析以本单位资产负债表和利润表为基础，通过提取、加工和整理会计核算数据来生产所需的数据报表，然后再对其进行加工处理，便可得到一系列的财务指标。除了会计核算数据外，进行财务分析还需要其他数据，如同行业的主要经营比率等，这些数据统称为其他数据源。

Excel 是 Microsoft Office 家族中的电子表格软件，是当今最为普及的电子表格软件之一，它具有强大的表格处理功能、丰富的图表、人量的函数、有效的辅助决策工具、方便的宏和 VBA 功能以及共享数据与 Internet 开发功能，使用者可以用它方便地记录、处理、输出和分析数据。利用 Excel 提供的各类函数和数据分析工具，可以便捷地实现财务管理工作中分析、预测、决策和控制等工作，当今财务分析工作者大多使用 Excel 作为分析工具，与会计信息系统数据库建立链接，获取财务分析数据源，建立财务分析模型。

利用 Excel 获取财务分析数据的方式如下：

(1) Excel 利用 Microsoft Query 获取外部数据库。在 Excel 中可以直接调用 Microsoft Query 获取外部数据库的数据。即建立 Excel 与 Query 之间的通信，然后让 Query 与 ODBC 驱动程序之间建立通信，而通过 ODBC 可以与数据库通信，这样通过一系列的通信交换过程便可实现数据库报表或其他数据的读取。

(2) 利用 VBA 直接与 ODBC 通信获取外部数据库。Excel 中可通过宏调用 Visual Basic for Application(VBA)，VBA 又可以直接与 ODBC 通信，从而获取外部数据库。

以上两种获取数据的方式，对于不同厂家或者相同厂家不同版本的会计信息系统，因其数据库的构成、数据结构的不同，所以使用者很难用 Excel 直接获取需要的数据，建立数据链接和维护的过程也需要专业的计算机知识，对财务分析人员具有一定的难度。

7.1.4　基于标准接口数据的财务分析数据导入

Excel 支持 XML，并提供 XML 的导入导出功能。企业会计核算软件数据接口采用 XML 格式。在财务分析工作中，财务工作人员在 Excel 中创建或打开工作簿，接下来向工作簿中添加自定义 XML 架构，使用"XML 源"将单元格映射到架构元素。将 XML 元素映射到工作表后，无须重新设计模板即可向财务分析模板的单元格中无缝导入 XML 数据。数据转换的方法如下。

1. 将报表架构映射到 Excel 表页

数据接口的附录 B 中总账类 XML 提供了财务报表类 XML 数据实例。将其存储名为"总账.xml"的文件，可将这个 XML 实例数据文件导入到 Excel 表页中。

(1) 为了让 Excel 能正确识别 XML 数据文件中数据的数据类型，应当把相同文件名的架构文件(Schema)及其他所引用的"标准数据元素类型.xsd"架构文件同时放到与"总账类.xml"数据文件相同的文件夹中。如果 XML 数据文件没有引用架构，或者找不到所引用的架构文件，则 Microsoft Excel 将创建一个基于 XML 源数据的架构。

(2) 在 Excel 中利用"文件"菜单上的"打开"命令直接打开"总账.xml"文件，出现"打开 XML"对话框，如图 7-1 所示。

(3) 选择"使用 XML 源任务窗格"单选按钮，在 Excel 窗口的右侧得到总账"XML 源"任务窗格，如图 7-2 所示。

图 7-1 "打开 XML"对话框   图 7-2 总账实例"XML 源"任务窗格

在图 7-2 中，我们看到总账类包括总账基础信息、会计科目、科目辅助核算、现金流量项目、科目余额发生额、记账凭证、现金流量凭证项目数据、报表集、报表项数据等 9 张表。

(4) 选择 A1 单元格，从"XML 源"窗口中找到"报表集"，右击该项，然后从弹出的快捷菜单中选择"映射元素"命令；同样的方法，选择 A7 单元格，右击"报表项数据"，从弹出的快捷菜单中选择"映射元素"命令，在 Excel 中可以得到报表集和报表数据项的各项元素列表。

(5) 单击"Excel 数据"选项卡上的"全部刷新"按钮，即可得到如图 7-3 所示的财务报表数据列表。

2. 将列表中报表项数据链接到 Excel 财务分析模板

标准接口数据中的资产负债表、利润表和现金流量表等财务报表数据项目以列表的方式导入到 Excel 表页中，如图 7-3 所示。接下来可以将各报表项数据分别链接至资产负债表模板、利润表模板和现金流量表模板，以便进行财务报表的分析。

	A	B	C	D	E	F
1	ns1:报表编号	ns1:报表名称	ns1:报表报告日	ns1:报表报告期	ns1:编制单位	ns1:货币单位
2	1	资产负债表	20101231	201012	胜利钢铁厂	元
3	2	利润表	20101231	201012	胜利钢铁厂	元
4	3	现金流量表	20101231	201012	胜利钢铁厂	元
5	4	所有者权益变动表	20101231	201012	胜利钢铁厂	元
6						
7	ns1:报表编号	ns1:报表项编号	ns1:报表项名称	ns1:报表项公式	ns1:报表项数值	
8	1	1	流动资产：		0	
9	1	2	货币资金		1770819379	
10	1	3	交易性金融资产		16587070.79	
11	1	4	应收票据		457155492.4	
12	1	5	应收股利		0	
13	1	6	应收利息		0	
14	1	7	应收账款		90101285.29	
15	1	8	其他应收款		2408386.56	
16	1	9	预付账款		28754745.39	
17	1	10	应收补贴款		0	
18	1	11	存货		1160255850	
19	1	12	待摊费用		124078.99	
20	1	13	一年内到期的长期债权投资		0	
21	1	14	其他流动资产		0	
22	1	15	流动资产合计		3526206288	

图 7-3 总账实例 XML 报表项数据列表

在资产负债表模板中，选取 D5 单元格，输入公式"=标准接口数据!E9"并按回车键，则货币资金期末数链接到报表模板中。依此类推，把报表项的所有数据都链接到相对应的报表模板中，即可得到 2010 年 12 月 31 日胜利钢铁厂的财务报表模板，分别如图 7-4～图 7-6 所示。

资 产 负 债 表

编制单位: 胜利钢铁厂　　　　　　　　编制日期: 2010/12/31　　　　　　单位:元

资　　产	年初数	期末数	负债和所有者权益	年初数	期末数
流动资产:			流动负债:		
货币资金	1,264,173,467.45	1,770,819,378.65	短期借款	1,285,600,000.00	927,400,000.00
短期投资	11,411,590.26	16,587,070.79	应付票据		
应收票据	967,049,785.53	457,155,492.38	应付账款	308,218,348.64	521,735,679.39
应收股利			预收账款	644,510,714.83	1,921,702,690.42
应收利息			应付工资	24,058,098.18	17,724,335.98
应收账款	111,691,684.62	90,101,285.29	应付福利费	3,789,234.39	11,004,453.96
其他应收款	4,647,510.23	2,408,386.56	应付股利		
预付账款	32,778,208.72	28,754,745.39	应交税金	54,952,667.67	199,117,450.16
应收补贴款			其他应交款	1,343,281.49	2,683,678.89
存货	754,108,853.53	1,160,255,850.29	其他应付款	55,896,129.68	58,065,758.38
待摊费用	21,124.20	124,078.99	预提费用	2,835,759.58	5,088,726.85
一年内到期的长期债券:	-	-	预计负债		
其他流动资产			一年内到期的长期负债	365,777,795.44	1,146,030,992.81
流动资产合计	3,145,882,224.54	3,526,206,288.34	其他流动负债		
长期投资:					
长期股权投资	1,846,705.45	1,839,276.10	流动负债:		
长期债权投资			流动负债合计	2,746,982,029.90	4,810,553,766.84
长期投资合计	1,846,705.45	1,839,276.10	长期负债:		
固定资产:			长期借款	1,418,592,537.25	871,436,200.75
固定资产原价	6,530,243,223.92	8,107,892,071.64	应付债券	421,966,000.00	-
减:累计折旧	1,462,720,269.52	2,026,394,147.62	长期应付款		
固定资产净值	5,067,522,954.40	6,081,497,924.02	专项应付款		
减:固定资产减值准备	2,501,629.50	2,501,629.50	其他长期负债		-
固定资产净额	5,065,021,324.90	6,078,996,294.52	长期负债合计	1,840,558,537.25	871,436,200.75
工程物资			递延税项:		
在建工程	154,076,393.11	232,233,094.04	递延税款贷项		
固定资产清理			负债合计	4,587,540,567.15	5,681,989,967.59
固定资产合计	5,219,097,718.01	6,311,229,388.56	所有者权益(或股东权益):		
			实收资本(或股本)	1,250,000,000.00	1,250,000,000.00
无形资产及其他资产			减:已归还投资		
无形资产		54,083.00	实收资本(或股本净额)	1,250,000,000.00	1,250,000,000.00
长期待摊费用			资本公积	1,912,445,161.20	1,912,445,161.20
其他长期资产			盈余公积	143,504,705.81	228,337,653.95
无形资产及其他资产合计	-	54,083.00	其中:法定公益金	47,834,901.93	76,112,551.31
递延税项:			未分配利润	473,336,213.84	766,556,253.26
递延税款借项			所有者权益合计	3,779,286,080.85	4,157,339,068.41
资产总计	8,366,826,648.00	9,839,329,036.00	负债和所有者权益总计	8,366,826,648.00	9,839,329,036.00

图 7-4　胜利钢铁厂 2010 年资产负债表

利润及利润分配表

编制单位:　胜利钢铁厂　　　　　　　　编制日期:　2010/12/31

项　　目	上年数	本年数
一、主营业务收入	6,404,881,500.65	10,819,829,693.87
减:主营业务成本	5,619,601,714.15	9,508,577,312.39
主营业务税金及附加	18,868,731.19	34,305,464.21
二、主营业务利润(亏损以"-"号填列)	766,411,055.31	1,276,946,917.27
加:其他业务利润(亏损以"-"号填列	14,017,758.79	5,960,561.57
减:营业费用	29,684,322.65	43,377,921.61
管理费用	83,002,985.46	104,824,403.49
财务费用	219,220,136.29	281,362,876.02
三、营业利润(亏损以"-"号填列)	448,521,369.70	853,342,277.72
加:投资收益(亏损以"-"号填列)	-1,292,211.40	4,200,733.51
补贴收入		-
营业外收入	129,124.86	93,560.75
减:营业外支出	7,275,888.06	8,285,868.83
四、利润总额(亏损以"-"号填列)	440,082,395.10	849,350,703.15
减:所得税	134,649,064.50	283,797,715.61
五、净利润(亏损以"-"号填列)	305,433,330.60	565,552,987.54
加:年初未分配利润	338,717,882.83	473,336,213.84
其他转入		
六、可供分配的利润	644,151,213.43	1,038,889,201.38
减:提取法定盈余公积	30,543,333.06	56,555,298.76
提取法定公益金	15,271,666.53	28,277,649.38
七、可供投资者分配的利润	598,336,213.84	954,056,253.24
减:应付优先股利		
提取任意盈余公积		
应付普通股利	125,000,000.00	187,500,000.00
转作股本的普通股股利		
八、未分配利润	473,336,213.84	766,556,253.24

图 7-5　胜利钢铁厂 2010 年利润表

	A	B	C	D
			现 金 流 量 表	
1				
2	编制单位： 胜利钢铁厂		编制日期： 2010/12/31	
3	**项 目**		**上年数**	**本年数**
4	一、经营活动产生的现金流量：			
5	销售商品、提供劳务收到的现金		7,923,538,568.76	14,196,515,276.78
6	收到的税费返还			
7	收到的与经营活动有关的其他现金		10,260,877.47	24,052,829.23
8	现金流入小计		7,933,799,446.23	14,220,568,106.01
9	购买商品、接受劳务支付的现金		5,979,388,575.44	10,422,124,881.14
10	支付给职工以及为职工支付的现金		150,252,923.95	176,537,535.21
11	支付的各项税款		394,182,440.36	480,346,316.00
12	支付与经营活动有关的其他现金		50,276,305.72	64,381,677.60
13	现金流出小计		6,574,100,245.47	11,143,390,409.95
14	经营活动产生的现金流量净额		1,359,699,200.76	3,077,177,696.06
15	二、投资活动产生的现金流量：			
16	收回投资所收到的现金		0.00	
17	取得投资收益所收到的现金		379,222.60	142,622.34
18	处置固定资产、无形资产和其他长期资产所		0.00	115,056.59
19	收到的其他与投资活动有关的现金		0.00	
20	现金流入小计		379,222.60	257,678.93
21	购建固定资产、无形资产和其他长期资产所		490,746,780.06	1,632,323,837.76
22	投资所支付的现金		0.00	1,308,430.00
23	支付的其他与投资活动有关的现金		0.00	
24	现金流出小计		490,746,780.06	1,633,632,267.76
25	投资活动产生的现金流量净额		-490,367,557.46	-1,633,374,588.83
26	三、筹资活动产生的现金流量：			
27	吸收投资所收到的现金		0.00	
28	借款所收到的现金		1,554,551,923.94	1,290,400,000.00
29	收到的其他与筹资活动有关的现金		0.00	
30	现金流入小计		1,554,551,923.94	1,290,400,000.00
31	偿还债务所支付的现金		1,677,510,106.56	1,902,869,823.95
32	分配股利、利润或偿付利息所支付的现金		318,322,900.22	324,687,372.08
33	支付的其他与筹资活动有关的现金		0.00	
34	现金流出小计		1,995,833,006.78	2,227,557,196.03
35	筹资活动产生的现金流量净额		-441,281,082.84	-937,157,196.03
36	四、汇率变动对现金的影响		0.00	
37	五、现金及现金等价物净增加额		428,050,560.46	506,645,911.20

图 7-6 胜利钢铁厂 2010 年现金流量表

7.2 基于标准数据的财务报表比较分析

7.2.1 横向比较分析

横向比较分析是将财务报表中本年数值与上年数值进行比较，如资产负债表中各个项目的期末数与年初数的差额，如图 7-7 中 D 列；还可以计算增减变动率，如图 7-7 中 E 列，公式为"=IF(AND(D7<>0,B7<>0),D7/B7,"")"，这一列可以利用 Excel 提供的"条件格式"功能设置，对于变动率过高和过低的数值突出显示，便于使用者注意到横向变化较大的项目。"条件格式"在"开始"选项卡的"样式"功能区。

图 7-7 资产负债表横向分析模板

7.2.2 纵向分析

纵向分析又称结构分析，主要分析财务报表的各个项目占总计项目的百分比，如图 7-8 所示的资产负债表各资产构成项目占资产总计的百分比。

图 7-8 资产负债表的纵向分析

通常，结构分析还采用 Excel 的图表功能，利用饼图可以很直观地表示出各个项目占总体的结构状态，整体圆饼代表数据总和，每一个构成项目用扇形表示，如图 7-9 所示。

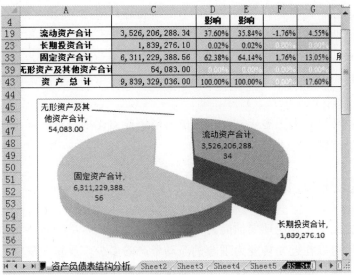

图 7-9 资产负债表各项目构成饼图

7.2.3 趋势分析

在 Excel 中，图表类型有很多种，对带有时间序列的数据分析，通常采用折线趋势图表。图 7-10 所示是胜利钢铁厂近五年的营业收入。通过折线图的趋势分析，可以直观地反映出不同时期公司营业收入的变化情况和发展趋势。

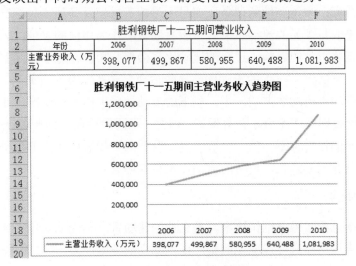

图 7-10 营业收入趋势分析图

7.3　基于标准数据的财务报表比率分析

财务比率分析是指将财务报表中的有关项目进行对比,得出一系列的财务比率,以此来揭示企业财务状况的一种方法。财务比率分析有外部比较和内部比较两种。外部比较是企业之间的比较,它以同行业或同类型企业的平均值为基础进行比较。内部比较是将企业近几年的财务比率进行比较分析,考察本企业的财务状况和变化趋势。

财务比率可以分为很多类别,常用的有偿债能力比率、资产管理比率、负债比率、盈利能力比率等几大类。

7.3.1　变现能力比率

变现能力比率又称短期偿债能力比率,是指企业及时足额地偿还流动负债的能力,它取决于可以在近期转变为现金的流动资产的多少。反映变现能力的财务比率主要有流动比率、速动比率、现金比率和现金流量比率等。

1. 流动比率

流动比率是企业流动资产与流动负债之比,其计算公式为

$$流动比率 = \frac{流动资产}{流动负债}$$

流动资产一般包括现金、有价证券、应收账款及存货。流动负债一般包括应付账款、应付票据、本年到期的债务、应付未付的所得税及其他未付开支。

该比率表明每 1 元的流动负债有多少流动资产作为还债的保证。太低的流动比率会使公司面临很大的风险,过高的流动比率会使公司存在较多的闲置资产而使盈利性降低。一般认为,2∶1 的流动比率比较适合,这是因为流动资产中变现能力较差的存货金额约占流动资产的一半,剩下的流动性较大的流动资产至少要等于流动负债,公司的短期偿债能力才会有保证。但是,不同的行业,由于其营业周期不同,评定流动比率的标准也不相同。一般来说,营业周期越短,正常的流动比率也就越低;反之,营业周期越长,正常的流动比率也就越高。

2. 速动比率

速动比率也称酸碱度测试比率,是企业的速动资产和流动负债之比,可衡量公司在某一时点运用随时可以变现的资产偿付到期债务的能力,是对流动比率的补充。速动资产是指流动资产中能迅速转变为现金的资产,主要包括现金、短期投资、应

收账款和应收票据。其计算公式为

$$速动比率=\frac{速动资产}{流动负债}=\frac{流动资产-存货-待摊和预付费用}{流动负债}$$

速动比率是比流动比率更为敏感地反映公司短期偿债能力的指标，因为即使流动比率较高，但流动资产中各项目的流动性都很低时，其偿还能力仍然是不高的。因此，在不希望公司用变现存货的办法来还债，而又想了解比流动比率更敏感的公司当前变现能力时，可计算速动比率。

一般情况下，速动比率越高，说明企业偿还流动负债的能力越强。但速动比率过高，则表明企业会因现金及应收账款占用过多而增加企业的机会成本。通常认为正常的速动比率为1，低于1的速动比率被认为是短期偿债能力偏低。

3. 现金比率

现金比率是指公司的现金与流动负债的比，计算公式为

$$现金比率=\frac{现金及现金等价物}{流动负债}$$

由于现金是流动性最强的资产，这一比率是衡量公司短期偿债能力的最保守的指标。现金比率可以反映公司的即刻变现能力，它能表明公司在财务状况最坏的情况下随时可以还债的能力。现金同时也是盈利能力最低的资产，过高的现金比率会降低公司的获利能力，因此保持过长时间的高现金比率对公司并不是很有利的。这一比率通常与流动比率和速动比率结合起来进行分析。现金比率是衡量公司短期偿债能力的一个重要指标。它对流动比率作了改进，主要反映流动负债所能得到的现金保证程度，相对流动比率来讲更加严密。

对于某些行业或公司，由于其存货和应收账款的周转期间相当长，并且经营活动又具有高度的投机性，现金比率则是应予以重视的重要指标。

4. 现金流量比率

公司为了偿还即将到期的流动负债，固然可以通过出售投资、长期资产等投资活动取得现金流入，或者筹措现金来偿债，但最安全可靠的办法，仍然是利用公司经营活动产生的现金净流量。该比率越大，表明公司的短期偿债能力越强。

$$现金流量比率=\frac{经营活动产生的现金流量净额}{流动负债}$$

7.3.2 负债比率

负债比率是说明债务和资产、净资产间关系的比率。它反映了企业偿付到期长期债务的能力。通过对负债比率的分析，可以看出企业的资本结构是否健全合理，从而评价企业的长期偿债能力。负债比率主要有资产负债率、产权比率、股东权益比率、利息保障倍数和债务偿还期等。

1. 资产负债率

资产负债率是企业负债总额与资产总额之比，也称负债比率，它反映了企业的资产总额中有多少是通过举债而得到的。资产负债率能反映企业偿还债务的综合能力，该比率越高，企业偿还债务的能力越差。反之，偿还债务的能力越强。其计算公式为

$$资产负债率 = \frac{负债总额}{资产总额} \times 100\%$$

注意：在对该指标进行分析时，不能简单地从指标数值的高低进行考察。不同的人对资产负债比率取值的要求不同。一般来讲，公司产品的盈利率较高或者公司资金的周转速度较快，公司可承受的资产负债率也较高；银行利率提高迫使公司降低资产负债率，银行利率降低又会刺激公司提高资产负债率；通货膨胀率较高时期或者国民经济景气时期，公司也倾向于降低资产负债率；同业之间竞争激烈则公司倾向于降低资产负债率，反之亦然。因此，在不同的国家、不同的宏观经济环境下，资产负债率的合理水平或适度水平也是有较大差别的。

2. 产权比率

产权比率又称负债权益比率，是负债总额与股东权益总额之比。该比率反映了债权人所提供的资金与股东所提供资金的对比关系，从而揭示企业的财务风险以及股东权益对债务的保障程度。该比率越低，说明企业长期财务状况越好，债权人贷款的安全越有保障，企业风险越小。产权比率因行业或公司利润的高低不同而有很大的差别，因此没有绝对的标准。一般来说，产权比率等于 1 被认为是最理想的。其计算公式为

$$产权比率 = \frac{负债总额}{股东权益总额} \times 100\%$$

3. 股东权益比率

股东权益比率是股东权益总额与资产总额之比。该比率反映了企业资产中有多少属于所有者。其计算公式为

$$股东权益比率 = \frac{股东权益总额}{资产总额} \times 100\%$$

股东权益比率与资产负债率具有互为消长的关系，二者之和为 100%。股东权益比率越小，资产负债率就越大，股东权益为负债风险提供的缓冲就越小。

4. 利息保障倍数

利息保障倍数是税前利润加利息支出之和(即息税前利润)与利息支出的比值，反映了企业用经营所得支付债务利息的能力。该比率越高，说明企业用经营所得支付债务利息的能力越强，它会增强贷款人对公司支付能力的信任程度。从长远看，一个公司的利息保障倍数至少要大于 1，否则，就不能举债经营。其计算公式为

$$利息保障倍数 = \frac{税前利润 + 利息支出}{利息支出} = \frac{息税前利润}{利息支出}$$

5. 债务偿还期

$$债务偿还期 = \frac{负债总额}{经营活动产生的现金流量净额}$$

该指标用于衡量按当期经营活动所获得现金偿还全部债务所需的时间，可从动态的角度反映公司的偿债能力。通常该指标越高，表明公司偿还现有债务所需时间越长，公司的偿债能力越弱。

7.3.3 营运能力比率

营运能力比率，又称资产管理比率，是用来衡量企业营运资产的利用效率与效益的指标。营运能力比率包括应收账款周转率、存货周转率、流动资产周转率、固定资产周转率和总资产周转率。通过对这些指标的分析，能够发现企业的资产是否在有效运转、资产结构是否合理、所有的资产是否能有效利用以及资产总量是否合理等问题。

1. 应收账款周转率

应收账款周转率是反映年度内应收账款转换为现金的平均次数的指标，用时间表示的应收账款周转速度是应收账款周转天数，也称为平均应收款回收期，它表示企业从取得应收账款的权利到收回款项所需要的时间。其计算公式为

$$应收账款周转率 = \frac{营业收入}{平均应收账款余额}$$

$$应收账款周转天数 = \frac{360}{应收账款周转率}$$

其中，应收账款包括会计核算中"应收账款"和"应收票据"等全部赊销账款。

$$平均应收账款余额 = \frac{期初应收款余额 + 期末应收款余额}{2}$$

应收账款周转率反映了公司在一定时期内应收账款的周转次数，也反映了应收账款的利用效率。在一般情况下，应收账款周转率越高，表明公司应收账款的变现速度越快，收账效率越高，同时可节约公司的营运资金，降低公司应收账款的机会成本、管理成本及坏账成本等，进而提高公司的盈利水平。但是如果应收账款周转率过高，则可能是付款条件过于苛刻的严格信用政策所致，这可能会影响公司销量的扩大而制约公司的盈利水平。如果公司的应收账款周转率过低，说明公司的收账效率太低，信用政策太松而影响资金周转和资金利用。该指标同时也是公司流动资产流动性的反映，但该指标不适合季节性经营的企业。

2. 存货周转率

存货周转率是衡量和评价企业购入存货、投入生产、销售收回等各环节管理状况的综合性指标。它是销售成本被平均存货所除而得到的比率，又称存货的周转次数。用时间表示的存货周转率就是存货周转天数。其计算公式为

$$存货周转率(周转次数) = \frac{营业成本}{平均存货余额}$$

$$存货周转天数 = \frac{360}{存货周转率}$$

$$平均存货余额 = \frac{期初存货余额 + 期末存货余额}{2}$$

存货周转率反映了存货的利用效率。一般情况下，存货的周转率越高，表明存货的流动性越强，转化为现金或应收账款的速度越快，存货的利用效率越高。存货周转率的快慢，不仅反映了流动资产变现能力的好坏，公司经营管理效率的高低同时也说明了公司的资金利用效率和盈利能力。存货周转率越快，说明公司投入存货的资金从投入到被耗用或到完成销售的时间越短，资金的回收速度越快，在公司销售利润率相同的情况下，公司就能获取更高的利润。相反，如果存货周转率慢，则反映出公司存货可能过多或不适销对路，而过多的呆滞存货将会影响资金的及时回笼，在销售利润率不变的情况下，公司所得的利润就会减少。但是，过快的、不正常的存货周转率，也可能说明了公司没有足够的存货可供耗用或销售，从而失去获

利机会。

3. 流动资产周转率

流动资产周转率是销售收入与流动资产平均余额之比，它反映的是全部流动资产的利用效率。其计算公式为

$$流动资产周转率 = \frac{营业收入}{平均流动资产}$$

$$平均流动资产 = \frac{期初流动资产 + 期末流动资产}{2}$$

流动资产周转率反映了流动资产的周转速度。流动资产周转率越高，表明周转速度越快，会相对节约流动资产，等于相对扩大资产投入，增强公司盈利能力。而延缓周转速度，需要补充流动资产参加周转，形成资金浪费，降低公司的盈利能力。在对流动资产周转情况进行分析时，还应对流动资产各组成部分的周转情况进行具体分析，如应收账款的周转率、存货的周转率等。通常对流动资产周转率的分析可参照同行业水平或公司历史同期水平进行对比分析。

4. 固定资产周转率

固定资产周转率是企业销售收入与平均固定资产净值之比。该比率越高，说明固定资产的利用率越高，管理水平越好。其计算公式为

$$固定资产周转率 = \frac{营业收入}{平均固定资产净值}$$

$$平均固定资产净值 = \frac{期初固定资产净值 + 期末固定资产净值}{2}$$

固定资产周转率是用来考察设备厂房利用情况的。当固定资产周转率处于较低水平时，反映固定资产利用不够，需要分析固定资产没有充分利用的原因。通常计划新的固定资产投资时，财务管理人员需要分析现有固定资产是否已被充分利用。如果公司的固定资产周转率远高于行业平均值，有可能是需要增加固定资产投资的信号。

一般情况下，固定资产周转率越高，表明企业固定资产利用越充分。

5. 总资产周转率

总资产周转率是企业销售收入与平均资产总额之比，可以用来分析企业全部资产的使用效率。如果该比率较低，企业应采取措施提高销售收入或处置资产，以提高总资产利用率。其计算公式为

$$总资产周转率(周转次数)=\frac{营业收入}{平均资产总额}$$

$$平均资产总额=\frac{期初资产总额+期末资产总额}{2}$$

总资产周转率反映了公司全部资产的利用效率。总资产周转率越高，表明总资产的周转速度越快，公司运用资产产生收入的能力越强，资产的管理效率越高，相应的公司偿债能力以及盈利能力越强。在具体分析时，可以将当期的总资产周转率与上期指标或同行业平均水平进行对比，以评价资产管理水平的高低。总资产周转率速度的快慢与各类资产的周转速度以及全部资产的构成情况密切相关。

7.3.4 盈利能力比率

盈利能力是指企业在一定时期内赚取利润的能力。不论是投资人、债权人还是企业经理人员都很重视和关心企业的盈利能力。反映企业盈利能力的主要指标有总资产报酬率、总资产净利率、净资产收益率和营业利润率等。

1. 总资产报酬率

总资产报酬率也称资产利润率或资产收益率，是企业在一定时期内的净利润与平均资产总额之比。

$$总资产报酬率=\frac{息税前利润}{平均总资产}\times100\%$$

$$平均总资产=\frac{期初总资产+期末总资产}{2}$$

总资产报酬率反映了公司基本的获利能力，表明站在股东和债权人共同的立场上分析，每投入1元能产生多少报酬。该比率越高，说明公司资产的运用效率越高，也意味着公司的资产盈利能力越强。

总资产报酬率一方面反映了所有者和债权人提供资本的获利能力，即投入产出能力；另一方面也反映了公司管理资产、利用资源的效率。这个指标的高低与公司的资产存量、资产结构、资产增量密切相关，综合体现了公司的经营管理水平。

2. 总资产净利率

总资产净利率是净利润与平均资产总额的百分比，其计算公式为

$$总资产净利率=\frac{净利润}{平均总资产}\times100\%$$

总资产净利率指标反映了每1元资产能创造的净利润，表明公司资产利用的综合效果。企业的资产是由投资人投入和举债形成的，净利润的多少与公司资产的多少、资产的结构、经营管理水平都有着密切的关系。通过将该指标与本企业前期、与计划、与同行业平均水平的比较，可以分析企业经营中存在的问题。

3. 净资产收益率

净资产收益率也称股东权益报酬率，是在一定时期内企业的净利润与平均股东权益总额之比。其计算公式为

$$净资产收益率=\frac{净利润}{平均股东权益}\times100\%$$

$$平均股东权益=\frac{期初股东权益+期末股东权益}{2}$$

净资产收益率反映了公司股东权益的投资报酬率的高低，是投资者最为关心的财务指标之一。该指标综合性极强，会受到公司的资本结构、销售水平、成本费用高低以及资产使用效率等因素的影响。该指标能够体现公司的理财目标，该指标越高，表明公司能为股东创造财富的能力越强。

4. 营业利润率

营业利润率是指企业的营业利润与营业收入的比例关系。其计算公式为

$$营业利润率=\frac{营业利润}{营业收入}\times100\%$$

营业利润率越高，表明企业市场竞争力越强，发展潜力越大，获利能力越强。

7.3.5 运用 Excel 建立财务比率分析模板

运用 Excel 强大的表处理功能、数据链接功能和公式，可以对 Excel 财务报表分析建立一个基本的模板，从而有效地统一指标的数据源，加快数据的处理能力，提高数据计算的准确性，为评价和改进财务管理工作提供了可靠依据，使管理者能准确、简单、快捷地把握企业财务状况。

下面以前面给定的胜利钢铁厂财务报表为例，讲解财务比率分析模板(如图 7-11 所示)的建立方法。

(1) 按以上财务指标类别，分别插入 5 张工作表，并对工作表分别重命名。

(2) 下面以变现能力比率类别为例，根据前述各个财务指标的计算方法编制

Excel 计算公式。

① 流动比率。在“变现能力比率”表页的 E4 单元格中，输入“=资产负债表!C18/资产负债表!G20”；在 F4 单元格中，输入“=资产负债表!D18/资产负债表!H20”。

② 速动比率。在 E5 单元格中输入“=(资产负债表!C18-资产负债表!C14-资产负债表!C15-资产负债表!C16-资产负债表!C17)/资产负债表!G20”；在 F5 单元格中输入“=(资产负债表!D18-资产负债表!D14-资产负债表!D15-资产负债表!D16-资产负债表!D17)/资产负债表!H20”。

③ 现金比率。在 E6 单元格中输入“=资产负债表!C5/资产负债表!G20”；在 F6 单元格中输入“=资产负债表!D5/资产负债表!H20”。

④ 现金流量比率。在 E7 单元格中输入“=现金流量表!C14/资产负债表!G20”；在 F7 单元格中输入“=现金流量表!D14/资产负债表!H20”。

(3) 根据前述财务指标的计算方法分别编辑负债比率、营运能力比率和盈利变现能力比率的计算公式，具体操作方法这里不再赘述。

财务比率分析模板的项目可由企业根据经营管理的需要灵活自行调整，同时，建立起的财务比率分析模板，还适用于以后各会计期间自动实现指标值的计算。如果 3 张 Excel 财务报表的数据和企业的 ERP 数据库建立了数据链接，则随着企业会计报表中数据的变化，本模板的数据、指标值都会自动更新，从而使得财务比率分析数据更具有及时性、高效性、直观性的特点，为企业管理与决策提供高质量的数据依据。

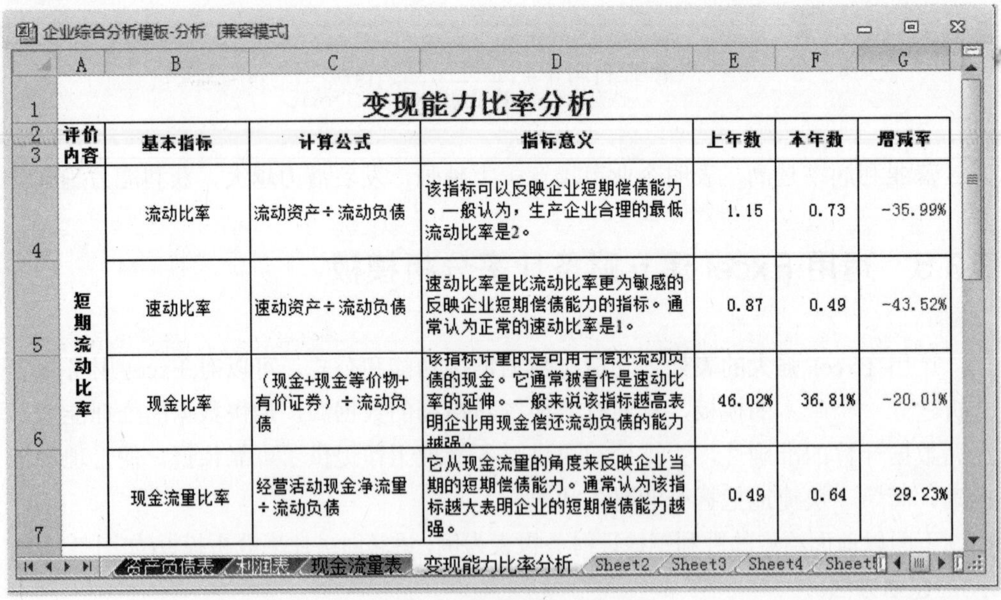

变现能力比率分析

评价内容	基本指标	计算公式	指标意义	上年数	本年数	增减率
短期流动比率	流动比率	流动资产÷流动负债	该指标可以反映企业短期偿债能力。一般认为，生产企业合理的最低流动比率是2。	1.15	0.73	-35.99%
	速动比率	速动资产÷流动负债	速动比率是比流动比率更为敏感的反映企业短期偿债能力的指标。通常认为正常的速动比率是1。	0.87	0.49	-43.52%
	现金比率	（现金+现金等价物+有价证券）÷流动负债	该指标计量的是可用于偿还流动负债的现金。它通常被看作是速动比率的延伸。一般来说该指标越高表明企业用现金偿还流动负债的能力越强。	46.02%	36.81%	-20.01%
	现金流量比率	经营活动现金净流量÷流动负债	它从现金流量的角度来反映企业当期的短期偿债能力。通常认为该指标越大表明企业的短期偿债能力越强。	0.49	0.64	29.23%

图 7-11 变现能力分析模板

7.4 综合分析

在做财务分析时，单独分析任何一类财务指标，都不足以全面地评价企业的财务状况和经营成果，只有对各种财务指标进行系统的、综合的分析，才能对企业的财务状况做出全面合理的评价。综合分析方法主要有财务比率综合评分法和杜邦分析法。

7.4.1 财务比率综合评分

财务比率分析反映了企业财务报表各项目之间的相互关系，从不同角度揭示了企业的财务状况。通过财务比率综合分析表对企业的财务状况进行评分，可以对其财务状况进行全面客观的评价。

1. 财务比率综合分析的步骤

采用财务比率综合评分法进行企业财务状况的综合分析评价，一般要遵循以下程序。

(1) 选定评价企业财务状况的财务比率。进行经营业绩评价的首要任务是正确选择评价指标，指标选择要根据分析目的和要求。一般选择具有代表性的，能反映企业偿债能力、营运能力和获利能力的三大类财务比率。

(2) 根据各项财务比率的重要程度，确定其标准评分值，即重要性系数，评分值之和应为 100 分。业绩评价指标标准值可根据分析的目的和要求确定，可用某企业某年的实际数，也可用同类企业、同行业或部门平均数，还可用国际标准数。一般地说，当评价企业经营计划完成情况时，可以企业计划水平为标准值；当评价企业经营业绩水平变动情况时，可以企业前期水平为标准值；当评价企业在同行业或在全国或国际上所处地位时，可用行业标准值、国家标准值或国际标准值。

(3) 规定各项财务比率评分值的上限和下限，避免个别财务比率的异常给总分造成不合理的影响。

(4) 确定各项财务比率的标准值，标准值通常可以参照同行业的水平，经调整后确定。

(5) 计算企业在一定时期各项财务比率的实际值。

(6) 计算出各项财务比率实际值与标准值的比率。

(7) 计算出各项财务比率的实际得分。

2. 财务比率综合分析模板的建立

运用 Excel 建立财务比率综合分析模板，具体步骤如下。

(1) 在 Excel 表页中建立财务比率综合评分表，如图 7-12 所示。

财务比率综合评分

财务比率	评分值	上/下限		标准值	实际值	关系比率	得分	调整后得分
流动比率	10	20	5	2				
速动比率	10	20	5	1.2				
资产/负债	12	20	5	2.1				
存货周转率	10	20	5	6.5				
应收帐款周转率	8	20	4	12				
总资产周转率	10	20	5	2.2				
资产报酬率	15	30	7	30%				
股权报酬率	15	30	7	55%				
销售净利率	10	20	5	15%				
合 计	100							

图 7-12 财务比率综合评分表

(2) 财务比率实际值的确定。可以直接录入每个指标的实际值，也可以从财务报表中通过 Excel 的链接功能建立公式直接生成，后者可以得到动态的财务指标实际值。

(3) 建立“关系比率”和“得分”栏公式。在 H4 单元格中录入公式“=G4/F4”，在 I4 单元格中录入公式“=H4*C4”，选择 H4:I4 区域，鼠标指针指向选中区域右下角小方块处，变成“十”字形状后，按住鼠标左键向下拖动到 H12:I12，公式即可复制到整个栏目。

(4) 建立“调整后得分”栏公式。前面规定了各指标的上限和下限，即最高评分值和最低评分值，主要是为了避免个别财务比率的异常给总分造成不合理的影响。所以在这一栏，就要对“得分”栏的值进行调整。对于得分超过上限的分数，将其调整为上限值；对于低于下限的分数，将其调整为下限值。

在 J4 单元格中录入公式“=IF(I4>D4,D4,IF(I4<E4,E4,I4))”，并将其复制到 J12 单元格。

(5) 在 J12 单元格中录入求和公式“=SUM(J3:J11)”，即可得到最后评分，如图 7-13 所示。

财务比率综合评分

财务比率	评分值	上/下限		标准值	实际值	关系比率	得分	调整后得分
流动比率	10	20	5	2	0.73	0.37	3.67	5
速动比率	10	20	5	1.2	0.49	0.41	4.10	5
资产/负债	12	20	5	2.1	1.73	0.82	9.90	9.90
存货周转率	10	20	5	6.5	9.93	1.53	15.28	15.28
应收帐款周转率	8	20	4	12	107.24	8.94	71.49	20
总资产周转率	10	20	5	2.2	3.24	1.47	14.74	14.74
资产报酬率	15	30	7	30%	6.24%	0.21	3.12	7
股权报酬率	15	30	7	55%	14.25%	0.26	3.89	7
销售净利率	10	20	5	15%	5.23%	0.35	3.48	5
合 计	100					14.36	129.67	88.92

图 7-13 财务比率综合评分结果

3. 使用财务比率综合评分模板注意事项

模板中选择的各项经济指标在评价标准上应尽量保持方向的一致性，即尽量都选择正指标，或都选择逆指标。因为全部为正指标，则评价标准为越高越好；全部为逆指标，则评价标准为越低越好；如果既有正指标又有逆指标，则应将逆指标和正指标转变为方向一致，否则可能得出错误结论。

一般地说，综合评分达到 100，说明企业经营业绩总体水平达到标准要求，或者说企业取得了较好的经济效益，该指标越高，经济效益水平越高。综合评分低于100，说明企业经济效益水平没达到标准要求，该指标越低，经营业绩水平越差。但这种推论不是绝对的，有的企业虽然综合评分高于 100，也可能是某些完成状况好的指标弥补了完成状况差的指标的缺陷，所以说，即使综合评分大于或等于 100，也还需要对企业各项经济指标进行逐项考核，看其是否都达到了标准值的要求。

7.4.2　杜邦分析法

杜邦分析体系是由美国杜邦公司提出并成功运用的，所以称之为杜邦分析法。杜邦分析法抓住了企业各主要财务指标之间的紧密联系，来综合分析企业的财务状况和经营成果。利用这种方法可以把各种财务指标间的关系，绘制成简洁、明了、勾稽关系紧密的杜邦分析图。杜邦分析法以净资产收益率为核心指标，主要反映以下几个财务比率之间的关系：

$$净资产收益率 = 总资产净利率 \times 权益乘数$$

$$总资产净利率 = 主营业务净利率 \times 总资产周转率$$

$$主营业务净利率 = 净利率 \times 主营业务收入$$

$$总资产周转率 = \frac{主营业务收入}{总资产}$$

1. 绘制杜邦分析图

插入新表页，表页命名为"杜邦分析"，在表页内绘制杜邦分析图。为了便于计算，图内各个项目的名称、数值需占用单元格，边框利用表页单元格的框线绘制；各项目框之间的连线可以利用"插入"选项卡中"插图"组内的"形状"按钮进行绘制，如图 7-14 所示。

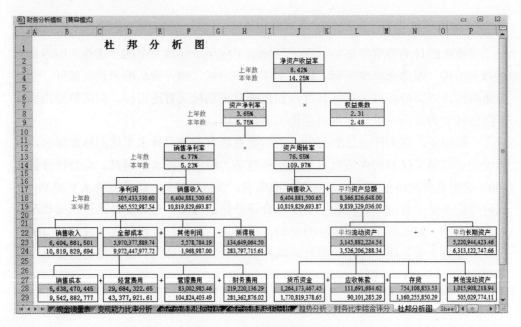

图 7-14　杜邦分析体系图

2. 自下而上建立链接公式

(1) 分别从利润表和资产负债表中建立链接公式，如销售成本 B28："=利润表!C5+利润表!C6"；经营费用 D28："=利润表!C10"。

(2) 建立计算公式。全部成本 D23："=SUM(B28:H28)"；平均流动资产 L23："=J28+L28+N28+P28"；平均资产总额 L18："=L23+P23"；净利润 D18："=B23-D23+F23-H23"。

(3) 比率计算公式。销售净利率 F13："=D18/F18"；资产周转率 J13："=J18/L18"；资产净利率 H8："=F13*J13"；权益乘数 L8："=L18/((资产负债表!F40+资产负债表!G40)/2)"；净资产收益率 J3："=H8*L8"。

3. 运用杜邦分析体系进行公司投资报酬分析

净资产收益率是公司权益投资报酬最直接的衡量指标，它综合反映了公司的经营结果。杜邦分析以考核净资产收益水平为目标，将若干反映公司盈利状况、财务状况和资产营运状况的财务指标按其内在联系有机地结合起来，形成一个完整的指标体系。通过运用杜邦分析模板，财务分析人员可以通过对指标之间内在关系的分析，找到影响公司净资产收益率高低的因素，并可针对其中的主要影响因素进行深入剖析。

从杜邦分析体系可以看出，决定净资产收益率高低的因素有销售净利率、资产周转率和权益乘数，这实际上是公司盈利管理、资产管理以及筹资管理状况的反映，如图 7-15 所示。具体来说，公司盈利管理状况受公司销售状况以及成本、费用控制情况的影响，资产管理状况受公司资产结构以及资产质量的影响，筹资管理状况集中体现在公司的资本结构安排上。

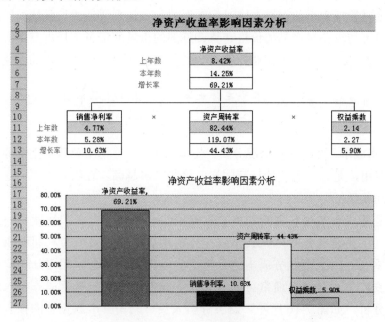

图 7-15 净资产收益影响因素分析

(1) 公司盈利管理状况对投资报酬的影响分析。公司投资报酬的高低首先与其盈利能力有直接的关系，公司盈利能力强，则投资报酬率可能就高，反之亦然。公司的盈利状况与其内部的经营以及对外的投资状况都有关系。公司内部经营所获利润是其收入与费用配比的结果，收入增加会使得利润上升，而费用的增加则导致利润的下降，因此对公司内部盈利管理状况的分析应该从收入和成本费用两方面入手。除了来自公司内部的利润，外部的投资也应该给公司带来利润，因此对公司盈利的分析也要包括这一部分。

① 公司营业收入情况分析。公司的收入是由主营业务收入和其他业务收入构成的。主营业务收入是公司在销售商品、提供劳务及让渡资产使用权等日常活动中形成的收入，正常情况下主营业务收入是公司收入的主要部分，也是实现利润的主要源泉。其他业务收入是公司其他业务和非经常性交易所产生的收入，一般在公司收入中所占比重较小。

公司的主营业务收入通常取决于产品销售单价和销售数量两个因素。财务分析人员可结合产品的市场价格情况对公司的产品销售价格进行分析，同时可结合公司的生产能力和市场占有率对公司的销售规模进行分析。对主营业务收入的分析，要注意公司主营业务收入的确认原则、方法，是否符合会计准则和会计制度规定的收入实现条件，前后期是否一致；将本年与上年的主营业务收入进行比较分析，分析产品销售的规模、结构和价格的变动是否正常，并分析异常变动的原因，尤其对于临近期末发生的大额、异常的销售业务，必须特别加以注意。一般而言，巨幅增长是不可能通过管理水平的提高在短时间实现的，市场形势造成这种情况的可能性也很小，这时可与该公司产品的价格走势、外部的市场环境、市场占有率等相关因素进行综合分析。通常可用主营业务收入变动率来反映主营业务收入的变化情况：

$$主营业务收入变动率=\frac{本年主营业务收入-上年主营业务收入}{上年主营业务收入}\times100\%$$

② 公司成本、费用支出情况分析。公司的成本、费用主要包括主营业务成本和各项期间费用，是公司盈利的抵减因素，这些支出越高，在收入水平一定的前提下公司的利润就越低。

主营业务成本是指与主营业务收入相关的、已经确定了归属期和归属对象的成本。公司的主营业务收入减去主营业务成本后的差额是公司利润形成的最初基础，俗称毛利。对主营业务成本的分析，将成本与收入进行配比分析，观察成本与收入的变动是否协调，通常可用主营业务成本变动率与主营业务收入的变动率进行配比分析，如图 7-16 所示。财务分析人员可利用标准数据中的报表数据建立模板，对成本与收入的配比情况以及成本各构成项目进行分析，以发现公司成本管理中的问题。

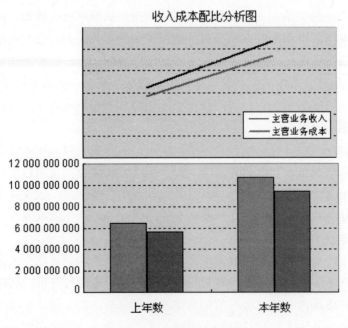

图 7-16　收入成本配比分析

期间费用是指本期发生的、不能直接或间接归入某种产品成本而直接计入损益的各项费用。期间费用一般包括营业费用、管理费用和财务费用三部分。营业费用是公司销售商品、提供劳务等日常经营过程中发生的各项费用，如运输费、包装费、广告费等；管理费用是公司行政管理部门为组织和管理公司生产经营活动所发生的各项费用，如办公费、差旅费等；财务费用是公司为筹集生产经营所需资金等发生的费用，如利息支出等。

期间费用所包括的内容比较多，这也为某些不法公司利用期间费用对利润进行恶意调整提供了可能，对公司期间费用进行分析，要将期间费用变动的幅度与公司发展的规模相联系，观察二者的变动幅度、方向是否协调。通常随着公司规模的扩大，公司的期间费用会随之上升，对于任何与公司发展状况不协调的期间费用的变动，如费用大幅度上升或下降的现象，都应引起格外关注，如研究和开发成本、广告费支出等，此类支出对公司的未来发展有利，正常情况下，这类支出应随着公司规模的不断扩大而上升。如果出现公司规模不断扩大、主营业务收入不断上升，而公司这类支出反而降低的现象，则属于反常情况，这种减少有可能是公司为了当期的利润规模而降低或推迟了本应计入当期损益的各项支出。此外，还必须指出，公司成本、费用水平的高低，既有公司不可控的因素，如受市场因素影响而引起的价格波动等情况，也有公司可以控制的因素，如在一定的市场价格水平下，公司可通过选择供货渠道、采购批量等来控制成本水平等，分析时应注意区分这些主观和客观因素给公司成本带来的影响。

③ 公司非营业利润管理状况分析。公司最终的利润是由对内经营所获得的营业利润加上投资收益、补贴收入、营业外收支净额等非营业利润组成。通常营业利润是公司报酬中的主体部分，因为在正常情况下，公司的非营业利润是比较少的，所得税也相对稳定，因此只要营业利润较大，净利润一般也会较高，但当一个公司的利润主要通过非营业利润获得时，则该公司利润的真实性和持续性就应引起分析人员的重视。公司非营业利润主要由投资收益和营业外收支净额构成，因此审计人员应着重对这两方面进行分析。

公司的投资收益是其对外投资所获成果的反映。当公司发展到一定阶段，具备一定的实力后，出于扩大规模、获取资源等目的即会产生对外投资的行为，对外投资的收益也是公司经营成果的重要组成部分。对于公司对外投资状况的分析，要对投资目的、对象、投资领域等投资的基本情况进行分析，对公司扩张速度和投资收益的变动也要进行分析。

公司的营业外收支净额是营业外收入与营业外支出的差额，是公司在非生产经营中取得的，带有很大的偶然性。因此，即便营业外收支净额高，能增加公司的利润，也并不能因此就说明公司业绩好。对于营业外收支的分析，分析人员应着重注意公司是否按照有关制度的规定严格区分了营业收支与营业外收支的界限，其次应关注营业外收支变动大的年份的情况，分析导致这种变动的具体原因，通常可用营业外收支净额变动率来衡量营业外收支的变动情况。

(2) 公司资产管理状况对投资报酬的影响分析。公司净资产收益率的高低与公司资产的管理状况及其运营效率有很重要的关系，通常公司资产管理状况越好、运营效率越高，公司的报酬也会越高。而公司资产管理状况及运营效率与资产周转的速度、资产的结构及资产的质量都有密切的关系。

① 公司周转情况对投资报酬的影响分析。资产周转的速度对公司的盈利能力有重要影响，通常资产周转一次会带来相应的收入，因此周转速度越快，实现的收入越多，也就会给公司带来更多的利润。分析人员首先可从衡量各项资产周转速度的指标入手，并进一步对影响各项资产周转的因素进行深入分析，这样更能发现影响资产周转速度的深层次的原因，如图 7-17 所示。

现金周转率指标反映了公司现金周转的速度，该指标越高，表明现金周转速度越快，反之，则越慢。通常公司必须维持一定的现金周转率。但过高的现金周转率说明公司可能现金短缺，如果没有既定的现金来源，公司可能会陷入流动危机。而过低的现金周转率可能预示着闲置资金或者过剩现金，而现金的闲置通常意味着公司盈利能力的降低。

	A	B	C	E	F	G
1	评价内容	基本指标	计算公式	上年数	本年数	增减率
2						
3	资产周转比率	现金周转率	销售收入净额÷平均现金	5.45	6.35	16.61%
4						
5		应收账款周转率	销售收入净额÷平均应收账款	57.34	118.98	107.48%
6						
7		存货周转率	销货成本÷平均存货	7.44	8.11	8.96%
8						
9		流动资产周转率	销售收入净额÷平均流动资产	2.10	3.13	40.79%
10						
11		固定资产周转率	销售收入净额÷平均固定资产净值	1.26	1.76	39.47%
12						
13		总资产周转率	销售收入净额÷平均资产总额	0.77	1.10	42.07%
14						
15		营业周期	存货周转天数+应收账款周转天数	54.65	47.42	-13.23%
16						
17		存货周转天数	360÷存货周转率	48.37	44.39	-8.23%
18						
19		应收账款周转天数	360÷应收账款周转率	6.28	3.03	-51.80%
20						

图 7-17 资产周转比率

应收账款周转率反映了公司在一定时期内应收账款的周转次数，也反映了应收账款的利用效率。在一般情况下，应收账款周转率越高，表明公司应收账款的变现速度越快，收账效率越高，同时可节约公司的营运资金，降低公司应收账款的机会成本、管理成本及坏账成本等，进而提高公司的盈利水平。但是如果应收账款周转率过高，则可能是付款条件过于苛刻的严格信用政策所致，这可能会影响公司销量的扩大而制约公司的盈利水平。如果公司的应收账款周转率过低，说明公司的收账效率太低，信用政策太松而影响资金周转和资金利用。该指标同时也是公司流动资产流动性的反映。

应收账款周转期反映的也是公司应收账款周转的速度。通常该指标越小表明公司应收账款的管理效率越高。通常可以与同行业平均水平或公司历史同期水平进行对比。应收账款周转期指标与应收账款周转率指标反映的经济含义相同，通常，在衡量公司应收账款的管理水平时，周转期指标比周转率指标更为直观，因此运用也更为广泛。

存货周转率反映了存货的利用效率。一般情况下，存货的周转率越高，表明存货的流动性越强，转化为现金或应收账款的速度越快，存货的利用效率越高。存货周转率的快慢，不仅反映了流动资产变现能力的好坏，公司经营管理效率的高低，同时也说明了公司的资金利用效率和盈利能力。存货周转率越快，说明公司投入存货的资金从投入到被耗用或到完成销售的时间越短，资金的回收速度越快，在公司销售利润率相同的情况下，公司就能获取更高的利润。相反，如果存货周转率慢，则反映出公司存货可能过多或不适销对路，而过多的呆滞存货将会影响资金的及时回笼，在销售利润率不变的情况下，公司所得的利润就会减少。但是，过快的、不正常的存货周转率，也可能说明了公司没有足够的存货可供耗用或销售，从而失去获利机会。

存货周转期同样是反映公司存货周转速度的指标，通常该指标越小，表明公司存货的管理效率越高，其评价可参照同行业的水平或公司历史同期水平进行。存货周转期与存货周转率指标反映的经济含义相同，通常存货周转率越高，则存货周转期越短，说明公司存货管理水平越高。否则，说明公司的资金过多地占压在存货上，从而影响公司的流动性，并且有可能降低公司的偿债能力。

营业周期指标反映公司需要多长时间才能将期末存货全部变为现金。一般情况下，营业周期短，说明资金周转速度快，相应地能提高公司的盈利能力，反之则说明资金周转速度慢，公司的盈利能力将受到影响。

流动资产周转率反映了流动资产的周转速度。流动资产周转率越高，表明周转速度越快，会相对节约流动资产，等于相对扩大资产投入，增强公司盈利能力。而延缓周转速度，需要补充流动资产参加周转，形成资金浪费，降低公司的盈利能力。在对流动资产周转情况进行分析时，还应对流动资产各组成部分的周转情况进行具体分析，如应收账款的周转率、存货的周转率等。通常对流动资产周转率的分析可参照同行业水平或公司历史同期水平进行对比分析。

固定资产周转率反映了公司固定资产的利用效率。固定资产周转率越高，表明单位净值的固定资产创造的主营业务收入越多，也为公司盈利水平的提高创造了条件。但在对该项指标进行分析时，应当首先注意该指标的分母是固定资产净值，而固定资产的净值会随着折旧的增加而逐渐减少，会随着固定资产的更新改造而逐步增加，由此可能影响固定资产的周转速度，因此分析时应具体区分由不同原因造成的固定资产周转速度的不同变化。其次，在对比不同公司的固定资产周转率时，应注意各公司选择的折旧方法是否一致。

总资产周转率反映了公司全部资产的利用效率。总资产周转率越高，表明总资产的周转速度越快，公司运用资产产生收入的能力越强，资产的管理效率越高，相应的公司的偿债能力以及盈利能力越强。在具体分析时，可以将当期的总资产周转率与上期指标或同行业平均水平进行对比，以评价资产管理水平的高低。总资产周转率速度的快慢与各类资产的周转速度以及全部资产的构成情况密切相关。

② 公司资产结构对投资报酬的影响分析。所谓资产结构，是指公司各部分资产占全部资产的比重或者是指各部分资产之间的比例关系，不同的资产结构对公司的报酬有不同的影响。公司最基本的资产结构是流动资产与长期资产之间的比例，如图 7-18 所示。

	A	B	C	E	F	G
1						
2	评价内容	基本指标	计算公式	上年数	本年数	增减率
3	资产结构比率	流动资产比率	流动资产÷总资产	36.84%	35.18%	-4.52%
4		长期资产比率	长期资产÷总资产	63.16%	64.82%	2.64%
5		固定资产比率	固定资产÷总资产	63.13%	64.80%	2.64%
6		长期投资比率	长期投资÷总资产	0.02%	0.02%	-15.45%

图 7-18　资产结构比率

流动资产比率较高意味着公司的流动性较好，经营的安全性较高。由于流动资产代表公司短期的可运用资金，流动资产比率越高，说明公司营运资金在全部资产中所占的比例越大，公司承担风险的能力、公司资产的流动性和变现能力越强。而从获利的角度看，有的学者将流动资产称为非盈利性资产，因为给公司带来报酬最基本的资产是长期性资产，其中主要又是固定资产，而流动资产的盈利能力非常低，持有过多的流动资产会降低公司的报酬。分析时需注意流动资产比率的增长是否和营业利润同步增长，若二者呈现出同步增长的态势，则说明公司正在发挥现有潜力，资金周转速度较快，经营状况较好；反之，若流动资产的增长超过营业利润的增长，则可能意味着公司产品销售不畅，经营状况不甚理想。有时流动资产与公司利润会呈现同时下降的情况，分析时应结合公司的长期资产变动情况进行分析，如公司长期投资的状况、在建工程的状况等，因为公司在增加这些资产的投资时可能会降低在流动资产上的投入，而长期资产由于投资回收速度较慢，因此会引起公司利润同时下降。

长期资产主要是指公司除了流动资产以外的资产，由固定资产、长期投资、无形资产等项目组成。通常来说，长期资产是公司发展所必不可少的基础，长期资产的水平决定了公司生产技术的水平、生产的规模以及公司的产业结构，并进而对公司的报酬起着决定性的作用。由于长期资产由固定资产、长期投资以及无形资产等具体项目组成，而每一部分资产又有着不同的特点，对公司也产生不同的影响，应分别对不同的项目进行具体分析。

(3) 公司筹资管理状况对投资报酬的影响分析。公司筹资管理对其报酬的影响主要体现在公司的资本结构安排上。所谓资本结构，是指公司各种长期资本占总资产的比重或者指各种长期资本之间的比例关系。资本结构对公司报酬的影响主要来自杠杆的利用程度，即长期负债在公司总资本中所占的比重。由于负债利息的固定性，使得随着公司利润(主要指息税前利润)增加，所有者权益不断增加，通常表现为净资产收益率不断增加。因此公司对资本结构的分析通常都是以负债为核心展开的。

① 公司负债经营状况分析。公司经营所运用的资金，有来自于所有者的，也有来自于债权人的。所有者的出资是公司最基本的资金来源，公司是以这部分资金为基础开展各项经营活动的，公司要通过持续不断的经营实现所有者权益的保值和增值。但仅依靠所有者的投入资本实现公司的经营目标并不是一种明智的做法，绝大多数的公司或多或少都要从外部借入资金进行经营，即所谓的负债经营，而且不同的公司负债经营的程度和水平也各不相同。我们提供了分析公司负债经营水平和负债经营风险的模板，帮助分析人员针对公司负债经营对其报酬的影响进行分析，并提供相应的说明帮助审计人员做出职业判断。如图7-19所示。

	A	B	C	E	F	G
1						
2	评价内容	基本指标	计算公式	上年数	本年数	增减率
3	负债经营比率	负债经营率	长期负债总额÷总资产	22.26%	8.95%	-59.81%
4		财务杠杆系数	息税前利润÷（息税前利润-利息）	149.81%	133.13%	-11.14%

图 7-19 负债经营比率

公司的负债又分为流动负债和长期负债。流动负债中的相当一部分是在经营过程中自然形成的，如应付工资、应交税金等，只有短期借款是为了维持日常运营而主动借入的资金。流动负债由于期限较短、不稳定，很难发挥杠杆的效应，因此公司负债经营状况的研究总是围绕长期负债展开的。长期负债通常是公司有意借用他人的资金，有确定的利息支出和确定的还款期。通常意义上的负债经营，就是指公司凭借长期负债来进行的生产经营。而衡量公司负债经营水平的指标用负债经营率来表达，即

$$负债经营率=\frac{长期负债总额}{总资产}\times100\%$$

公司负债经营率的高低，与公司所处行业的特点、公司本身的规模、资金来源的渠道、资金的成本等有很大的关系。一般来说，负债经营率的变化，与银行长期贷款利率成反比，利率越高，负债经营率越低；与公司的盈利能力成正比，公司盈利能力越强，负债经营率越高。因此一个公司的负债经营率为多少是合适的并没有一个绝对的标准。负债经营率的高低反映了公司资金来源结构的独立性和稳定性，比率过高公司的独立性较差，过低又说明公司的资金利用率不高。

负债经营对公司来讲，并没有绝对的好与不好，需要与公司的实际情况相适应。公司负债经营率高，说明公司在财务政策上较激进，善于利用他人资金，有利于公司降低综合资金成本，从而发挥财务杠杆效用，提高公司报酬，但这种有利的影响通常是发生在公司的盈利状况较理想时，如果公司的盈利状况不好，会因负担大量的利息而带来报酬更快的下降。相反，如果公司负债经营率很低，则说明公司采取了较为保守和谨慎的财务政策，这样的安排使公司在财务上比较安全，不会因负担不了利息而陷入财务困境中，但同时这样的公司也享受不到负债利息较低并可在所得税前列支的法规优惠，使得所有者的最终报酬并不理想。因此在分析公司的负债经营情况时，应结合其盈利能力来进行。

② 公司负债经营的风险性分析。公司负债经营是有风险的，即负债经营并不总是有利的，有时负债经营会给公司带来沉重的负担，从而引起公司收益大幅度的下滑，甚至导致公司的亏损。负债的这种双重效应通常称为负债的杠杆作用，衡量杠杆作用程度的指标称为财务杠杆系数。

$$财务杠杆系数=\frac{息税前利润}{息税前利润-利息}$$

$$息税前利润=净利润+利息+所得税$$

通常公司负债水平越高，杠杆作用程度越大，财务杠杆系数越高。具体来说，即当公司利润上升时，由于杠杆的作用会使得公司净资产收益率上升得更快，但当公司利润下降时，同样的原因会导致净资产收益率下降得也更快；公司负债水平越低，杠杆作用程度越小，则情况将完全相反，因此财务杠杆的利用是有风险的。通过对财务杠杆系数的计算，审计人员可以了解公司负债利用的情况，并借以判断公司负债的风险水平，进而可判断其对公司报酬的影响程度。对于财务杠杆系数维持

在什么样的水平比较合适并无绝对的标准，通常可根据行业的平均水平加以比较推断。

③ 股权资本成本对投资报酬的影响分析。以净资产收益率作为衡量公司报酬的指标时，通常只考虑了债务筹资的成本，而并未对股权资本的成本加以考虑，这样实际上低估了公司的资本成本，使得股东的利益并未被真正关注。所以理论界提出了用经济增加值或称经济利润(EVA)来衡量公司的真正报酬。这种观点认为，只有收回全部资本成本后的利润才是真正的利润即所谓的经济利润，而公认的会计报告利润不是真正的利润，如果公司的经济利润为负数，即便会计报告有盈利，实际上也是亏损的，因为这样是被认为在侵蚀股东的财富。因此，在分析公司的盈利状况时，也应注意股权资本成本对公司报酬的影响，可借鉴经济利润的理论来衡量公司的报酬情况。

7.4.3　功效系数法国有资本金效绩评价模型

2002 年国家财政部、经济贸易委员会等部门联合发布了《企业效绩评价操作细则(修订)》(1999 年国有资本金效绩评价体系的修订版)。这一体系选择的指标包括三个部分四种类别 28 个指标，核算的步骤多，计算较复杂，如果以手工操作，数据的计算将消耗大量的人力和时间，错误也在所难免。如果采用 Excel 建立评价模板，只需录入企业报表或指标的数据、标准值和专家评议结果值，模板就会按照事先设置好的计算公式，自动生成评价结果。

经营业绩综合评价功效系数法的步骤包括：选择业绩评价指标，确定各项业绩评价指标的标准值，确定各项业绩评价指标的权数，计算各类业绩评价指标得分，计算经营业绩综合评价分数，得出经营业绩综合评价分级。

1. 选择业绩评价指标

根据财政部等部委颁布的国有资本金效绩评价体系，企业效绩评价指标由反映企业财务效益状况、资产营运状况、偿债能力状况和发展能力状况四方面内容的基本指标、修正指标和评议指标三个层次共 28 项指标构成。各项指标具体内容如下。

(1) 基本指标
基本指标是评价企业效绩的核心指标，用以形成企业效绩评价的初步结论。

① 财务效益状况

$$净资产收益率 = \frac{净利润}{平均净资产} \times 100\%$$

$$总资产报酬率 = \frac{息税前利润总额}{平均资产总额} \times 100\%$$

② 资产营运状况

$$总资产周转率(次)=\frac{主营业务收入净额}{平均资产总额}$$

$$流动资产周转率(次)=\frac{主营业务收入净额}{平均流动资产总额}$$

③ 偿债能力状况

$$资产负债率=\frac{负债总额}{资产总额}\times100\%$$

$$已获利息倍数=\frac{息税前利润总额}{利息支出}$$

④ 发展能力状况

$$销售(营业)增长率=\frac{本年主营业务收入增长额}{上年主营业务收入总额}\times100\%$$

$$资本积累率=\frac{本年所有者权益增长额}{年初所有者权益}\times100\%$$

(2) 修正指标

修正指标用以对基本指标形成的初步评价结果进行修正，以产生较为全面、准确的企业效绩基本评价结果。

① 财务效益状况

$$资本保值增值率=\frac{扣除客观因素后的年末所有者权益}{年初所有者权益}\times100\%$$

$$主营业务利润率=\frac{主营业务利润}{主营业务收入净额}\times100\%$$

$$盈余现金保障倍数=\frac{经营现金净流量}{净利润}$$

$$成本费用利润率=\frac{利润总额}{成本费用总额}\times100\%$$

② 资产营运状况

$$存货周转率(次) = \frac{主营业务成本}{存货平均余额}$$

$$应收账款周转率(次) = \frac{主营业务收入净额}{应收账款平均余额}$$

$$不良资产比率 = \frac{年末不良资产总额}{年末资产总额} \times 100\%$$

③ 偿债能力状况

$$现金流动负债比率 = \frac{经营现金净流量}{流动负债} \times 100\%$$

$$速动比率 = \frac{速动资产}{流动负债} \times 100\%$$

④ 发展能力状况

$$三年资本平均增长率 = \sqrt[3]{\frac{年末所有者权益总额}{三年前年末所有者权益总额}} - 1$$

$$三年销售平均增长率 = \sqrt[3]{\frac{当年主营业务收入总额}{三年前主营业务收入总额}} - 1$$

$$技术投入比率 = \frac{当年技术转让费支出与研发投入}{主营业务收入净额} \times 100\%$$

(3) 评议指标

评议指标是用于对基本指标和修正指标评价形成的评价结果进行定性分析验证，以进一步修正定量评价结果，使企业效绩评价结论更加全面、准确。评议指标包括：

① 经营者基本素质；

② 产品市场占有能力(服务满意度)；

③ 基础管理水平；

④ 发展创新能力；

⑤ 经营发展战略；

⑥ 在岗员工素质；

⑦ 技术装备更新水平(服务硬环境)；

⑧ 综合社会贡献。

2. 确定指标标准值及标准系数

(1) 基本指标标准值及标准系数

基本指标评价的参照水平即标准值由财政部定期颁布，分为五档。不同行业、不同规模的企业有不同的标准值。

(2) 修正指标标准值及修正系数

基本指标有较强的概括性，但是不够全面。为了更加全面地评价企业效绩，另外设置了 4 类 12 项修正指标，根据修正指标的高低计算修正系数，用得出的系数去修正基本指标得分。计算修正系数的"修正指标的标准值区段等级表"由财政部定期发布。

(3) 标准值

基本指标和修正指标的标准值由财政部定期公布，在 Excel 模板设计时可以制作标准值录入表页，作为模板的输入数据之一，以便在新的年度时重新录入指标的标准值，或在行业改变时，录入新行业的标准值。

3. 确定各项经济指标的权数

指标的权数根据评价目的和指标的重要程度确定。一般情况下对企业效绩评价实行百分制。指标权数采取专家意见法——特尔菲法确定。其中：计量指标权重为 80%，非计量指标权重为 20%。在实际操作过程中，为计算方便，三层次指标权数均先分别按百分制设定，然后按权重还原。表 7-1 所示是竞争性工商企业效绩评价指标体系中各类及各项指标的权数或分数。

表 7-1　企业效绩评价指标体系及其各项指标权数

定量指标(权重 80%)					定性指标(权重 20%)		
指标类别 (100 分)		基本指标(100 分)		修正指标(100 分)		评议指标(100 分)	
财务效益状况	38	净资产收益率	25	资本保值增值率	12	经营者基本素质	18
		总资产报酬率	13	主营业务利润率	8	产品市场占有率	16
				成本费用利润率	10	基础管理水平	12
				盈余现金保障倍数	8	发展创新能力	14

(续表)

定量指标(权重80%)					定性指标(权重20%)	
指标类别 (100分)	基本指标(100分)		修正指标(100分)		评议指标(100分)	
资产营运状况 18	总资产周转率	9	存货周转率	5	经营发展战略	12
	流动资产周转率	9	应收账款周转率	5	在岗员工素质	10
			不良资产比率	8	技术装备更新水平	10
偿债能力状况 20	资产负债率	12	速动比率	10	综合社会贡献	8
	已获利息倍数	8	现金流动负债比率	10		
发展能力状况 24	销售增长率	12	三年销售平均增长率	8		
	资本积累率	12	三年资本平均增长率	9		
			技术投入比率	7		

4. 评价计分方法

企业效绩评价的主要计分方法是功效系数法,用于计量指标的评价计分;辅助计分方法是综合分析判断法,用于评议指标的评价计分。根据评价指标体系的三层次结构,企业效绩评价的计分方法分为基本指标计分方法、修正指标计分方法、评议指标计分方法和定量与定性结合计分方法。

在 Excel 模板设计时,根据企业基本财务指标的数据,参照指标的标准值,按照功效系数法的运算步骤和计分方法,运用 Excel 提供的函数、数据链接功能,可以编制计算公式,生成相应的中间计算过程表页。

(1) 基本指标计分方法

基本指标计分方法是指运用企业效绩评价基本指标,将指标实际值对照相应评价标准值,计算各项指标实际得分。计算公式为

$$基本指标总得分 = \Sigma 单项基本指标得分$$

$$单项基本指标得分 = 本档基础分 + 调整分$$

$$本档基础分 = 指标权数 \times 本档标准系数$$

$$调整分 = \frac{实际值 - 本档标准值}{上档标准值 - 本档标准值} \times (上档基础分 - 本档基础分)$$

$$上档基础分 = 指标权数 \times 上档标准系数$$

对有关指标的分母为 0 或为负数时的特殊情况，作如下具体处理规定：

① 对于净资产收益率、资本积累率指标，当分母为 0 或小于 0 时，该指标得 0 分。

② 对于已获利息倍数指标，当分母为 0 时，则按以下两种情况处理：如果利润总额大于 0，则指标得满分；如果利润总额小于或等于 0，则指标得 0 分。

在每一部分指标评价分数计算出来后，要计算该部分指标的分析系数。分析系数是指企业财务效益、资产营运、偿债能力、发展能力四部分评价内容各自的评价分数与该部分权数的比率。基本指标分析系数的计算公式为

$$某部分基本指标分析系数 = \frac{该部分指标得分}{该部分权数}$$

(2) 修正指标计分方法

修正指标计分方法是在基本指标计分结果的基础上，运用修正指标对企业效绩基本指标计分结果作进一步调整。修正指标的计分方法仍运用功效系数法原理，以各部分基本指标的评价得分为基础，计算各部分的综合修正系数，再据此计算出修正指标分数。计算公式为

$$修正后总得分 = \Sigma 四部分修正后得分$$

$$各部分修正后得分 = 该部分基本指标分数 \times 该部分综合修正系数$$

$$综合修正系数 = \Sigma 该部分各指标加权修正系数$$

$$某指标加权修正系数 = \frac{修正指标权数}{该部分权数} \times 该指标单项修正系数$$

$$某指标单项修正系数 = 1.0 + (本档标准系数 + 功效系数 \times 0.2 \quad 该部分基本指标分析系数)$$

$$功效系数 = \frac{指标实际值 - 本档标准值}{上档标准值 - 本档标准值}$$

$$该部分基本指标分析系数 = \frac{该部分基本指标得分}{该部分权数}$$

在计算修正指标的修正系数时，对有关指标的单项修正系数作如下特殊规定：

① 当盈余现金保障倍数的分母为 0 或负数时，如果分子为正，则其单项修正系数确定为 1.0；如果分子也为负，则其单项修正系数确定为 0.9。

② 如果资本保值增值率和三年资本平均增长率指标的分子、分母出现负数或分母为 0 时，则按如下方法确定其单项修正系数：如果分母为负，分子为正，则单项修正系数确定为 1.1。如果分母及分子都为负，但分子的绝对值小于分母的绝对值，则单项修正系数确定为 1.0；反之，分子的绝对值大于分母的绝对值，则单项修正

系数确定为 0.8。如果分母为正，分子为负，则单项修正系数确定为 0.9。当分母为
0 时，如果分子为正，其单项修正系数确定为 1.0；如果分子为负，其单项修正系数
确定为 0.9。

③ 如果不良资产比率指标实际值低于或等于行业平均值，单项修正系数确定为
1.0；如果高于行业平均值，用以上计算公式计算。

④ 如果技术投入比率指标没有行业标准，该指标单项修正系数确定为 1.0。

在每一部分修正后的评价分数计算出来后，要计算该部分修正后的分析系数，
用于分析每部分的得分情况。计算公式为

$$某部分修正后分析系数 = \frac{该部分修正后分数}{该部分权数}$$

(3) 评议指标计分方法

评议指标计分方法是根据评价工作需要，运用评议指标对影响企业经营效绩的
相关非计量因素进行深入分析，做出企业经营状况的定性分析判断。具体根据评议
指标所考核的内容，由不少于 5 名的评议人员依据评价参考标准判定指标达到的等
级，然后计算评议指标得分。计算公式为

$$评议指标总分 = \Sigma 单项指标分数$$

$$单项指标分数 = \Sigma \frac{单项指标权数 \times 每位评议人员选定的等级参数}{评议人员总数}$$

如果被评价企业会计信息发生严重失真、丢失或因客观原因无法提供真实、合
法会计数据资料等异常情况，以及受国家政策、市场环境等因素的重大影响，利用
企业提供的会计数据已无法形成客观、公正的评价结论，经相关的评价组织机构批
准，可单独运用评议指标进行定性评价，得出评价结论。

(4) 定量与定性结合计分方法

定量与定性结合计分方法是将定量指标评价分数和定性指标评议分数按照规定
的权重拟合形成综合评价结果，即根据评议指标得分对定量评价结论进行校正，计
算出综合评价得分。其计算公式为

$$定量与定性结合评价得分 = 定量指标分数 \times 80\% + 定性指标分数 \times 20\%$$

5. 评价结果

企业效绩评价结果以评价得分和评价类型加评价级别表示，并据此编制评价报
告。评价类型是评价分数体现出来的企业经营效绩水平。用文字和字母表示，分为
优(A)、良(B)、中(C)、低(D)、差(E)五种类型；评价级别是指对每种类型再划分级
次，以体现同一类型中的不同差异，采用在字母后标注"+"、"–"号的方式表示。

评价类型以评价得分为依据，按 85、70、50、40 四个分数线作为类型判定的资格界线。

优(A)：评价得分达到 85 分以上(含 85 分)。

良(B)：评价得分达到 70～85 分(含 70 分)。

中(C)：评价得分达到 50～70 分(含 50 分)。

低(D)：评价得分达到 40～50 分(含 40 分)。

差(E)：评价得分在 40 分以下。

以上五种评价类型再划分为十个级别，分别是：优(A++、A+、A)、良(B+、B、B-)、中(C、C-)、低(D)、差(E)。

当评价得分属于"优"、"良"类型时，以本类分数段最低限为基准，每高出 5 分(含 5 分，小数点四舍五入)，提高一个级别；当评价得分属"中"类型时，60 分以下用"C-"表示，60 分以上(含 60 分)用 C 表示；当评价得分属于"低"、"差"类型时，不分级别，一律用 D、E 表示。

企业效绩评价结果以汉字、英文和"+"、"-"符号共同标示，如优(A+)、低(D)。

6. Excel 国有资本金效绩评价模板的建立

根据前述功效系数法国有资本金效绩评价方法，运用 Excel 设计操作模板。模板的数据流程如图 7-20 所示。

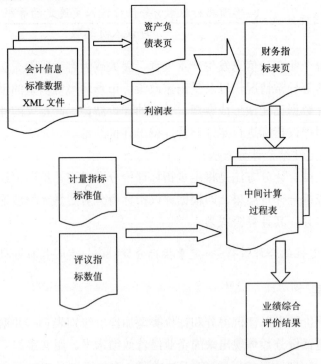

图 7-20　功效系数法国有资本金效绩评价模板数据流程

(1) 建立基本指标和修正指标表页

20 个指标，绝大多数可以从资产负债表和利润表中取数计算，鉴于目前大多数企业已经实现了会计电算化，设计模板时，要考虑利用 Excel 获取外部数据功能或 ODBC 功能，从财务软件数据库中把总账数据引到 Excel 的总账表页。然后根据总账表页，利用 Excel 的数据链接功能，可以生成资产负债表和利润表表页。对于不能直接取数生成的指标，可以建立一专门表页，输入数值。本实验可以利用前述胜利钢铁厂的资产负债表和利润表数据，运用 Excel 的数据链接功能，生成基本的 20 个财务指标。

(2) 计量指标的标准值

基本指标和修正指标的标准值由财政部定期公布，在 Excel 模板设计时可以制作标准值录入表页，以便在新的年度时重新录入指标的标准值，或在行业改变时，录入新行业的标准值。图 7-21 所示是本年度企业钢铁企业的标准值数据。

财务分析模板 [兼容模式]						
	A	B	C	D	E	F	G
行业标准值录入与修改						
	基本指标	项目	优秀	良好	平均	较低	较差
			1	0.8	0.6	0.4	0.2
	一、财务效益状况	净资产收益率	11	8.1	4.3	0.9	-5.1
		总资产报酬率	7.2	5.5	3.7	1.4	-1.9
	二、资产运营状况	总资产周转率	1.1	0.8	0.5	0.3	0.1
		流动资产周转率	2.7	2.2	1.6	1	0.4
	三、偿债能力状况	资产负债率	36.6	46.5	59.7	77.3	91.8
		已获利息倍数	5.8	4.2	3.1	1.3	-1.2
	四、发展能力状况	销售增长率	26.9	16.1	8.5	-4.8	-20.7
		资本积累率	15.5	8.7	4.4	-2.1	-11.7
	修正指标		优秀	良好	平均	较低	较差
			1	0.8	0.6	0.4	0.2
	一、财务效益状况	资本保值增值率	107.2	105.6	102.8	100.2	94.2
		主营业务利润率	22.4	18.4	12.7	7.4	1.6
		盈余现金保障倍数	8.2	4.1	2.3	1	-1.1
		成本费用利润率	12.1	9.6	6.5	-2.3	-9.7
	二、资产运营状况	存货周转率	8.4	6.3	4.9	3.1	1.7
		应收帐款周转率	20.5	13.4	8.3	4.4	1.9
		不良资产比率	1	2.6	5.7	15	28.4
	三、偿债能力状况	速动比率	110.7	91.2	64.9	46.8	26.3
		现金流动负债比率	21.9	15.9	10.9	3.4	-5.5
	四、发展能力状况	三年销售平均增长率	17	12.4	6.5	-3.3	-16.1
		三年资本平均增长率	31.2	24.8	8.2	-0.4	-19.5
		技术投入比率	1.8	1.4	0.9	0.3	0.2

图 7-21　大型钢铁行业 2010 年基本、修正指标标准值

(3) 编制评议指标录入表页、中间计算过程表页和业绩评价结果表页

该评价体方法中的指标体系计算过程中涉及三张财务报表之外的数据，根据前述胜利钢铁厂的数据资料，补充数据如图 7-22 所示。

	A	B	C
1		企业经营业绩补充数据录入	
2		年末不良资产总额	800,000.00
3		三年前主营业务收入总额	5,581,354,214.00
4		三年前年末所有者权益总额	3,473,535,150.00
5		当年技术转让费支出与研发投入	226,000,000.00

图 7-22　补充数据录入

通过计算得出的结果，再结合实际情况进行具体的评价。

第8章

基于标准数据建立数据仓库及应用

通过标准数据接口导出的数据除作为日常分析应用外，通过每年数据的积累，还可进行长期的数据分析，为管理决策提供依据。其中一种方法就是将导出的标准数据建立数据仓库，然后在此基础上进行所需的财务分析和深度的数据挖掘。本章通过案例的方式来介绍基于标准数据建立会计数据仓库的基本方法和初步的财务分析应用，体现一种标准数据的应用思路。在标准数据的实际应用中，可根据单位的实际情况采用专用工具建立基于标准数据的数据仓库，并进行深度应用。

8.1 基于标准数据建立会计数据仓库

8.1.1 应用分析

1. 创建企业会计数据仓库的依据

本部分依据 2010 年颁布的国家标准 GB/T 24589.1—2010《财经信息技术 会计核算软件数据接口》，根据其规定的数据结构、数据元素等，建立企业会计数据仓库。该标准与 2004 年颁布的《信息技术 会计核算软件数据接口》标准比起来，增加了固定资产、工资、应收应付模块的数据接口标准，并统一规范了各数据元素的标识符。

2. 标准版本升级后的处理方法

会计核算软件数据接口标准是随着信息化建设的需要，在不断的实施应用中，为满足各行业要求而不断更新的过程。按照国家标准化管理委员会的要求，标准在实施两年后，可根据情况进行修订。因此，随着时间的推移，标准就会形成按照年份来区分的版本,主流会计软件厂商针对标准也就会存在多个(软件/数据输出)版本。

本书将采用最新的版本，同时结合 2004 年颁布的接口标准，来创建企业会计数据仓库。不同的标准版本需要进行不同的归一化处理，所有的标准版本将会在以前标准颁布的基础之上，依据新标准进行统一的规范化处理。

3. 数据仓库的创建目标

数据仓库创建的主要目的就是通过它的多维模式结构、快速计算分析能力和强大的输出信息能力，为决策分析提供强有力的支持。本章讨论的企业会计数据仓库的创建主要有以下几个目标：

(1) 为企业单位进行分析及决策提供支持。企业使用的会计核算软件，可能是一种，也可能是几种，且随着企业的不断发展，企业所选用的软件并不一定能完全满足本单位对会计数据进行分析和管理的需要。企业数据仓库中已具备了具有统一标准规范化的会计基础数据和业务数据，经过若干年的数据积累，数据仓库中已经形成了规范化的历史数据，在此基础上，企业就能够通过会计数据仓库，利用有关的分析预测工具对本单位的发展进行有关的分析、预测。

(2) 为财务分析信息化奠定基础。规范化的数据仓库的创建，使得财务分析人员能够更容易获取单位的业务数据，在会计数据仓库的基础数据上形成数据集市，并根据具体的财务分析需求建立财务分析模型。

(3) 为银行等中介机构提高工作效率。目前对企业单位而言，这类机构主要是会计师事务所、银行和一些咨询类机构。它们主要为企业提供审计或金融等相关服务，或是根据企业的需要，为其提供制度设计、专项分析、改制方案等中介业务服务。有了规范化的企业会计数据仓库，就可以根据本单位各种业务的需要，建立各种分析模型，分析研究对电子会计数据的使用。

4. 数据的来源

对于企业会计数据仓库数据的来源主要有两种方式，第一种就是企业原有 ERP 系统中的数据或相应管理系统中的数据，对于该种方式可以通过会计软件提供的数据导出接口，对系统中的数据进行导出后获取，会计软件一般都提供了 Excel、DBF、TEXT 等数据导出格式；也可以进入系统数据库，通过 SQL 命令进行数据采集。另一种就是通过对数据直接采集的方式，该方式需要预先编制数据输入程序，然后由用户输入数据。

对于第一种获取数据的方式，在这里需要注意的是，在不同的会计软件中，或不同的标准版本中，同样的数据导出的数据表和内容是有差异的，因此在数据进入数据仓库之前，需要将数据通过转换进行归一化处理后，才能进入数据仓库。会计软件中的数据，按照关系型数据库的原理，以结构数据的方式存放在数据表中。数据表是存放会计电子数据的物理结构，要取出存放在计算机中的数据，首先必须知道这些数据存放在哪个数据表中。但是，对于不同的会计核算软件，数据存放在数据表中的处理方式往往是不同的。例如，大部分会计核算软件把"科目余额及发生额"的会计科目信息存放在一个数据表中，而有一些会计核算软件却把会计科目信息分别存储在几个不同的数据表中。所以在进行企业会计数据仓库设计时，并不能完全对应到会计核算软件中的数据表和字段，首先应该确定各数据元素与会计核算软件数据之间的对应关系。根据接口标准中要求输出的内容，结合会计核算软件中会计数据的一般存储规律，可以把数据元素之间的对应关系归纳为以下几种：

(1) 数据元素一对一的对应关系。在会计核算软件中可以找到与数据元素对应的数据表和字段，可以直接获取会计核算软件中的数据。该种对应关系是最简单的对应关系。

(2) 数据元素一对多的对应关系。该种对应关系必须对数据源进行处理，才能够满足标准规定的数据元素的需要。因为直接从会计核算软件中获取的数据并不是接口标准所需要的数据，例如报表中的数据，很多都是根据会计科目、科目余额、会计凭证等数据，按照一定的方法计算出来的。

(3) 数据元素多对一的对应关系。该种对应关系同数据元素一对多对应关系类似。例如，标准中科目余额及发生额与记账凭证数据表中的 30 个辅助项数据元素，在以前颁布的会计核算软件数据接口标准中，对应于相应数据表中的辅助核算组数据元素。

8.1.2　企业会计数据仓库的设计方法

根据企业会计数据仓库设计的目标，会计数据仓库存储的是历史数据。面对大量的历史数据，如何对海量数据进行有效的管理，以便更好地识别数据进而去利用数据，数据仓库的设计方法将成为关键。如果数据仓库的结构设计和标准数据接口设计一致，虽然达到了与标准结构一致，便于多种软件共享数据资源，但是由于数据仓库数据表太多，却不利于数据的管理。

这里将根据 GB/T 24589.1—2010《财经信息技术 会计核算软件数据接口》，在标准数据结构设计的基础上，增加部分数据表及数据元素，实现对数据的管理。如增加数据元素"单位代码"，可以有效地管理集团企业的数据；增加数据元素"年度"，可以按年度来保存数据，并且有利于后期企业对数据进行跨年度分析等。

1. 数据的跨年度连接设计方法

GB/T 24589.1—2010《财经信息技术 会计核算软件数据接口》中，主要针对的是单体企业某个年度的会计数据，并规范了其数据元素的结构及输出数据文件的格式，对于跨年度企业会计数据如何存储的处理方法，在标准中并没有进行具体规定。针对跨年度会计数据在数据仓库中的存储，处理方法是以标准中对所有数据表的数据结构设计为基础，在没有会计年度数据元素的数据表中增加了"会计年度"数据元素；对于包含多个企业单位的集团企业，为了能够在一张表中存储并维护集团内所有企业单位的会计数据，在增加"会计年度"数据元素的同时也增加了"单位代码"、"单位名称"数据元素；同时为了维护各企业单位的会计数据，增加了企业单位基本信息表。企业单位基本信息表的数据结构如表8-1所示。

表8-1　企业单位基本信息表数据结构

数 据 表	数 据 元 素	说　明
企业单位基本信息表	单位代码	核算单位代码
	单位名称	核算单位名称
	单位性质	企业所属性质
	行业	企业所属行业
	地址	企业所在地址
	电话	联系电话

此外，为了后期数据的追加，对所有数据表增加"月份"数据元素，实现按月进行数据的追加，特别是对于基础业务数据的追加，为用户对近期业务进行分析决策提供基础性数据。对于标准中规定的公共档案类及各类数据表中的基本信息，即在整个年度中不会有多大变化的数据信息，在按月追加的过程中，可能每个月份追加的数据都是相同的，以至于占用空间造成数据冗余，从而降低了数据仓库的访问效率。所以针对该种情况，在每个月进行数据追加的时候，由程序限定对于基本信息首先通过对比本年度前一个月份的数据，只对于增加的数据进行追加，同时注明所增加数据的所属月份，对于相同的数据信息则保持不变，不仅减少了数据的重复出现，也对历史数据进行了有效的保存。

以上是对跨年度数据的处理。由于数据仓库中数据表过多，考虑到如何对集团内各个企业单位的会计数据进行有效管理，以及对数据仓库中的数据如何能够得到有效的利用等问题，在数据仓库的设计中，将增加数据运行总控制表，即在集团内各企业单位数据追加的过程中，通过对数据仓库中相应数据表的变动情况进行记录，从而实现对所有数据表的有效管理。数据运行总控制表中，数据元素主要包括数据变动所对应的企业单位、数据表、会计年度以及对应的日期。具体的数据运行总控制表数据结构如表8-2所示。

表8-2　数据运行总控制表数据结构

数 据 表 名	数 据 元 素	说　明
数据运行总控制表	单位代码	核算单位代码
	单位名称	核算单位名称
	数据表名	核算单位追加的数据表名

(续表)

数 据 表 名	数 据 元 素	说　　明
数据运行总控制表	会计年度	数据表所属的会计年度
	会计期间	对应的会计期间号
	日期	追加的日期
	是否追加	追加的状态

2. 年度变动会计科目的处理方法

在 GB/T 24589.1—2010《财经信息技术　会计核算软件数据接口》中，对于会计科目的数据接口设计，主要针对的也是某个年度会计科目的数据接口设计，而对于不同年度会计科目如果存在变动，在对期初进行初始化时，如何处理变动后的会计科目期初余额，标准中没有进行具体规定及说明。针对不同年度会计科目的变动有以下几种情况：

(1) 一对多的关系

一对多的关系，指对于上个年度的某个会计科目，在本年度被分成了多个会计科目进行业务核算。例如，在 2008 年度会计科目"1002 银行存款"是个末级会计科目，没有下级会计科目，在 2009 年度初增加了两个二级科目，即"1002-01 招商银行"和"1002-02 中国银行"。

(2) 多对一的关系

多对一的关系，同一对多的关系相反，也就是在上个年度有多个会计科目，在本年度合为一个会计科目来进行业务的核算。例如，2008 年度两个会计科目"5502-01 差旅费"和"5502-02 办公费"，在 2009 年度二级会计科目合并为一个会计科目进行核算，或者被一个新的会计科目所取代。

针对上述两种情况，根据不同的会计科目对应关系应进行不同的处理。首先对于一对多的关系，在本年度会计科目期初余额初始化过程中，将上个年度该会计科目的期末余额根据合理的算法，分配到本年度对应扩展的各会计科目期初余额中去；而对于多对一的关系则较简单，直接将上个年度几个对应会计科目的期末余额求和后，存入本年度对应合并后的会计科目中去。

其实，除了这两种对应关系，还有一种对应关系存在两种情况。例如，第一种情况是，对于非一级会计科目，有多个同级别并且直接上级科目相同的会计科目，在本年度减少了一个或多个，而其他几个同级会计科目仍然存在。而针对该种情况，这里采用与一对多关系相似的处理方法，将减少的会计科目期末余额采用合理算法分配到其他几个同级会计科目期初余额中。第二种情况与第一种情况相反，对于非一级会计科目，同级别并且直接上级科目相同的会计科目，在本年度又新增了一个。针对这种情况，处理方法是，新增的会计科目期初余额初始化为 0。

针对不同的会计年度，会计科目存在变动的情况，具体的处理方法是：在标准接口设计的基础上，增加会计科目变动表以及科目期初余额变动表。即年初在追加本年度会计科目数据的时候，通过对数据进行标准化导入数据仓库后，对导入年度与上年度会计科目进行对比，通过对比后将两个年度不一样的会计科目信息暂时存入会计科目变动表中。同时，将科目余额及发生额数据表也暂时存入科目期初余额变动表，然后将会计科目变动表中的会计科目，通过预先设置好的算法对减少或增加的会计科目余额进行处理，再将处理后的期初数据存放于科目期初余额变动表中，最后再导入数据仓库中的科目余额及发生额表中。对于跨年度会计科目变动情况期初科目余额处理的逻辑流程如图 8-1 所示。

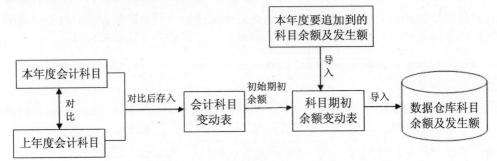

图 8-1　跨年度会计科目变动下科目期初余额处理逻辑图

其中，会计科目变动表结构如表 8-3 所示。

表 8-3　会计科目变动表结构

数　据　表	数　据　元　素	说　　明
会计科目变动表	单位代码	核算单位代码
	单位名称	核算单位名称
	会计年度	会计科目所属会计年度
	月份	追加数据所属月份
	科目编号	会计科目的编号
	科目名称	会计科目的名称
	科目类型	会计科目所属的类型
	科目级次	科目级次
	余额方向	会计科目的余额方向
	上级科目编号	该会计科目上级科目编号
	是否末级	字符(1 为"是"，0 为"否")

科目期初余额变动表结构同标准中数据表结构相同，这样可以保存原始的科目余额及发生额信息，其数据表结构设计如表 8-4 所示。

表 8-4 科目期初余额变动表结构

数 据 表	数 据 元 素	说 明
科目期初余额变动表	单位代码	核算单位代码
	单位名称	核算单位名称
	会计年度	会计科目所属会计年度
	月份	追加数据所属月份
	科目编号	会计科目的编号
	辅助项 1 编号	会计科目的辅助核算项序号
	……	……
	辅助项 30 编号	会计科目的辅助核算项序号
	期初余额方向	科目期初借贷方向
	期末余额方向	科目期末借贷方向
	币种编码	币种的编码
	计量单位	业务对象实物计量尺度
	会计年度	所属会计年度
	会计期间号	所属会计期间号
	期初数量	科目期初数量余额
	期初原币余额	期初原币的余额
	期初本币余额	期初本币的余额
	借方数量	借方发生的合计数
	借方原币金额	借方发生额的原币合计数
	借方本币金额	借方发生额的本币合计数
	贷方数量	贷方发生的合计数量
	贷方原币金额	贷方发生额的原币合计数
	贷方本币金额	贷方发生额的本币合计数
	期末数量	期末数量合计数
	期末原币余额	期末原币余额数量
	期末本币余额	期末本币余额数量

在会计科目变动表中，数据元素"上级科目编号"以及数据元素"是否末级"的设计目的，主要是在会计科目年度对比后，使对比结果不同的会计科目能够方便地根据不同的处理方法进行程序处理。在处理过程中，首先将本年度年初要追加的会计科目同数据仓库中上个年度的会计科目对比，然后通过程序来判断，属于哪种对应关系，再根据不同的对应关系进行结果处理，将处理后的科目期初余额存入科目期初余额变动表中，最后将数据标准化后导入到数据仓库中科目余额及发生额数

据表中。

8.1.3 主题域的确定

数据仓库是面向主题的，所以主题的确定是企业会计数据仓库设计的关键，主题划分的合理与否，直接影响到数据仓库的利用效率。根据主题，设计出一个数据仓库的粗略蓝本，以此为工具来确认数据仓库的设计者是否已经正确地理解了数据仓库的最终用户的信息需求。由此，依据会计核算软件数据接口对应的内容，其中GB/T 24589.1—2010《财经信息技术 会计核算软件数据接口》针对数据元素主要分为五大类，即公共档案类数据元素、总账类数据元素、应收应付类数据元素、固定资产类数据元素、员工薪酬类数据元素。主题即对应分析领域的一个分析对象，也是后期数据仓库中主要实体即事实表所要瞄准的目标，所以创建的企业会计数据仓库根据需求分析，主题也分为除了描述基本信息的公共档案类外的四类，公共档案类数据是其他至少两类数据所用到的公共数据元素。不同的主题之间会有相同的内容，如有些数据元素相同，说明了不同主题之间的联系。

(1) 总账类：由于总账主要分析的是报表、科目余额及发生额、记账凭证，所以总账类所对应的主题就有报表主题、科目主题、记账凭证主题。

(2) 应收应付类：应收应付主要记录了往来单位即供应商、客户的业务情况，所以应收应付类所对应的主题就有应收业务主题、应付业务主题。

(3) 固定资产类：固定资产类数据主要记录了固定资产的增加、减少、变动情况，所以固定资产类对应的主题就是固定资产主题。

(4) 员工薪酬类：员工薪酬类数据主要记录员工的薪酬情况，所以员工薪酬类对应的主题是薪酬主题。

8.1.4 数据仓库模型的设计

数据仓库设计的主要任务就是数据仓库模型的创建，以确定数据仓库中数据的内容及其构成关系。根据需求分析，主要通过对概念模型、逻辑模型、物理模型的设计，实现企业会计数据仓库的创建。

1. 概念模型设计

建立概念数据模型的目的是确定如何组建数据及数据之间的相互关系，以满足业务应用的需要。数据模型可以用来研究分析及定义数据元素，以达到减少数据冗余的目的。概念模型作为建立数据模型的初始阶段，主要描述与业务相关的重要实体以及相互之间的联系。概念模型设计即根据需求分析及其确定的主题完成星型模型或雪花模型的设计。鉴于企业会计数据仓库应用的复杂性，采用雪花模型，如图

8-2 所示。

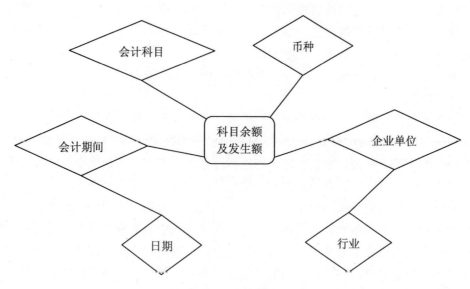

图 8-2 雪花模型

图 8-2 中，科目余额及发生额是事实实体，其中会计科目等是与事实实体通过外键相连接的维度实体。而日期与行业是对维度实体进行进一步描述的维。由此构成雪花模型。事实是对业务的度量，而维度则是观察分析业务的视角，通过维度可以对业务进行多角度的分析。由于所涉及的主题有多个，所以在模型中采用多事实设计。接下来将对所涉及的事实实体与维度实体进行介绍。根据需求分析，以及之前确定的企业会计数据仓库的主题域，企业会计数据仓库所涉及的事实实体有科目余额及发生额实体、记账凭证实体、报表实体、应收实体、应付实体、固定资产卡片实体、固定资产减少情况实体、固定资产变动情况实体、员工薪酬实体等。这些事实实体将构成研究企业会计数据仓库的事实表。

维度是用来描述事实的，最常用的维度有时间维度、地理位置维度等。而除了最常用的日期维度等外，围绕事实的维度还有会计科目维度、会计期间维度、币种维度、结算方式维度、部门维度，以及描述应收实体的客户维度、描述应付实体的供应商维度、描述员工薪酬实体的员工维度等。这些维度将构成研究企业会计数据仓库的维度表。

2. 逻辑模型设计

通常在概念模型设计好后，还要依靠逻辑模型来实现概念模型到物理模型的转换。数据仓库的概念模型是无法直接转换成数据仓库的物理模型的。由于目前数据库一般都建立在关系数据库基础上，所以采用的逻辑模型主要是关系模型。由于在概念模型设计时采用了雪花模型，所以对于逻辑模型将继续采用雪花模型。雪花模型是一种多维的数据关系，它由一个事实表和一组维表构成。每个维表都有一个维属性作为主键，所有这些维属性则组合成事实表的主键。换言之，事实表主键属性中的每个元素都是维表的外键。事实表的非主键属性称为事实，它们一般都是数值或其他可以进行计算的数据，而维大都是文字、时间等类型的数据。数据仓库的逻辑模型设计主要是对数据表的设计，主要包括事实表、维表设计以及粒度的划分。

（1）事实表

事实表直接反映了数据仓库应用的主题，如科目发生额、应收应付明细表、员工薪酬记录等。事实表的设计应从满足最终的要求和决策分析支持的基本需求出发，面向应用的主题。在设计事实表时，一定要注意使事实表尽可能地小，因为过于庞大的事实表在表的处理、备份和恢复、用户的咨询等方面需要更多的时间。在实际设计时，可以利用减少列的数量，降低每列的大小，把历史数据归档到单独的事实表中等多种方法降低事实表的大小。另外，在事实表中还要解决好数据的精度和粒度问题。事实表设计主要考虑的是选定与主题有关的度量及确定与维表链接的键，事实表中的度量是可以进行计算的数字字段，如科目的借方数量、贷方数量及员工的薪酬金额等。

根据之前确定的主题，主要采用多事实表进行企业会计数据仓库的设计，根据概念模型中已确定的事实实体，企业会计数据仓库所涉及的事实表主要有科目余额及发生额事实表、记账凭证事实表、报表项事实表、固定资产卡片事实表、固定资产减少情况事实表、固定资产变动情况事实表、应收明细事实表、应付明细事实表、员工薪酬记录明细事实表等。表 8-5～表 8-13 所示为标准中部分接口数据结构的设计。

表 8-5　电子账簿数据结构

数 据 表	标 识 符	数据元素名称	说　　明
电子账簿	010101	电子账簿编号	会计核算软件中当前电子账簿的编号
	010102	电子账簿名称	会计核算软件中当前电子账簿的名称
	010103	会计核算单位	使用会计核算软件单位的法定名称
	010104	组织机构代码	核算单位的组织机构代码
	010105	单位性质	赋值为"企业单位"
	010106	行业	所对应的行业名称
	010107	开发单位	开发会计核算软件的单位名称
	010108	版本号	会计核算软件的版本标识
	010109	本位币	软件中电子账簿所使用的记账本位币
	010110	会计年度	当前财务会计报告年度
	010111	标准版本号	当前使用的接口标准的版本号

表 8-6 会计科目数据结构

数 据 表	标 识 符	数据元素名称	说 明
会计科目	020201	科目编号	对每一个会计科目按会计制度和业务性质进行分类的编码
	020202	科目名称	科目编号末级所对应科目的名称
	020203	科目级次	科目编号在科目结构中所对应的级次
	020204	科目类型	会计科目的种类
	020205	余额方向	会计科目余额的借、贷方向

表 8-7 科目余额及发生额数据结构

数 据 表	标 识 符	数据元素名称	说 明
科目余额及发生额	020201	科目编号	对每一个会计科目按会计制度和业务性质进行分类的编码
	020301	辅助项 1 编号	会计科目的辅助核算项序号
	……	……	……
	020301	辅助项 30 编号	会计科目的辅助核算项序号
	020501	期初余额方向	会计科目期初余额的借、贷方向
	020502	期末余额方向	会计科目期末余额的借、贷方向
	010501	币种编码	币种种类的编码
	020503	计量单位	会计核算中度量业务对象的实物计量尺度
	010110	会计年度	当前财务会计报告年属
	010201	会计期间号	会计期间的编号，按企业会计准则进行
	020504	期初数量	会计科目账户的期初数量余额
	020505	期初原币余额	会计科目账户的期初原币余额
	……	……	……
	020515	期末本币余额	会计科目账户的期末本位币金额

表 8-8 记账凭证数据结构

数 据 表	标 识 符	数据元素名称	说 明
记账凭证	020601	记账凭证日期	编制记账凭证的日期
	010110	会计年度	当前财务会计报告年属
	010201	会计期间号	会计期间的编号，按企业会计准则进行
	010301	记账凭证类型编号	记账凭证类型的编号
	020602	记账凭证编号	记账凭证的顺序编号
	020603	记账凭证行号	某一记账凭证各分录行的顺序编号
	020604	记账凭证摘要	记账凭证的简要业务说明

(续表)

数 据 表	标 识 符	数据元素名称	说　明
记账凭证	020201	科目编号	对每一个会计科目按会计制度和业务性质进行分类的编码
	020301	辅助项 1 编号	会计科目的辅助核算项序号
	……	……	……
	020301	辅助项 30 编号	会计科目的辅助核算项序号
	……	……	……
	020613	制单人	制作记账凭证的会计人员
	020614	审核人	审核记账凭证的会计人员
	020615	记账人	对记账凭证进行记账处理的会计人员
	020616	记账标志	记账凭证是否记账的标识
	020617	作废标志	已经生成凭证编号，但未进行账簿登记的凭证，予以作废处理所做的标识
	020618	凭证来源系统	凭证来源模块的名称

表 8-9　报表集数据结构

数 据 表	标 识 符	数据元素名称	说　明
报表集	020801	报表编号	报表的唯一索引代号
	020802	报表名称	对外报送报表的名称
	020803	报表报告日	报表数据所对应的会计日期(日)
	020804	报表报告期	报表数据所对应的会计期间
	020805	编制单位	编制会计报表的单位名称
	020806	货币单位	货币的计量单位

表 8-10　报表项数据数据结构

数 据 表	标 识 符	数据元素名称	说　明
报表项数据	020801	报表编号	报表的唯一索引代号
	020901	报表项编号	报表项目的顺序编号
	020902	报表项名称	报表中所列项目的名称
	020903	报表项公式	报表项目的计算公式，为文本型，可以是业务函数
	020904	报表项数值	报表项目的数值

表 8-11 应收明细数据结构

数 据 表	标 识 符	数据元素名称	说 明
	011001	客户编码	编制记账凭证的日期
	020201	科目编号	对每一个会计科目按会计制度和业务性质进行分类的编码
	020601	记账凭证日期	编制记账凭证的日期
	030301	记账日期	应收、收款业务或者应付、付款业务所生成会计凭证的记账日期
	010110	会计年度	当前财务会计报告年属
	010201	会计期间号	会计期间的编号，按企业会计准则进行
应收明细表	010301	记账凭证类型编号	记账凭证类型的编号
	020602	记账凭证编号	记账凭证的顺序编号
	……	……	……
	030101	单据类型编码	单据类型的编号
	030201	交易类型编码	交易类型的编码
	030311	单据编号	记录该应收业务的单据编号
	010601	结算方式编码	资金收付形式的编码
	030315	付款日期	该应收业务的付款日期
	030316	核销标志	款项已核销完毕的标志
	030317	汇票编号	结算所使用汇票的编号

表 8-12 固定资产卡片数据结构

数 据 表	标 识 符	数据元素名称	说 明
	040601	固定资产卡片编号	登记固定资产信息的卡片的编号
	040202	固定资产类别编码	固定资产类别的编码
	040602	固定资产编码	固定资产的编码
	040603	固定资产名称	固定资产的名称
	……	……	……
固定资产卡片	040613	固定资产净残值率	当前期间末固定资产净残值率
	040614	固定资产净残值	当前期间末固定资产净残值
	040615	固定资产月折旧率	固定资产当前期间的折旧率
	040616	固定资产月折旧额	固定资产当前期间计提的折旧额
	040617	固定资产工作量单位	固定资产的工作量单位
	040618	固定资产工作总量	固定资产预计工作总量
	040619	累计工作总量	当前期间末累计已使用工作总量

(续表)

数 据 表	标 识 符	数据元素名称	说 明
固定资产卡片	040101	固定资产对账科目	固定资产原值与总账的对账科目编号
	040102	减值准备对账科目	固定资产减值准备与总账的对账科目编号
	040103	累计折旧对账科目	固定资产累计折旧与总账的对账科目编号

表 8-13　员工薪酬记录明细数据结构

数 据 表	标 识 符	数据元素名称	说 明
员工薪酬记录明细表	010801	员工编码	企业内部员工的编码
	050201	薪酬类别名称	根据发放对象不同和发放时间不同而确定的类别，不同类别可具有不同的薪酬项目
	050101	薪酬年度	给员工发放薪酬的年度编号
	050102	薪酬期间号	发放薪酬的期间编号，通常按月度发放
	050202	薪酬项目编码	薪酬项目的编号
	050401	薪酬金额	本次发放薪酬的数额

从以上表中可以看出，该标准与 2004 年颁布的标准相比，对数据元素重新进行了修改及分类，并规范了标识符。前两位 01 表示公共档案类数据元素，02 表示总账类数据元素，03 表示应收应付类数据元素，04 表示固定资产类数据元素，05 表示员工薪酬类数据元素。后三种数据元素是该标准中新增加的模块。

(2) 维表

维是进行分析的视角，维表主要由维主键和维属性组成，用于描述事实表。在数据仓库中，维表主要通过维主键对应事实表的外键实现与事实表的链接，在事实表中，大多数属性都要依赖于维表。在设计的过程中，来自数据源的数据元素对于是度量的事实还是维属性比较容易混淆，一般情况下，对于数据元素的度量在每次抽样时都会发生改变，那么该数据元素就是事实，如果只是离散值的描述，并几乎保持为常数，那么该数据元素就是维属性。

企业会计数据仓库涉及的事实表，需要用来描述的维表有会计年度维表、会计期间维表、币种维表、会计科目维表、结算方式维表、客户维表、员工档案维表、部门维表、记账凭证类型维表、供应商维表、单据类型维表、交易类型维表、固定资产变动方式维表、固定资产折旧方法维表、固定资产使用状况维表、薪酬期间维表、薪酬项目维表等。

维表中的部分数据元素与事实表中的数据元素是相同的，这就说明维表与事实表之间的联系。因在事实表中新增加了数据元素"单位代码"即组织机构代码，所以相应的就要增加一个单位维表，这样可以对一个集团内不同企业的数据进行比较分析。该维表数据元素有"单位代码"、"单位名称"、"行业"、"单位性质"等，结构设计如表 8-14 所示。为了同标准中接口数据结构的设计保持一致，其中组织机构对应"单位代码"，会计核算单位对应数据元素"单位名称"。

表 8-14　企业基本信息维表

编　　号	数据元素名称	编　　号	数据元素名称
1	单位代码	4	单位性质
2	单位名称	5	地址
3	行业	6	电话

(3) 粒度的划分

粒度是指数据仓库的数据单位中保存数据的细化或综合程度的级别。通过粒度的划分，决定了数据仓库是采用单一粒度还是多重粒度，以及粒度的划分层次。粒度级别越低，细化程度越高；相反，粒度级别越高，细化程度就越低。粒度的划分直接影响到数据仓库中的数据量和信息查询，以及进一步进行 OLAP(联机分析处理)和数据挖掘的效果。如果主题的数据量、信息量较多，对主题数据分析细化程度要求较高，就要根据用户对数据仓库应用的需求，采用多重粒度进行数据划分，用低粒度即细化到月的数据，保存近期的会计报表及财务分析指标数据，对时间较远的会计报表及财务分析指标数据的保存用粒度较大即细化到年的数据。这样既可以对财务近况进行细节分析，又可以利用粒度较大的数据对财务趋势进行分析，否则采用单一粒度进行划分。

在企业会计数据仓库设计中，考虑到数据仓库主题的数据量，同时根据用户对数据的需求，通常采用多重粒度划分的策略。由于标准接口设计主要是满足阶段数据输出，多数按月输出就能满足要求。但是基于业务数据，根据用户对需求的分析，如管理者通常为了管理需要，需按天或两天、周来提取数据。通常需要按照天来提取的数据有科目余额及发生额、记账凭证。由于报表数据没有到月终结账时，即使提取出来也是不完善或错误的。所以将采用低粒度即细化到日数据保存近期的会计科目及记账凭证数据，采用低粒度即细化到月数据保存近期的会计报表数据。对应时间较远的会计报表数据保存粒度较大，如可以细化到年的数据。这样既可以对会计科目近况进行细节分析，又可以利用粒度较大的数据对财务趋势进行分析。

(4) 企业会计数据表结构设计

对于基于标准接口的企业会计数据仓库数据表结构的设计，先要对公共档案类标准数据表的结构进行设计，之前已经提到过，由于是基于集团企业，而不是单体企业，所以在数据表结构设计的时候增加了"单位代码"、"单位名称"数据元素，增加的"单位代码"可以将整个集团内所有单位的数据放在一张数据表中,方便管理查询数据以及后期的数据分析。标准中数据表结构设计只涉及一个年度的数据,所以为了保存历史数据,还要增加"会计年度"数据元素,可以实现对集团内的数据按年度来保存。另外还要增加"月份"数据元素,实现数据按月来追加。这样可以通过按照年份来保存数据,按照月份来追加数据,从而实现对不同年度、不同月份的数据进行管理,同时在后期也可以实现对数据的跨年度分析。电子账簿、会计期间、币种、部门档案、记账凭证类型等数据表结构设计如图 8-3 和图 8-4 所示。

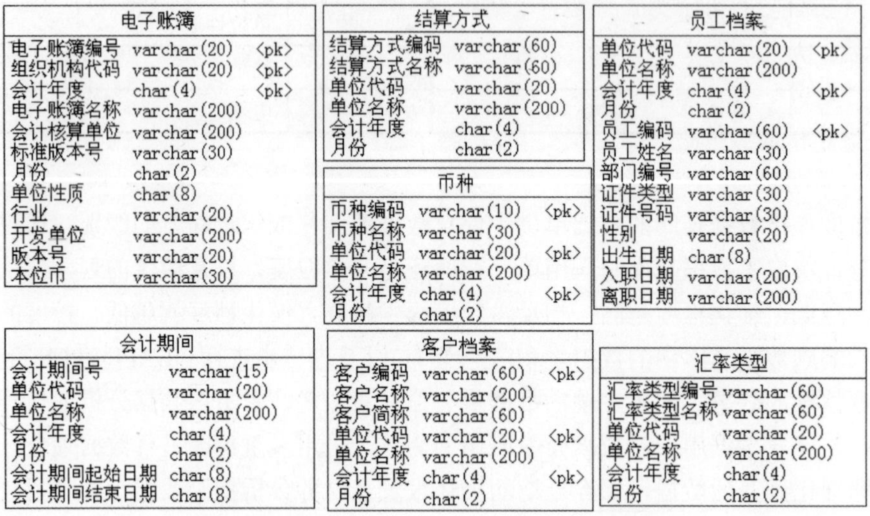

图 8-3　企业会计数据仓库电子账簿等表结构设计

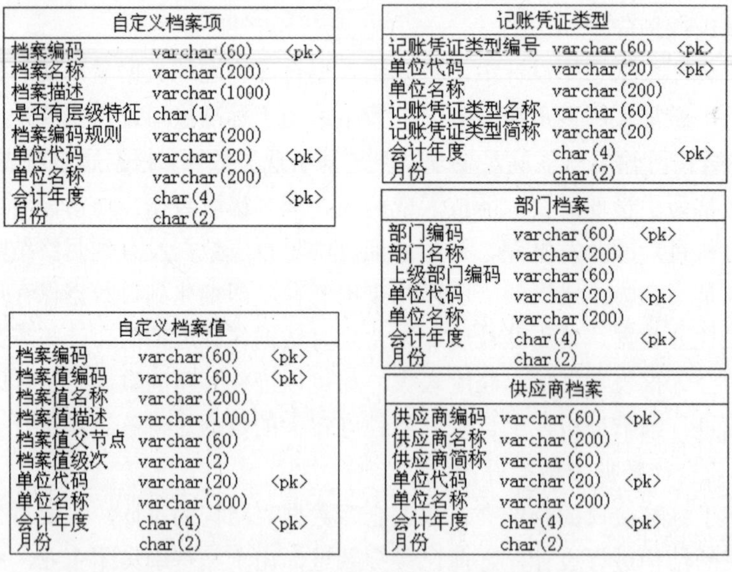

图 8-4　企业会计数据仓库部门等表结构设计

总账类基础信息中，对科目余额及发生额数据表结构的设计，同样基于集团企业表结构的设计，增加"单位代码"、"单位名称"、"会计年度"数据元素，科目余额及发生额数据表不再增加"月份"数据元素，而是增加部分相同字段，并在前边加上月份标志，科目发生额采用横式排列，也就是将 12 个月发生额全部横向列出，每个年度所有月份发生额均在数据表中一行记录内完成，不用再进行搜索、过滤，可大大提高效率，有利于后期数据的分析展现。如增加字段借方数量、贷方数量、借方原币金额、贷方原币金额、借方本币金额、贷方本币金额，在这些字段前加上月份标志，如借方 1 月数量、借方 1 月本币金额、借方 1 月原币金额、贷方 1 月数量、贷方 1 月本币金额、贷方 1 月原币金额、借方 2 月数量等。而数据表原有的借方数量、借方原币金额等字段，则表示每次追加数据后的累计发生额。科目余额及发生额表结构设计如图 8-5 所示。

科目余额及发生额			贷方8月原币金额	decimal(18,2)
单位代码	varchar(20)	\<pk\>	贷方8月本币金额	decimal(18,2)
单位名称	varchar(200)		借方9月数量	decimal(14,6)
会计年度	char(4)	\<pk\>	借方9月原币金额	decimal(18,2)
月份	char(2)		借方9月本币金额	decimal(18,2)
科目编号	varchar(60)	\<pk\>	贷方9月数量	decimal(14,6)
期初余额方向	varchar(4)		贷方9月原币金额	decimal(18,2)
期末余额方向	varchar(4)		贷方9月本币金额	decimal(18,2)
币种编码	varchar(10)		借方10月数量	decimal(14,6)
计量单位	varchar(10)		借方10月原币金额	decimal(18,2)
会计期间号	varchar(15)		借方10月本币金额	decimal(18,2)
期初数量	decimal(14,6)		贷方10月数量	decimal(14,6)
期初原币余额	decimal(18,2)		贷方10月原币金额	decimal(18,2)
期初本币余额	decimal(18,2)		贷方10月本币金额	decimal(18,2)
借方数量	decimal(14,6)		借方11月数量	decimal(14,6)
借方原币金额	decimal(18,2)		借方11月本币金额	decimal(18,2)
借方本币金额	decimal(18,2)		借方11月原币金额	decimal(18,2)
贷方数量	decimal(14,6)		贷方11月数量	decimal(14,6)
贷方原币金额	decimal(18,2)		贷方11月原币金额	decimal(18,2)
贷方本币金额	decimal(18,2)		贷方11月本币金额	decimal(18,2)
借方1月数量	decimal(14,6)		借方12月数量	decimal(14,6)
借方1月原币金额	decimal(18,2)		借方12月原币金额	decimal(18,2)
借方1月本币金额	decimal(18,2)		借方12月本币金额	decimal(18,2)
贷方1月数量	decimal(14,6)		贷方12月数量	decimal(14,6)
贷方1月原币金额	decimal(18,2)		贷方12月原币金额	decimal(18,2)
贷方1月本币金额	decimal(18,2)		贷方12月本币金额	decimal(18,2)
借方2月数量	decimal(14,6)		期末数量	decimal(14,6)
借方2月原币金额	decimal(18,2)		期末原币余额	decimal(18,2)
借方2月本币金额	decimal(18,2)		期末本币余额	decimal(18,2)

图 8-5 科目余额及发生额表结构设计

总账类基本信息中报表数据表结构的设计，在 GB/T 24589.1—2010《财经信息技术 会计核算软件数据接口》中，不再是单独地规定每个报表的数据结构，而是以报表项数据表来存储所有报表的数据。所以针对资产负债表、利润表，对报表项数据表的数据结构设计，类似于科目余额及发生额表结构，增加报表项数值字段，并在字段前增加月份标志，如报表项 1 月数值、报表项 2 月数值等，报表项数值表示最终的报表项累计值。该设计同样为按月份横列报表项数据，以方便后期展现及管理，每个月份报表项数据根据科目余额及发生额表中各月份发生额计算所得。其中报表集数据表的设计同其他数据表一样，增加"单位代码"、"单位名称"、"会计年度"、"月份"数据元素。按月份追加数据，按单位及会计年度来存储历史数据。报表集及报表项数据表结构设计如图8-6所示。

报表集		
单位代码	varchar(20)	\<pk>
单位名称	varchar(200)	
会计年度	char(4)	\<pk>
月份	char(2)	
报表编号	varchar(20)	\<pk>
报表名称	varchar(60)	
报表报告日	char(8)	
报表报告期	varchar(6)	
编制单位	varchar(200)	
货币单位	varchar(30)	
备用1	varchar(200)	
备用2	varchar(200)	
备用3	varchar(200)	

报表项数据		
单位代码	varchar(20)	\<pk>
单位名称	varchar(200)	
会计年度	char(4)	\<pk>
报表编号	varchar(20)	\<pk>
报表项编号	varchar(20)	\<pk>
报表项名称	varchar(200)	
报表项公式	varchar(2000)	
报表项数值	decimal(18,2)	
报表项1月数值	decimal(18,2)	
报表项2月数值	decimal(18,2)	
报表项3月数值	decimal(18,2)	
报表项4月数值	decimal(18,2)	
报表项5月数值	decimal(18,2)	
报表项6月数值	decimal(18,2)	
报表项7月数值	decimal(18,2)	
报表项8月数值	decimal(18,2)	
报表项9月数值	decimal(18,2)	
报表项10月数值	decimal(18,2)	
报表项11月数值	decimal(18,2)	

图8-6　报表集及报表项数据表结构设计

总账类基本信息中其他数据表结构设计，同公共档案类数据表结构设计一样，同样增加"单位代码"、"单位名称"、"会计年度"、"月份"数据元素，实现数据的保存及追加。其中，记账凭证表记录的是具体发生的每笔业务，每条记录对应有一个记账凭证编号，所以是通过增加月份字段来追加数据，而不采用按月份横列方式记录。总账类基本信息中记账凭证及其他数据表结构设计如图8-7所示。

总账类数据表结构	
单位代码	varchar
单位名称	varchar
会计年度	char(4)
月份	char(2)
结构分隔符	char(1)
会计科目编号规则	varchar
现金流量项目编码规则	varchar
凭证头可扩展字段结构	varchar
凭证头可扩展结构对应档案	varchar
分录行可扩展字段结构	varchar
分录行可扩展字段对应档案	varchar

会计科目		
单位代码	varchar(20)	\<pk>
单位名称	varchar(200)	
会计年度	char(4)	\<pk>
月份	char(2)	
科目编号	varchar(60)	\<pk>
科目名称	varchar(60)	
科目级次	decimal(2,0)	
科目类型		

记账凭证	
单位代码	varchar(20)
单位名称	varchar(200)
会计年度	char(4)
月份	char(2)
记账凭证编号	varchar(60)
科目编号	varchar(60)
记账凭证日期	char(8)
会计期间号	varchar(15)
记账凭证类型编号	varchar(60)
记账凭证行号	varchar(5)
记账凭证摘要	varchar(500)
币种编码	varchar(10)
计量单位	varchar(10)
借方数量	decimal(14,
借方原币金额	decimal(18,
借方本币金额	decimal(18,
贷方数量	decimal(14,
贷方本币金额	decimal(18,
贷方原币金额	decimal(18,
汇率类型编号	varchar(60)
汇率	decimal(9,4
单价	decimal(16,
凭证头可扩展字段结构值	varchar(300
分录行可扩展字段结构值	varchar(300
结算方式编码	varchar(60)
票据类型	varchar(60)
票据号	varchar(60)

现金流量项目	
单位代码	varchar(20)
会计年度	char(4)
现金流量项目编码	varchar(60)
现金流量项目名称	varchar(200)
单位名称	varchar(200)
月份	char(2)
现金流量描述	varchar(2000)
是否末级	char(1)

现金流量凭证项目数据	
单位代码	varchar(20)
单位名称	varchar(200)
会计年度	char(4)
月份	char(2)
记账凭证类型编号	varchar(60)
记账凭证编号	varchar(60)
币种编码	varchar(10)
现金流量行号	varchar(20)
现金流量摘要	varchar(200)
现金流量项目编码	varchar(60)
现金流量项目属性	char(1)
现金流量原币金额	decimal(18,2)
现金流量本币金额	decimal(18,2)

科目辅助核算		
单位代码	varchar(20)	\<pk>
单位名称	varchar(200)	
会计年度	char(4)	\<pk>
月份	char(2)	
科目编号	varchar(60)	\<pk>
辅助项编号	varchar(60)	\<pk>
辅助项名称	varchar(200)	

图8-7　记账凭证等数据表结构设计

应收应付类数据表结构、固定资产类数据表结构及薪酬类数据表结构是 GB/T 24589.1—2010《财经信息技术 会计核算软件数据接口》中新增加的三大部分，记录的是应收应付业务、固定资产及员工薪酬每年度每个会计期间具体发生的情况，对这三部分数据表结构的设计仍然同公共档案类数据表结构设计一样，增加"单位代码"、"单位名称"、"会计年度"、"月份"数据元素，按年度存储各单位历史数据，按月份追加新发生的数据。应收应付类、固定资产类、薪酬类数据表结构设计如图 8-8～图 8-11 所示。

应收明细表	
序号	int
单位代码	varchar(20)
单位名称	varchar(200)
会计年度	char(4)
月份	char(2)
客户编码	varchar(60)
科目编号	varchar(60)
记账凭证日期	char(8)
记账日期	char(8)
会计期间号	varchar(15)
记账凭证类型编号	varchar(60)
记账凭证编号	varchar(60)
本位币	varchar(30)
汇率	decimal(9,4)
余额方向	varchar(4)
本币金额	decimal(18,2)
原币金额	decimal(18,2)
本币发生金额	decimal(18,2)
原币币种	varchar(30)
原币发生金额	decimal(18,2)
摘要	varchar(200)
到期日	char(8)
核销凭证编号	varchar(60)
核销日期	char(8)
单据类型编码	varchar(60)
交易类型编码	varchar(60)
单据编号	varchar(60)

应付明细表	
序号	int
单位代码	varchar(20)
单位名称	varchar(200)
会计年度	char(4)
月份	char(2)
供应商编码	varchar(60)
科目编号	varchar(60)
记账凭证日期	char(8)
记账日期	char(8)
会计期间号	varchar(15)
记账凭证类型编号	varchar(60)
记账凭证编号	varchar(60)
本位币	varchar(30)
汇率	decimal(9,4)
本币余额	numeric(18,2)
原币余额	numeric(18,2)
本币发生金额	numeric(18,2)
原币币种	varchar(30)
原币发生额	numeric(18,2)
摘要	varchar(200)
到期日	char(8)
核销凭证编号	varchar(60)
核销日期	char(8)
单据类型编码	varchar(60)
交易类型编码	varchar(60)
单据编号	varchar(60)

单据类型	
单位代码	varchar(20)
单位名称	varchar(200)
会计年度	char(4)
月份	char(2)
单据类型编码	varchar(60)
单据类型名称	varchar(60)
备用1	varchar(200)
备用2	varchar(200)
备用3	varchar(200)

交易类型	
单位代码	varchar(20)
单位名称	varchar(200)
会计年度	char(4)
月份	char(2)
交易类型编码	varchar(60)
交易类型名称	varchar(20)
备用1	varchar(200)
备用2	varchar(200)
备用3	varchar(200)

图 8-8 应收应付类数据表结构设计

固定资产基础信息	
单位代码	varchar(20)
单位名称	varchar(200)
会计年度	char(4)
月份	char(2)
固定资产对账科目	varchar(60)
减值准备对账科目	varchar(60)
累计折旧对账科目	varchar(60)

固定资产折旧方法	
单位代码	varchar(20) ⟨pk⟩
单位名称	varchar(200)
会计年度	char(4) ⟨pk⟩
月份	char(2)
折旧方法编码	varchar(60) ⟨pk⟩
折旧方法名称	varchar(60)
折旧公式	varchar(200)

固定资产使用状况	
单位代码	varchar(60) ⟨pk⟩
单位名称	varchar(200)
会计年度	char(4) ⟨pk⟩
月份	char(2)
使用状况编码	varchar(60) ⟨pk⟩
使用状况名称	varchar(60)

固定资产类别设置	
单位代码	varchar(20)
单位名称	varchar(20)
会计年度	char(4)
月份	char(2)
固定资产类别编码规则	varchar(60)
固定资产类别编码	varchar(60)
固定资产类别名称	varchar(60)

固定资产卡片使用信息	
单位代码	varchar(20)
单位名称	varchar(200)
会计年度	char(4)
月份	char(2)
固定资产卡片编号	varchar(60)
固定资产标签号	varchar(60)
会计期间号	⟨Undefinedva
部门编码	varchar(60)
折旧分配比例	decimal(3,2)

固定资产卡片实物信息	
单位代码	varchar(20)
单位名称	varchar(200)
会计年度	char(4)
月份	char(2)
固定资产卡片编号	varchar(60)
会计期间号	varchar(15)
固定资产标签号	varchar(200)
固定资产位置	varchar(60)
固定资产规格型号	varchar(60)

固定资产卡片	
单位代码	varchar(20)
单位名称	varchar(200)
会计年度	char(4)
月份	char(2)
固定资产卡片编号	varchar(60)
固定资产类别编码	varchar(60)
固定资产编码	varchar(60)
固定资产名称	varchar(200)
固定资产入账日期	char(8)
会计期间号	varchar(15)
固定资产数量	decimal(14,6)
变动方式编码	varchar(60)
折旧方法编码	varchar(60)
使用状况编码	varchar(60)
预计使用月份	decimal(4,0)
已计提月份	decimal(4,0)
本位币	varchar(30)
固定资产原值	decimal(18,2)
固定资产累计折旧	decimal(18,2)
固定资产净值	decimal(18,2)
固定资产累计减值准备	decimal(18,2)
固定资产净残值率	varbinary(60)
固定资产净残值	decimal(18,2)
固定资产月折旧率	decimal(14,6)
固定资产月折旧额	decimal(18,2)
固定资产工作量单位	varchar(20)
固定资产工作总量	decimal(18,2)

图 8-9 固定资产卡片等数据表结构设计

固定资产变动情况		
单位代码	varchar(20)	<pk>
单位名称	varchar(200)	
会计年度	char(4)	<pk>
月份	char(2)	
固定资产变动流水号	varchar(60)	<pk>
固定资产变动日期	char(8)	
会计期间号	varchar(15)	
固定资产卡片编号	varchar(60)	
固定资产编码	varchar(60)	
固定资产名称	varchar(60)	
变动方式编码	varchar(60)	
固定资产标签号	varchar(60)	
变动前内容及数值	varchar(60)	
变动后内容及数值	varchar(60)	
固定资产变动原因	varchar(60)	

固定资产减少情况		
单位代码	varchar(20)	
单位名称	varchar(200)	
会计年度	char(4)	
月份	char(2)	
固定资产减少流水号	varchar(60)	
减少发生日期	char(8)	
会计期间号	varchar(15)	
变动方式编码	varchar(60)	
固定资产卡片编号	varchar(60)	
固定资产名称	varchar(60)	
固定资产编码	varchar(60)	
固定资产减少数量	decimal(14,6)	
固定资产减少原值	decimal(18,2)	
固定资产减少累计折旧	decimal(18,2)	
固定资产减少减值准备	decimal(18,2)	
固定资产减少残值	decimal(18,2)	
清理收入	decimal(18,2)	
清理费用	decimal(18,2)	
固定资产减少原因	varchar(200)	

固定资产减少实物信息	
单位代码	varchar(20)
单位名称	varchar(200)
会计年度	char(4)
月份	char(2)
固定资产减少流水号	varchar(60)
固定资产卡片编号	varchar(60)
固定资产标签号	varchar(60)
会计期间号	varchar(15)

固定资产变动方式		
单位代码	varchar(20)	<pk>
单位名称	varchar(200)	
会计年度	char(4)	<pk>
月份	char(2)	
变动方式编码	varchar(60)	<pk>
变动方式名称	varchar(60)	

图 8-10　固定资产减少等数据表结构设计

员工薪酬记录		
单位代码	varchar(20)	<pk>
单位名称	varchar(200)	
会计年度	char(4)	<pk>
会计期间号	varchar(15)	
员工编码	varchar(60)	<pk>
员工类别	varchar(60)	
部门编码	varchar(60)	
薪酬类别名称	varchar(60)	
薪酬年度	char(4)	
薪酬期间号	varchar(2)	
币种编码	varchar(10)	

员工薪酬记录明细		
单位代码	varchar(20)	<pk>
单位名称	varchar(200)	
会计年度	char(4)	<pk>
月份	char(2)	
员工编码	varchar(60)	<pk>
薪酬类别名称	varchar(60)	
薪酬年度	char(4)	
薪酬期间号	varchar(2)	
薪酬项目编码	varchar(60)	
薪酬金额	decimal(18,2)	

薪酬项目		
单位代码	varchar(20)	<pk>
单位名称	varchar(200)	
会计年度	char(4)	<pk>
月份	char(2)	
薪酬类别名称	varchar(60)	
薪酬项目编码	varchar(60)	<pk>
薪酬项目名称	varchar(60)	

薪酬期间		
单位代码	varchar(20)	<pk>
单位名称	varchar(200)	
月份	char(2)	
薪酬年度	char(4)	<pk>
薪酬期间号	varchar(2)	<pk>
薪酬期间起始日期	char(8)	
薪酬期间结束日期	char(8)	

图 8-11　薪酬类数据结构表设计

(5) 企业会计数据仓库逻辑模型设计

在已经设计出企业会计数据仓库中数据表结构的基础上，接下来将给出企业会计数据仓库的雪花逻辑模型设计，数据仓库中科目发生情况逻辑模型设计如图 8-12 所示，科目余额及发生额中的发生数量、金额，即借方 1 月数量、借方 2 月数量、借方 1 月原币金额、借方 1 月本币金额、贷方 1 月原币金额等为科目发生的度量值，会计科目、会计期间、币种等数据表是科目发生事实表的维度表。其中，报表的各项数据来自于科目余额及发生额数据表，报表项数据也可以作为单独的事实表来设计。

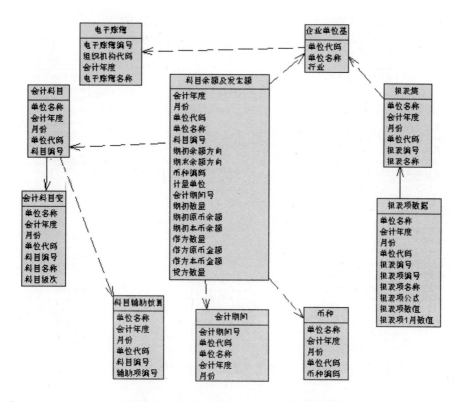

图 8-12 数据仓库科目发生逻辑模型设计

科目余额及发生额的数据来源于日常业务发生时的记账凭证登记，通过关键字科目编号同记账凭证进行关联，由于是基于集团企业设计，所以在关联时还要把单位代码、会计年度作为关键字。记账凭证作为事实表的日常发生业务逻辑模型设计如图 8-13 所示，借方数量、贷方数量、借方原币金额、贷方原币金额等为该事实表的度量值。同样，会计期间、会计科目、企业基本信息、科目辅助核算等数据表示日常业务记账凭证登记的维度表。通过关键字科目编号、会计期间号进行关联，同样要结合区别不同单位不同年度的单位代码、会计年度关键字。其中现金流量凭证项目数据也来源于记账凭证事实表，通过记账凭证编号关键字关联。现金流量项目数据表也作为一个事实表，通过现金流量项目编码关键字同现金流量项目维表相关联。

应收应付业务的逻辑模型设计如图 8-14 和图 8-15 所示，应收明细表、应付明细表为事实表，会计科目、会计期间、供应商档案、客户档案、交易类型、单据类型等为维度表，其中应收明细表、应付明细表中的本币发生额、原币发生额、原币金额、本币金额为事实表的度量值。应收明细表、应付明细表可以通过记账凭证编号同记账凭证相关联。

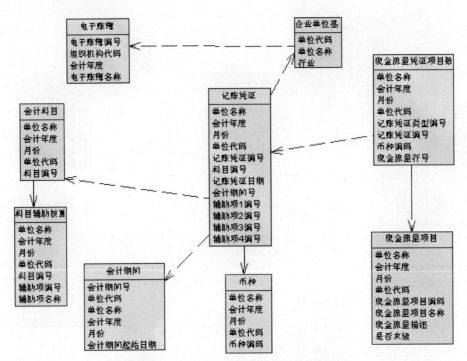

图 8-13　日常业务登记凭证逻辑模型设计

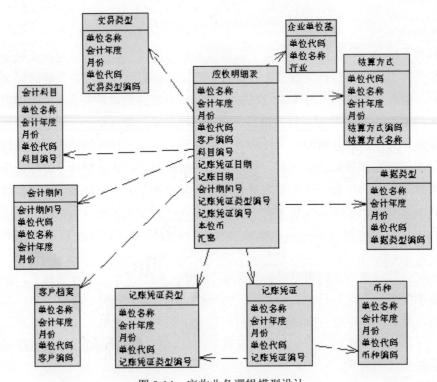

图 8-14　应收业务逻辑模型设计

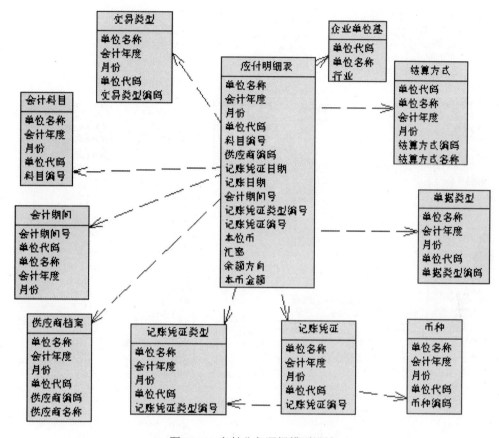

图 8-15　应付业务逻辑模型设计

固定资产业务逻辑模型设计如图 8-16 所示。固定资产卡片为事实表，固定资产原值、固定资产月折旧额、固定资产净残值、固定资产累计减值准备等为事实表的度量值，固定资产折旧方法、固定资产变动方式、固定资产类别设置等数据表为维度表。其中固定资产减少情况也可以作为事实表，通过关键字固定资产卡片编号与固定资产卡片进行关联，固定资产变动情况、固定资产减少实物信息等数据表为固定资产减少情况事实表的维度表，固定资产减少数量、固定资产减少原值、固定资产减少累计折旧等为固定资产减少情况事实表的度量值。

员工薪酬类逻辑模型设计如图 8-17 所示。员工薪酬记录明细表为事实表，薪酬金额为度量值，员工薪酬记录、薪酬期间、薪酬项目、员工档案为员工薪酬事实表的维度表，部门档案为员工档案维度表的另一级维度表，币种与会计期间维度表为员工薪酬记录表的维度表。由此组成员工薪酬的雪花逻辑模型。

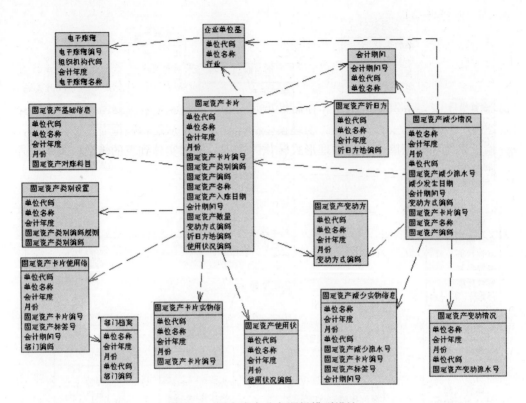

图 8-16　固定资产业务逻辑模型设计

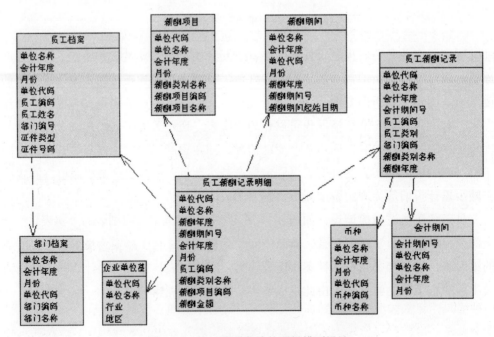

图 8-17　员工薪酬发放的逻辑模型设计

3. 物理模型设计

逻辑模型在物理系统中的体现模式,需要通过数据仓库的物理模型设计来实现,包括逻辑模型中各种实体表的具体化,包括表的数据结构类型、索引策略、数据存放位置及数据存储分配等。通过模型建立工具可以将逻辑模型直接转换成物理模型。物理模型主要是解决如何组织和存储数据的问题,以及满足系统处理的要求,如处理速度、响应时间及存储空间。物理模型的建立是一个从逻辑模型向更加具体的、依赖于系统和数据库平台的物理形式转化的过程,例如实体到表的转换、关系到外键的转换。

(1) 事实表与维度表结构设计

企业会计数据仓库事实表的设计,依据标准接口数据结构的设计,增加标识符为 010104 的组织机构代码即单位代码和标识符为 010103 的会计核算单位及单位名称。维度表的设计同标准接口数据结构的设计,增加单位维。事实表通过外键与维度表链接。

(2) 索引策略

对于数据仓库的大量数据,可以通过设计索引结构来提高数据存取的效率,一般只需按事实表的主键和外键建立索引,通常不需添加很多其他的索引。在数据仓库中首先需要为事实表设置索引,在为事实表的主键声明约束时,应该按照这些列的声明次序创建一个唯一的索引。而对于使用频率较高的外键,应置于主键索引的前面,以提高查询效率。一般的维表只有一个单独的主键,因为维表中的主键设置一个唯一的索引是必不可少的。

(3) 数据仓库的物理模型

物理模型仍然按照分类来设计,事实表通过外键与维表相链接,相同的维表可以供不同的事实表使用,所以每个部分可以通过相同的维表进行联系,不同事实表之间通过关键字相连接,组成企业会计数据仓库。接下来将具体介绍每个部分的物理模型设计。

科目余额及发生额事实表物理模型设计如图 8-18 所示。其中报表各项数据均来自于科目余额及发生额事实表。科目余额及发生额事实表通过单位代码、会计年度、科目编号、会计期间号、币种编码等关键字,同维表企业基本信息、会计科目、会计期间、币种等进行关联。在将报表项数据看成是一个事实表的时候,科目余额及发生额就可以看作是它的一个维表,通过科目余额及发生额中的数据获得报表项的数据,然后按报表项进行分析数据。

记账凭证业务发生的逻辑模型设计如图 8-19 所示。其中现金流量中现金流量项目发生的业务与记账凭证相对应,通过记账凭证编号关键字相连接。其中记账凭证为事实表,通过主键单位代码、会计年度、科目编号、会计期间号、辅助项编号、币种编码、记账凭证类型编码等关键字,同维表企业基本信息表、会计科目、科目辅助核算、币种、记账凭证类型等进行连接。记账凭证事实表同科目余额及发生额事实表共用会计期间、币种、会计科目等维表。其中现金流量项目数据也是一个事实表，在记录现金流业务时，记账凭证就可以看作是现金流量项目数据的一个维表，通过关键字记账凭证编号进行关联。

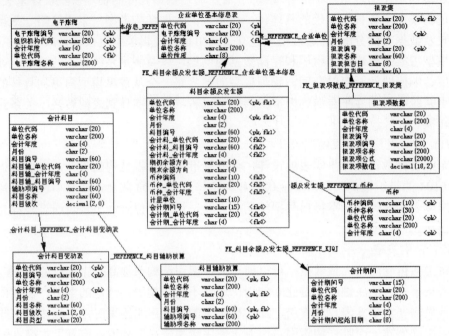

图 8-18　数据仓库科目余额及发生额物理模型设计

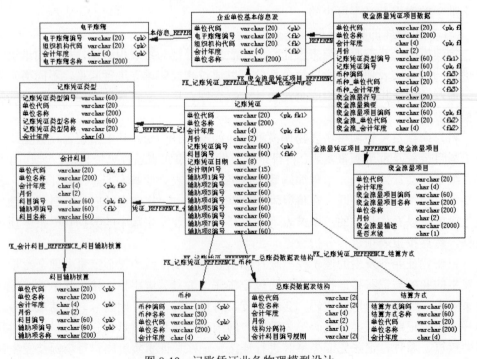

图 8-19　记账凭证业务物理模型设计

　　应收业务的物理模型设计如图 8-20 所示。其中应收明细表是事实表，通过单据类型编码、交易类型编码、客户编码、单位代码、会计年度等关键字，同周围的维表相关联。其中应收明细表通过记账凭证编号同记账凭证事实表相关联，关联后可以查询该笔业务所对应的记账日期等信息。

　　应付业务的物理模型设计如图 8-21 所示。其中应付明细表是事实表，除了供应商维表、客户维表，其他维表都与应收明细事实表中的维表相同。应付明细事实表同样通过关键字供应商编码、单据类型编码、交易类型编码等，同供应商维表、单据类型维表、交易类型维表等进行关联。

　　固定资产新增及减少业务的物理模型设计如图 8-22 所示。固定资产卡片事实表同固定资产减少事实表通过固定资产卡片编号关键字相关联，其中固定资产卡片事实表主要记录每个新增的固定资产原值、净残值、累计折旧等详细信息，主要通过单位代码、会计年度、固定资产卡片编号、固定资产类别编码、变动方式编码等关键字，同企业基本信息、固定资产使用信息、固定资产变动方式等维表相关联。通过固定资产使用信息维表中的部门编码同部门维表相关联，可以查询到该固定资产主要使用部门以及部门的折旧分配比例等信息。固定资产减少事实表记录每个固定资产的减少变动情况，可以通过固定资产卡片编号关键字，查询固定资产卡片事实表中该固定资产的原始信息。固定资产减少事实表同样通过固定资产减少流水号、变动方式编码等关键字，同固定资产变动情况、固定资产减少实物信息、固定资产变动方式等维表相关联。

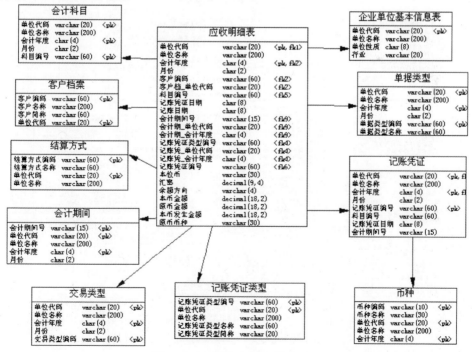

图 8-20　应收业务物理模型设计

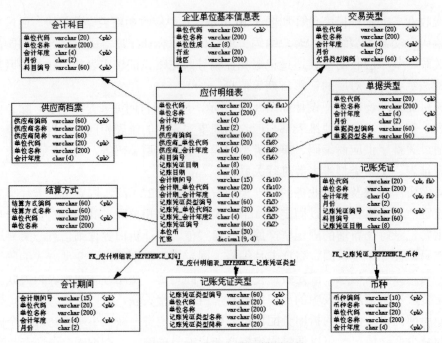

图 8-21　应付业务物理模型设计

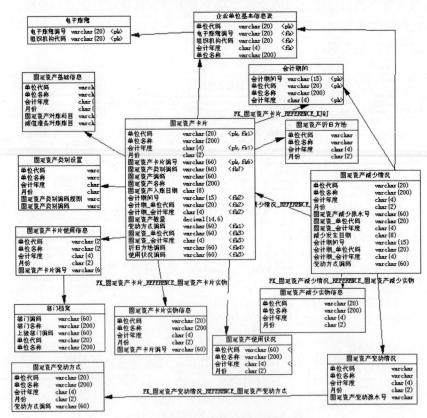

图 8-22　固定资产类业务物理模型设计

员工薪酬物理模型设计如图 8-23 所示。其中员工薪酬记录明细为事实表，记录了每个员工在薪酬年度、薪酬期间应该发放的薪酬金额。员工薪酬记录明细事实表通过员工编码、薪酬项目编码、薪酬期间号等关键字，同员工薪酬记录、薪酬期间、薪酬项目等维表相关联，而员工薪酬记录维表则通过员工编码、部门编码同部门维表关联，可以实现对部门薪酬金额、个人薪酬金额进行分析。

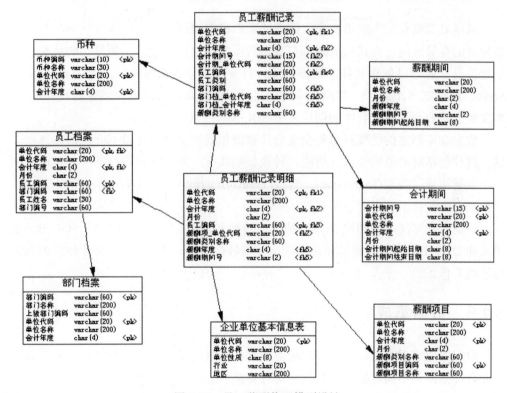

图 8-23 员工薪酬物理模型设计

(4) 数据存放位置

在进行物理模型设计时，常常要按数据的重要性、使用频率以及对响应时间的要求进行分类，并将不同类型的数据分别存储在不同的存储设备中。重要性高、经常存取并对响应时间要求较高的数据存放在高速存储设备上，存取频率低或对存取响应时间要求低的数据则可以存放在低速存储设备上。另外，在设计时还要考虑数据在特定存储介质上的布局。

① 不要把经常需要连接的数据放在同一存储设备上，这样可以利用存储设备的并行操作功能加快数据查询的速度。

② 考虑把整个企业共享的细节数据放在主机或其他集中式服务器上，提高这些共享数据的使用速度。

对于企业会计数据仓库中的数据，为了防止用户自身生成的接口文件被更新、删除等，还需要把接口数据文件转入一个可控的原始文件存储体系。可以通过创建物理目录按年存储数据。

8.1.5 数据仓库的创建

通过对数据仓库中的事实表、维表的逻辑模型设计，同时根据在物理模型中对各种表的存储区间、方式的处理，在数据仓库的创建过程中，采用适当的数据仓库创建工具，就可以创建具体的数据仓库。目前用于创建数据库的工具主要有 SQL Server、Oracle、Sybase 等。数据仓库的创建可以根据具体情况选择适合的开发工具。本案例中企业会计数据仓库的创建采用 SQL Server 2008 完成。

数据仓库创建的过程就是将企业会计数据加载到企业会计数据仓库中的过程。这一过程包括对数据的抽取、清洗、转换、集成等一系列工作，这些工作可以分成三个主要步骤：提取(Extraction)、转换(Transformation)、加载(Load)，简称 ETL，是数据仓库设计工程中非常重要的过程。

目前有很多工具可以完成数据抽取、转换和加载工作，主要采用 SQL Server 集成的 DTS 工具和编程辅助相结合的清洗与转换方式，来完成企业会计数据的清洗与转换工作。

8.1.6 数据集成

数据集成客观上依赖于其他系统的数据，在数据仓库创建完成之后，就需要对企业会计数据从不同数据源采集后，进行转换、加载进入数据仓库，为后期利用提供基础性数据。数据仓库中的数据是经过处理后的具有统一规范的数据。而数据提取、转换、加载的过程即 ETL 的过程，实际上是要把来自不同的操作型数据源、不同的数据进行集成的过程。将非标准化的数据转换为在一定程度上的标准化的数据。

1. 数据提取、转换、加载

数据提取、转换、加载的过程是建立数据仓库中最重要的处理过程之一，它涉及形形色色的环境，采用多种技术手段，将数据从各种不同的操作型数据源中提取出来，并加载到目标数据仓库。要将来自不同数据源的非标准化的数据转换为标准化的数据，就需要必要的方法。对于实现数据提取、转换、加载的方法主要有以下几种：

(1) 间接加载。该种方式使用较广但效率较低，主要通过中介文件来实现。可分阶段进行操作，而且并不要求数据仓库和数据源同时开通，只需一方开通即可实行某种操作，如用某种操作访问源系统并提取数据，然后再由另外的操作访问数据仓库，并加载数据到数据仓库中。

(2) 直接加载。该方式效率较高，但并不适应在所有环境下操作。该方式要求数据源和数据仓库双方同时开通。

(3) 实体化试图刷新。该种方式效率较高，但是需要开发较为复杂的查询实用程序和工具，将数据加载到数据仓库中。

对于数据提取、转换、加载，可以通过 ETL 工具来实现，ETL 工具具有广泛的适用性，可连接并处理各种不同的数据库或文件，工作量较少，但具体还需要依据实际情况来确定。这里采用 SQL Server 的 DTS 工具和编程辅助相结合的清洗与转换方式，来完成企业会计数据的清洗与转换。

2. 数据仓库的数据追加

要实现对数据仓库数据的更新，通常采用的方法就是逐次追加数据的方式。该种处理方式，首先需要确定数据更新的窗口，即哪些数据是在数据仓库上一次加载后新产生的数据或是更新的数据。常用的方法有以下几种。

(1) 时标法。该种方法指对于数据表中含有时标的数据元素，可以根据新插入或更新的数据记录的时间，确定哪些数据是最新的数据，并加载到数据仓库中。

(2) 日志文件。该种方式是利用数据库系统内的固有机制，来追踪数据更新的历史变化情况，根据日志文件就可以确定哪些是新的数据。

(3) 数据比较法。该种方式需要将数据源和数据仓库相应的表进行比较，然后根据比较结果确定差额，差额部分即可以确定为新的数据。

这里主要是通过对数据表增加年度与月份数据元素，按照月份对业务数据表进行数据的加载，可以根据会计年度中的月份来确定哪些数据是新的数据并需要加载到数据仓库的数据。

8.1.7 数据仓库的使用

在企业会计数据加载到数据仓库之后，就可以为以后查询分析提供基础性数据，同时也可以为商业智能应用提供基础性数据。在数据仓库的基础上，可以根据具体的需求分析，建立数据集市，实现对具体领域的分析。后面将在企业会计数据仓库的基础上，通过一个简单案例的多维度分析方法以及展现方式，介绍基于标准数据在财务分析中的简单应用。

8.1.8 数据仓库的维护

数据仓库维护是数据仓库创建之后最重要的工作，数据仓库的日常维护工作是系统管理员的重要职责，数据仓库建成之后的运行情况、数据的访问及安全性等问题，都取决于数据仓库的维护工作。因此数据仓库的维护是非常重要的一项日常维护工作。数据仓库的维护同数据库维护类似，所以数据仓库日常维护主要有四个部分，即定时备份数据仓库、恢复数据库系统，产生用户信息表、并为信息表授权，保证系统数据安全、定期更改用户口令等。

在对数据仓库维护的四个主要部分中，其中数据仓库的备份工作包括定期对系统数据的备份和事务日志的备份。一旦用户数据库存储设备失效，导致数据仓库被破坏或者不可存取数据，那么，通过装入最新的数据仓库备份文件以及后来的事务日志备份文件可以恢复数据仓库。因此，定期备份事务日志和数据仓库是一项十分重要的日常维护工作；在多数用户使用数据仓库时，数据仓库的运行效率及安全问题就显得尤为重要，不同的用户在使用数据仓库时就需要进行权限的设置，进而通过监视系统的运行情况，及时处理数据仓库出现的错误问题；为保证系统数据的安全，系统管理员必须依据系统的实际情况，执行一系列的安全保障措施，对用户的口令进行周期性的更改是比较常用且十分有效的措施。数据仓库的维护相对数据仓库的创建更为困难，系统的运行成败就在于对数据仓库的管理工作，也就是数据仓库的维护工作。

设计的企业会计数据仓库中，由于数据表特别多，随着企业日常业务的增多，每张表所包含的数据也会越来越多，所以数据仓库的维护将是十分重要的。在登录数据库时，连接方式是基于混合模式登录的，在进入登录之前必须通过输入登录用户名以及密码，以免他人更改数据仓库信息，并定期对用户信息进行更改来更好地保护数据。对于日常的数据通过定期的备份来应对突然发生意外造成数据丢失的情况。

8.2 标准数据在财务分析中的应用

前面已经对基于标准的企业会计数据仓库进行了设计，企业数据仓库创建完成之后，就可以导入标准数据了。利用标准数据，实现会计信息资源的共享利用，可以作为使用单位标准接口数据的开放标准(提供数据仓库的标准使用文本)，供内部审计、分析、预算、历史数据查询等使用，也可以为以后应用商业智能技术提供基础性数据。本节主要介绍标准数据在财务分析中的简单应用，以印证其可行性。

标准的数据是面向数据的计算机财务分析的前提。通过对标准数据进行财务分析，主要通过基础数据根据具体的需求分析生成数据集市，然后利用分析工具通过对数据集市进行分析，并将分析结果以图表的形式展现出来，从而进行数据式财务分析。主要过程如图 8-24 所示。

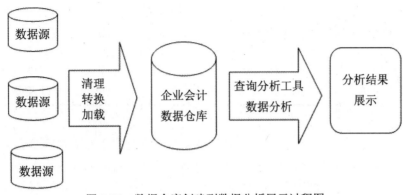

图 8-24　数据仓库创建到数据分析展示过程图

8.2.1　需求分析

这里将通过标准数据主要介绍财务报表分析业务，包括资产负债表、利润表、现金流量表、所有者权益变动表。

资产和负债是资产负债表的重要组成部分，资产的财务分析在全部财务管理中所占的地位是十分重要的，资产的错报或漏报不仅影响到企业总资产的真实性，也会影响到相关收入、成本和费用，从而影响利润的正确性。资产的分析主要包括货币资金、应收账款和固定资产的分析等。而负债的分析主要包括应付账款、应付职工薪酬、长期、短期借款等的分析，主要对负债是否通过漏报或低估负债而虚增盈利能力进行分析。所有者权益分析主要对资本公积、股本等进行分析，资产负债的分析可以为所有者权益分析提供依据。

对利润表的分析主要是针对收入进行分析，对收入的分析与资产负债表的分析存在必然的联系，利润的漏报或错报会影响到资产负债表中的项目。收入的分析主要包括对主营业务收入、其他业务收入、营业外收入等进行分析。

现金流量表分析可以通过与其他报表的勾稽关系，审查现金流量各项目的真实性、合法性。可以通过结合以前年度的现金流量分析情况对存在的问题进行分析。

根据以上的分析情况，在数据仓库的基础上，对具体的分析业务设计出数据集市，通过对数据集市中标准数据的分析，发现分析线索，从而通过跟踪相关的业务信息，找出财务中存在的重大问题，从而做出正确的决策。例如通过结构比例结合趋势分析法对资产负债表进行查询分析，通过比较找出重点项目，如对资产负债表中重点项目应收账款的分析，可以通过数据分析工具，将资产负债表中应收账款近三个年度的余额及增减幅度所占总资产比例，以一种直观的方式展示给用户，并对数据进行多角度分析，从而为企业下一步发展作出决策，如果发现数据存在问题，就可以通过与其他报表的勾稽关系，或者调用往来账明细账数据进行核对，找出问题所在。

8.2.2　数据集市的设计

在之前设计的企业会计数据仓库基础上，创建从属于企业会计数据仓库的从属型数据集市，通过保持数据的一致性，来提高数据查询的反应速度以及整个数据仓库的利用效率。根据需求分析，主要的分析业务形成的数据集市有资产负债表、利润表、现金流量表、所有者权益变动表。数据集市设计结构图如图 8-25 所示。

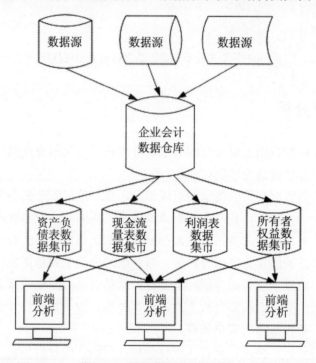

图 8-25　数据集市设计结构图

8.2.3　多维数据集的设计及应用

企业会计数据仓库创建并确定了数据集市之后，在企业数据仓库的基础上就可以根据自己的需求，通过分析工具，对数据进行多维分析。多维数据分析技术也就是所说的联机分析处理，可以对数据仓库中的大量数据从多角度进行查询和分析，并以直观的形式将结果展示给用户。多维数据分析多采用便于非数据处理专业人员理解的方式，如统计图形、报表等的形式显示数据，用户可以方便地对数据的逐层细化、旋转、上卷、下钻等操作进行数据分析。首先通过对资产负债表、利润表、现金流量表进行结构及趋势分析，然后找出占有比例较大的项目进行重点分析，从而找出分析线索。分析模型如图 8-26 所示。

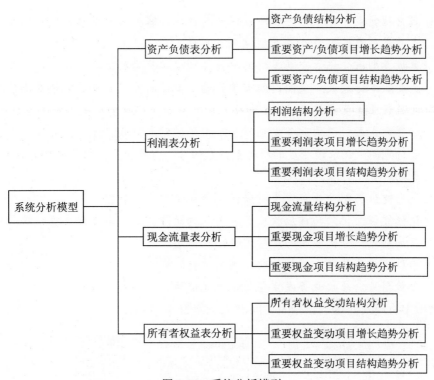

图 8-26　系统分析模型

下面以资产负债表分析中的应收账款为重要分析项目为例，来介绍多维数据集的设计及应用。对某个年度集团内各个企业的应收账款余额是多少，各企业应收账款余额所占比例有多大，占比例较大的企业应收账款所对应的重点客户有哪些，某个占比例较大额度的客户对应的业务是否真实存在等，该类问题都可以很容易地通过多维度数据分析来解决。多维度分析数据立方体如图 8-27 所示。

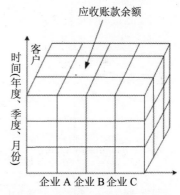

图 8-27　多维度分析数据立方体

1. 分析数据的准备工作

在对资产负债表中的应收账款业务进行多维分析之前，首先要了解所分析的数据在企业会计数据仓库中的相关数据表有哪些，它们之间是如何联系起来的。在之前设计的企业会计数据仓库中，涉及的应收账款业务的表主要有应收账款明细表、客户档案表、交易类型表、单据类型表。

- **应收账款明细表**：记录应收账款业务发生的基本信息，如本币发生额、交易类型、客户编码、到期日、会计年度等信息。

- **客户档案表**：记录该企业所有客户的代码、客户名称及客户简称信息。
- **交易类型表**：记录交易类型编码及名称。
- **单据类型表**：记录交易单据的单据类型编码及名称信息。
- **企业基本信息表**：集团内所有单位的基本信息，包括单位编码及单位名称、所属行业等基本信息。
- **结算方式表**：记录业务发生时所使用到的结算方式。
- **会计期间**：记录该年度的所有会计期间号，以及每个会计期间的开始及结束日期。
- **记账凭证类型**：业务发生时登记记账凭证所属的类型。
- **记账凭证**：记录与该应收业务相关联的记账凭证。通过记账凭证编号可以查询到该业务所涉及的记账凭证详细信息。
- **币种**：该业务发生时核算所使用的币种。
- **会计科目**：应收业务发生登记记账凭证所记入的会计科目。

分析中所涉及的这些数据表之间的关系如图 8-28 所示。

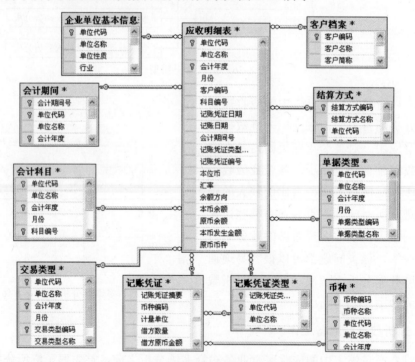

图 8-28　应收业务所涉及的表之间的关系

2. 多维数据集的设计

在企业会计数据仓库中，对应收账款业务相关的数据表进行分析之后，根据业务需求，通过分析工具就可以设计多维数据集进行数据分析了。多维数据集的设计包含了维度和度量值的创建，维度定义了多维数据集的结构，定义所要分析数据的不同角度，而度量值则提供我们所需要了解的具体的数据。接下来，将根据对资产负债表中的应收账款的分析，来介绍多维数据集的设计。

(1) 事实表的设计

事实即所要分析的业务对象，该多维数据集的设计主要是用来对应收账款进行分析，所以事实表来源为应收账款明细表。对应收账款的分析可以通过了解它的余额以及具体的发生额，那么对资产负债表中的余额分析后，分析相应的应收账款业务时，应收账款明细表中的字段本币余额、原币余额、本币发生额、原币发生额可以作为多维数据集的度量值。

(2) 维度的设计

维度主要反映的是分析应收账款的角度，例如根据资产负债表中应收账款余额的变化情况，去分析某个年度某集团内应收账款余额所占比例最大的企业是哪个，该企业该年度应收账款主要集中在哪几个客户，而针对某笔交易类型的应收款项是否存在，这些问题都可以通过各维度的分析得到所需要的结果，并对结果进行分析。这些问题所涉及的维度有企业、客户、会计年度、交易类型、单据类型、结算方式、记账凭证类型。可以对各维度进行单独查看分析，也可以结合各维度进行应收账款的分析，这些都可以根据自己的需求进行设计。

8.2.4　数据的多维分析及展现方式

1. 数据的多维分析

在多维数据集设计之后就可以通过工具对数据进行浏览分析了，多维数据分析是通过多维分析表来实现的。多维分析表是一种用户根据具体的分析领域确定度量和分析维度后，系统即时生成的动态分析表，一张包含表样和数据的分析表，能够在该分析表中按照多个分析维得到统计分析数据。一个多维分析表是由维、指标、高级设置及分析范围这几个方面组成的。

数据的多维分析即为了使用户能够从多角度、多方面地去观察数据仓库中的数据，从而通过观察分析找到相关线索，发现存在的数据问题。可以对多维数据集中的数据用切片、切块和旋转等方式分析数据，也就是可以通过对数据的单个角度、多个角度以及通过对各个角度进行转换或者进行深入底层分析，得到所需要的数据结果，然后通过直观的方式展现出来，如直观的图形、表格等，显示出清晰的分析结果。

2. 数据的展现方式

多维数据的展现方式，即用户所要分析的数据及结果是如何出现在用户的视角之下的方式。数据的展现方式可以有多种形式，如柱形、图示、表格等。可以通过基础数据和业务数据，展现会计上的科目发生额余额表、明细账、日记账。然后可根据历史数据，生成有关的分析表。逻辑模型如图 8-29 所示。

接下来主要根据之前的例子介绍多维数据的展现方式，主要通过表格的形式将对多维数据的分析过程及结果展示给用户。在具体实现过程中，可以通过分析工具将结果以图形的方式更直接地显示出来，方便用户进行决策支持。在这个例子中可以通过分析找出分析线索，从而更有效率地完成分析工作。

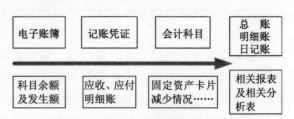

图 8-29　财务数据展现的逻辑模型

本例是基于集团企业的，首先根据数据仓库中历年来的基础数据及业务数据，形成资产负债变动表，分析资产负债表中的应收账款近年来的变动情况。其中形成的资产负债变动情况表由于是基于集团企业的，所以既包括分单位的资产负债表变动情况，也包括汇总后的资产负债表变动情况。为了追加保存各单位数据，在之前的数据仓库设计中，已经在数据表的设计中增加了单位名称列，所以通过单位名称列可以查看各单位的数据并进行具体数据的分析。

按照本例中资产负债表中各个项目显示的数据将是汇总后的，也就是整个集团的数据。首先对资产负债表各项目汇总后的数据进行分析，如果发现该集团某个项目某个年度增减变动幅度较大，则可以针对该项目进行分析。通过单击集团中的单位名称展示出集团内各个单位的该年度该项目的增减变动幅度，然后可以通过对比各个单位的该项目的增减变动数额，从而找出重要的分析线索，通过线索对该单位的相关业务情况进行具体分析。也可以通过对比该年度资产负债表中相关的其他项目，如银行存款的变动情况，或者利润表中集团内各单位的主营业务收入情况是否同幅度变化，从而找出分析线索。

接下来将以直观的表格方式为例，对数据进行相关展示。对应收账款的分析首先从资产负债表中应收账款项目数据进行分析开始，例如，开源集团 2007 年度、2008 年度及 2009 年度资产负债表中应收账款的增减变动情况。其中开源集团为总的集团企业，包括开源集团本部及两个分单位，即浙江开源有限公司、山东开源制品。资产负债表中应收账款的展现方式如表 8-15 所示。

表 8-15　汇总后的资产负债表展现方式

报表项目编号	报表项目名称	单 位	2007 年余额	2008 年余额	增 减	2009 年余额	增 减
6	应收账款	开源集团	2 106 000	7 959 100	2 853 100	12 756 100	4 797 000
		开源本部	702 000	1 170 000	468 000	2 574 000	1 404 000
		浙江开源	819 000	1 404 000	585 000	2 457 000	1 053 000
		山东开源	585 000	2 385 100	1 800 100	7 725 100	2 340 000

从表 8-15 中可以清晰地看出，开源集团各单位 2007、2008 及 2009 年度应收账款余额与前一年度相比的增减变动情况。从中很快可以看出 2009 年度整个开源集团应收账款余额的变动幅度，远远超于 2008 年度应收账款余额的变动幅度，通过单击开源集团展示出所有单位的应收账款余额增减变动情况，发现 2009 年度应收账款余额增减变动幅度最大的是山东开源有限公司，那么就可以针对山东开源有限公司 2009 年度应收账款进行重点分析查看。可以一直查看到底层的数据，也就是相关的基础业务数据，这种查看数据的过程就叫做钻取。在设计的过程中，可以设计成通过单击山东开源与 2009 年度余额交叉单元格数据，钻取到山东开源有限公司 2009 年度针对所有客户的应收账款余额情况，可以通过分析，验证相关的应收账款发生业务的真实性。接下来将是针对某个单位所有客户对应应收账款情况的展现方式。

针对集团内山东开源有限公司 2009 年度的应收账款明细表的展现方式如表 8-16 所示，其中主要客户共有三个，即龙腾科技有限公司、德兴有限公司、万达科技有限公司。本例中应收账款的展现方式是将 12 个月的应收余额全部横向列出，此种方式对于各月的应收款项可以在一行全部查询完成，不用再进行搜索、过滤，可以大大提升效率。

表 8-16 应收账款明细的展现方式

客户名称	会计年度	应收账款余额	1 月应收	…	12 月应收
龙腾科技有限公司	2009	585 000	128 700	…	105 300
德兴有限公司	2009	1 521 000	292 500	…	117 000
万达科技有限公司	2009	234 000	70 200	…	81 900
合计	2009	2 340 000	491 400	…	30 420

在应收账款明细表中，通过对各个客户总的应收账款余额的直观对比，可以很快地发现应收账款所占比例最大的是德兴有限公司，大约占到 2009 年度应收款的 2/3，那么就可以重点针对该客户有关的业务进行查看分析。同样可以通过进一步钻取，钻取到底层，也同样可以设计成单击各个月份对应的数据，打开该月份山东开源有限公司同客户德兴有限公司发生的具体的销售业务，从而通过具体的分析进行分析线索取证。通过钻取得到底层的数据如表 8-17 所示，显示山东开源制品与客户德兴有限公司 2009 年度 1 月份发生的所有销售业务的明细。由于业务记录内容较多，在此只显示应收账款明细表的部分内容。

表 8-17 应收账款明细表的查看

客 户 编 码	科目编码	记账日期	余额方向	本币发生金额	原币发生金额	摘要	到期日	…	核销标志
德兴有限公司	1131	20090108	借	175 500	175 500	赊销		…	0
德兴有限公司	1131	20090115	借	117 000	117 000	赊销		…	0

从以上展现方式可以看出，数据多维分析可以将分析结果直观、方便、灵活地展示给用户，分析人员也可以通过对数据的多维分析，大大地提升工作效率，快速地发现分析线索，从而完成分析工作。数据的展现方式可以根据自己的需求进行设计实现。

8.3　基于标准接口的财务分析案例

8.3.1　数据仓库构建

基于标准接口的企业会计数据仓库的构建工具将选用 SQL Server 2008，首先在 SQL Server 2008 企业管理器中创建数据仓库，然后再在 Analysis Manager 中构建多维数据集。

1. 企业会计数据仓库构建

构建企业会计数据仓库的关系图如图 8-30～图 8-32 所示。

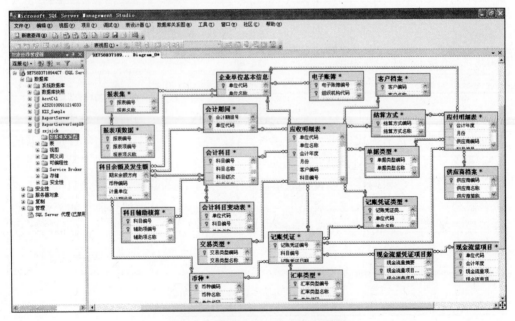

图 8-30　数据仓库日常业务关系图

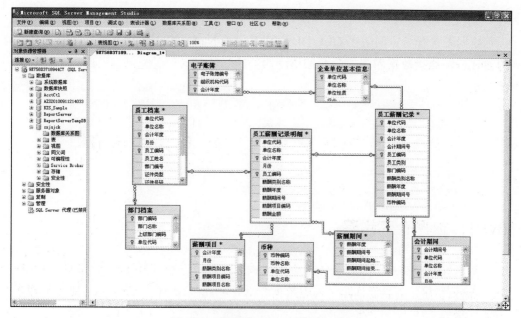

图 8-31　数据仓库员工薪酬关系图

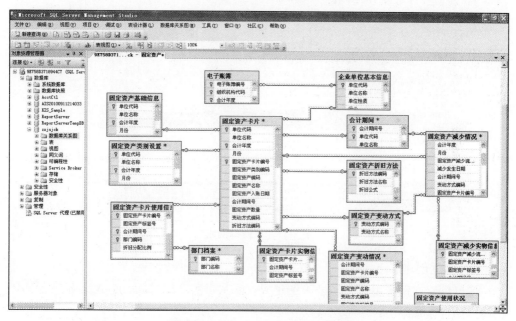

图 8-32　数据仓库固定资产关系图

2. 多维数据集设计

(1) 创建多维数据集

在 Analysis Manager 中建立多维数据集数据库，名称为 zxjsjck。

(2) 设置数据源

数据源设置，本例采用 OLE DB\SQL Server Native Client 10.0 连接本地服务器的 zxjsjck。连接数据库图如图 8-33 所示。

图 8-33　数据源创建

(3) 维度创建

维度创建本例采用雪花模型，创建应收账款事实表的时间、企业、客户、交易类型、结算方式维度。

(4) 多维数据集的创建

多维数据集的创建是要将事实表和维度表进行集成。多维数据集创建如图 8-34 所示。

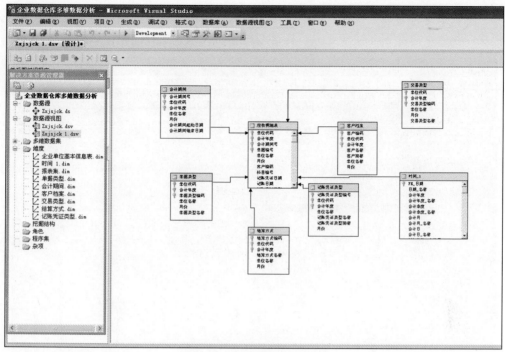

图 8-34 多维数据集设计图

8.3.2 会计数据仓库数据财务分析应用实现

本系统设计主要是针对企业会计数据仓库中的数据进行简单的分析，如对资产负债表中的项目进行结构和趋势分析、应收账款的分析等。企业会计数据仓库数据分析系统设计如图 8-35 所示。

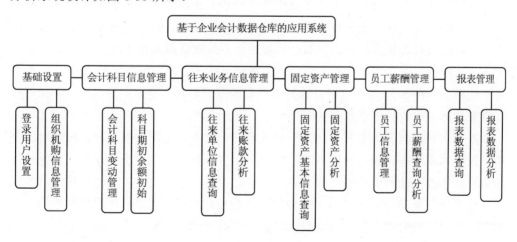

图 8-35 系统设计结构图

　　系统主要分为四个模块，即基础设置模块、组织机构管理模块、报表数据分析模块，业务汇总数据即往来业务、科目汇总分析。系统主界面设计如图 8-36 所示。

图 8-36　系统主界面

　　本系统主要部分在于报表数据分析模块，其中对报表项目分析主要有三种分析方法，即结构分析、横向分析和纵向分析，选择每种分析方法分析数据后的结果都可以灵活地选择展示方式。本系统提供两种分析结果展示方式，即表格展示和图形展示。例如对资产负债表项目中流动资产进行结构分析，通过选择会计年度、企业单位、报表项目类别后，单击"显示"按钮，系统默认以表格形式显示，如图 8-37 所示。同样也可以在选择分析条件后，选择图形展示方式，如图 8-38 所示。报表信息查询界面如图 8-39 所示。可以选择要查询的报表名称、企业单位名称、会计年度和报表具体项目进行报表信息的查询。

　　报表项目横向分析主要是对某个年度不同企业单位之间的报表项目进行对比分析，同样本系统也有表格和图形展示方式。如资产负债表项目横向分析，首先通过选择会计年度，输入要分析的报表项目，单击"显示"按钮，以表格形式显示的资产负债表项目横向分析结果如图 8-40 所示。如果选择图形显示，可以以图形的形式将资产负债表项目横向分析结果展示，如图 8-41 所示。

图 8-37 资产负债表结构分析表格展示界面

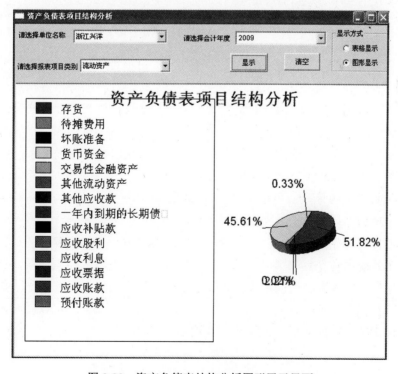

图 8-38 资产负债表结构分析图形展示界面

图 8-39　资产负债表信息查询界面

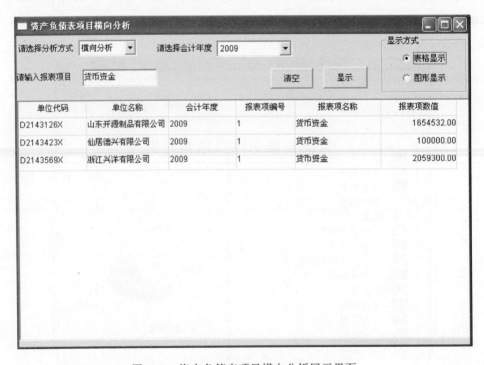

图 8-40　资产负债表项目横向分析展示界面

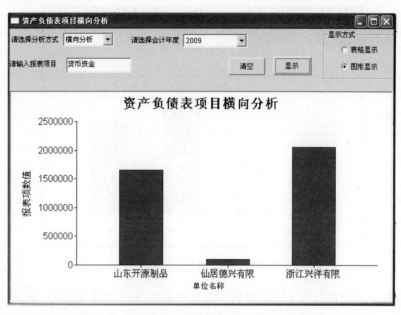

图 8-41　资产负债表项目横向分析图形展示界面

报表项目纵向分析主要是针对不同年度，同一企业单位报表项目的数据进行对比分析。例如，资产负债表项目纵向分析表格显示界面如图 8-42 所示，资产负债表项目纵向分析图形展示界面如图 8-43 所示。

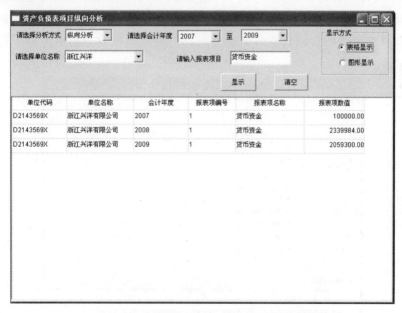

图 8-42　资产负债表项目纵向分析表格展示界面

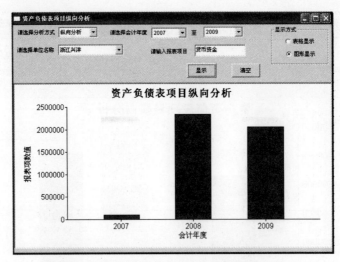

图 8-43 资产负债表项目纵向分析图形展示界面

往来账务管理包括往来账款分析和往来单位信息查询两大部分，往来账款分析主要包括应收账款的分析、应付账款的分析。同样，本系统中每种往来业务的分析方法都有横向分析和纵向分析，分析结果同样有两种展示结果，例如应收账款横向分析表格展示界面如图 8-44 所示。系统中，应收账款主要分析针对的是具体某个客户的年度应收账款余额，以及该年度每个月份对应的应收余额。该应收账款分析表方便查询，可提高查询效率。在对某个年度如 2009 年应收账款横向分析结果以表格形式展示后，通过单击表格中对应的客户，可以在应收账款明细信息表中展示该年度同该客户发生的所有应收业务详细信息。应收账款横向分析图形展示界面如图 8-45 所示。

图 8-44 应收账款横向分析表格展示界面

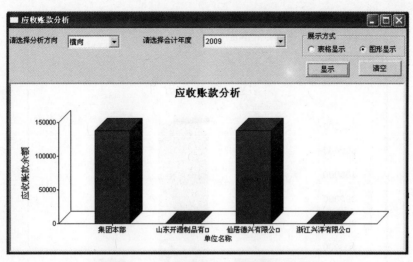

图 8-45　应收账款横向分析图形展示界面

　　通过选择企业单位、会计年度期间可对往来账款进行纵向分析。如应收账款纵向分析表格展示界面如图 8-46 所示，通过选择企业单位、会计年度区间，单击"显示"按钮，以表格形式展示应收账款纵向分析结果。同样可以通过单击表格中的某个客户记录，将在应收账款明细信息表中显示与记录对应年度对应客户的每笔详细应收业务信息。应收账款纵向分析图形展示界面如图 8-47 所示。

单位代码	单位名称	会计年度	月份	客户编码	应收账款金额	一月应收	三月
D2143569X	浙江兴洋有限公司	2007		Kh001	138000.00	0	13
D2143569X	浙江兴洋有限公司	2007		Kh002	556000.00	436000.00	12
D2143569X	浙江兴洋有限公司	2007		Kh003		657000.00	-65
D2143569X	浙江兴洋有限公司	2008		Kh001		657000.00	-65
D2143569X	浙江兴洋有限公司	2008		Kh002	0	0	-55
D2143569X	浙江兴洋有限公司	2008		Kh003	571000.00	0	13
D2143569X	浙江兴洋有限公司	2009		Kh001	0	0	13
D2143569X	浙江兴洋有限公司	2009		Kh002		657000.00	-65
D2143569X	浙江兴洋有限公司	2009		Kh003	0	0	-55

应收账款明细信息

单位代码	单位名称	会计年度	月份	客户编码	科目编号	记账凭证日期	记则
D2143569X	浙江兴洋有限公司	2009	1	Kh001	1131	20090115	200901
D2143569X	浙江兴洋有限公司	2009	1	Kh001	1131	20090127	200901
D2143569X	浙江兴洋有限公司	2009	2	Kh001	1131	20090318	200903

图 8-46　应收账款纵向分析表格展示界面

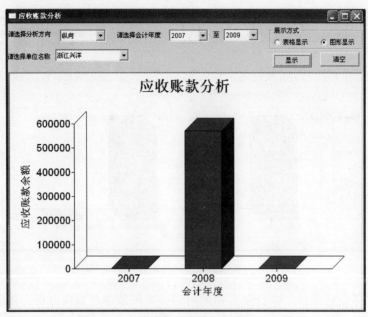

图 8-47　应收账款纵向分析图形展示界面

会计科目信息管理中，首先是本系统设计中对会计科目跨年度变化的管理，然后是对跨年度不同的会计科目期初余额的初始化处理。其中会计科目跨年度变动管理界面如图 8-48 所示。

图 8-48　会计科目跨年度变动管理界面

首先选择要对比的会计年度、企业单位，查询相应信息，然后通过单击"对比"按钮，与上个年度不同的会计科目将存入会计科目变动表中，再单击"初始处理"

按钮，将对不同会计科目的期初余额进行初始化处理，初始处理之后可以进入科目期初余额初始查询页面进行查询，如图 8-49 所示。

图 8-49 科目期初余额初始查询界面

参 考 文 献

[1] GB/T 24589.1—2010 财经信息技术 会计核算软件数据接口 第 1 部分：企业.北京：中国标准出版社，2010

[2] GB/T 24589.2—2010 财经信息技术 会计核算软件数据接口 第 2 部分：行政事业单位. 北京：中国标准出版社，2010

[3] GB/T 19581—2004 信息技术 会计核算软件数据接口. 北京：中国标准出版社，2004

[4] 会计核算软件数据接口国家标准实施指南编委会. GB/T 19581—2004《信息技术 会计核算软件数据接口》实施指南. 北京：中国标准出版社，2005

[5] 刘汝焯等. 计算机审计质量控制模型. 北京：清华大学出版社，2005

[6] 刘汝焯等. 计算机数据审计技术和方法. 北京：清华大学出版社，2004

[7] 姚家奕等. 多维数据分析原理与应用. 北京：清华大学出版社，2004

[8] 康晓东等. 基于数据仓库的数据挖掘技术. 北京：机械工业出版社，2005

[9] 审计署课题组. 企业计算机审计方法体系研究报告. 审计署重点科研课题，2010

[10] 国家 863 计划审计署课题组. 计算机审计数据采集与处理技术 国家高技术研究发展计划(863 计划)项目，2006

[11] 中澳合作项目工作小组. 企业审计指南. 北京：中国审计出版社，2001